普通高等教育智能制造系列教材

# 智能制造技术与装备

王传洋　刘亚运　高　越　编著

芮延年　黄冬梅　主审

科学出版社

北　京

# 内 容 简 介

　　本书从新工科人才教育的角度出发，阐述智能制造过程中涉及的技术与装备，从绪论开始，先后介绍了智能制造关键技术、高端数控机床装备、增材制造装备、智能传感与控制装备、智能检测与装配装备、智能物流与仓储装备等内容。

　　本书融合数字化资源，通过书中二维码关联相关智能制造装备视频，展示智能智造过程，帮助读者理解和拓展相关知识内容.

　　本书可以作为智能制造、机械工程及自动化、电气工程与自动化等相关专业的教材，也可以作为智能制造开发设计人员、制造人员、生产管理人员等的学习和参考用书。

**图书在版编目(CIP)数据**

智能制造技术与装备 / 王传洋，刘亚运，高越编著. —北京：科学出版社，2023.8
普通高等教育智能制造系列教材
ISBN 978-7-03-076160-6

Ⅰ. ①智… Ⅱ. ①王… ②刘… ③高… Ⅲ. ①智能制造系统－高等学校－教材 Ⅳ. ①TH166

中国国家版本馆 CIP 数据核字(2023)第 152766 号

责任编辑：邓　静 / 责任校对：王　瑞
责任印制：赵　博 / 封面设计：马晓敏

*科学出版社*出版
北京东黄城根北街 16 号
邮政编码：100717
http://www.sciencep.com

北京中石油彩色印刷有限责任公司印刷
科学出版社发行　各地新华书店经销
*
2023 年 8 月第 一 版　开本：787×1092　1/16
2025 年 2 月第三次印刷　印张：16
字数：398 000
**定价：59.00 元**
(如有印装质量问题，我社负责调换)

# 前　言

党的二十大报告指出，"必须坚持科技是第一生产力、人才是第一资源、创新是第一动力，深入实施科教兴国战略、人才强国战略、创新驱动发展战略，开辟发展新领域新赛道，不断塑造发展新动能新优势。"随着工业互联网、大数据和云计算等新兴技术在制造业的蓬勃发展，以数字化设计与制造、智能装备、智能机器人、物联网、人工智能为标志的智能制造产业悄然兴起，并广泛应用于航空航天、海洋装备、石油钻采、汽车制造、电子设备生产、工业自动控制系统装置制造等领域，为加快推进传统制造产业转型升级注入了一剂"强心针"。

智能制造是一门交叉学科，将人类专家与智能机器相结合，通过工艺智能化、装备智能化、车间智能化、物流智能化等先进的制造模式，实现产品设计、加工、组装测试、销售服务等环节的个性化和定制化全过程，并以互联网技术为载体实现产品制造全生命周期的网络化和智能化管理，将制造自动化的概念更新，并扩展到柔性化、智能化和高度集成化，对于加快我国发展方式转变、促进工业向中高端迈进、建设制造强国、助力产业转型升级、实现从制造大国向制造强国转变意义重大。

在技术更新和市场需求双重力量的驱动下，欧、美、日等发达国家和地区陆续以智能制造为核心，颁布新的工业发展战略。2021年，我国工业和信息化部、国家发展和改革委员会、教育部、科技部、财政部、人力资源和社会保障部、国家市场监督管理总局、国务院国有资产监督管理委员会八部门联合印发《"十四五"智能制造发展规划》。该规划提出要提升智能制造工程的创新能力和应用水平，加快构建智能制造发展生态，推进制造业数字化转型、网络化协同、智能化变革，促进制造业高质量发展；强调关键核心技术的攻关和智能制造装备的推广应用，持续提升制造业创新效能。

面对国家对高端制造人才的需求，教育部印发了《关于开展新工科研究与实践的通知》，首次正式提出"新工科"的概念，要求工程教育向产教融合方向改革创新。随后，教育部多次颁布"新工科"的相关指导性文件，指出要通过新兴技术促成和发展一批新兴工科形态，鼓励高校的"新工科"专业建设。在此背景下，2018年首批智能制造工程专业获批，至今，全国已有300多所高校开设智能制造工程专业。在此大背景下，作者团队编著了本书。本书力求产学融合，详细介绍了智能制造技术和装备，旨在为智能制造工程及其相关专业的学生、企业设计制造人员、院校老师等提供便利的学习和参考支持。

全书分为7章，主要涉及的内容如下：

第1章绪论。简要介绍智能制造内涵及本质、智能制造关键技术和智能制造装备。

第2章智能制造关键技术。主要介绍信息物理系统、工业物联网技术、增强现实技术、工业大数据技术、工业云计算技术、深度学习技术和智能传感技术等。

第3章高端数控机床装备。主要介绍高端数控机床产业链、高端数控金属切削机床、高端数控金属成型机床、数控特种加工中心等。

第 4 章增材制造装备。主要介绍增材制造装备产业链、光固化成型装备、熔融沉积成型装备、激光选区熔化成型装备、激光近净成型装备、电子束熔融成型装备等。

第 5 章智能传感与控制装备。主要介绍智能传感与控制装备产业链、智能控制系统、智能仪器仪表、智能传感器等。

第 6 章智能检测与装配装备。主要介绍智能检测与装配装备及其产业链、视觉检测系统及装备、位置检测系统及装备、力检测系统及装备、功能检测系统及装备、尺寸检测系统及装备、智能诊断系统及装备、轴承自动化检测系统及装备等。

第 7 章智能物流与仓储装备。主要介绍智能物流与仓储装备产业链及关键零部件、自动化立体仓库及系统、堆垛机、自动化输送设备、智能分拣设备、AGV 与 RGV 智能搬运设备等。

本书第 1 章、第 3 章由王传洋撰写；第 2 章、第 6 章、第 7 章由高越撰写；第 4 章、第 5 章由刘亚运撰写。全书由王传洋教授统稿，芮延年教授和黄冬梅工程师主审。在本书撰写过程中参阅了国内外同行的教材、手册和论文等，在此谨致谢意。

由于作者水平有限，疏漏及不足之处在所难免，敬请读者批评指正。

作　者

2023 年 5 月

# 目　　录

# 第1章 绪 论

⚙️**本章重点：**本章是全书的总纲，通过对智能制造内涵及本质、智能制造关键技术及关键环节、智能制造装备的定义及特征等内容进行介绍，读者能够对本书的主要内容有一个了解，为后续的学习奠定基础。

## 1.1 引 言

### 1.1.1 智能制造的定义

智能制造是未来制造业产业革命的核心，最早在 1988 年美国 P. K. Wright 和 D. A .Bourne 的 *Manufacturing Intelligence* 一书中出现，书中提出智能制造是集成知识工程、制造软件系统与机器人视觉等技术，在无人工干预的情况下智能机器人独立实现小批量生产的过程。关于智能制造(Intelligent Manufacturing，IM) 的定义，目前不同国家在表述上有一些差异。美国智能制造创新研究院对智能制造的定义是：智能制造是先进传感、仪器、监测、控制和过程优化的技术与实践的组合，它们将信息和通信技术与制造环境融合在一起，实现了工厂和企业中能量、生产率和成本的实时管理。在工业和信息化部公布的"2015 年智能制造试点示范专项行动"中，我国将智能制造定义为基于新一代信息技术，贯穿设计、生产、管理、服务等制造活动各个环节，具有信息深度自感知、智慧优化自决策、精准控制自执行等功能的先进制造过程、系统与模式的总称。智能制造具有以智能工厂为载体，以关键制造环节智能化为核心，以端到端数据流为基础，以网络互联为支撑等特征，实现智能制造可以缩短产品研制周期、减少资源能源消耗、降低运营成本、提高生产效率、提升产品质量。该定义代表了中国政府对智能制造的权威认知。

智能制造的本质是一种由智能机器和人类专家共同组成的人机一体化智能系统，它在制造过程中运用物联网、大数据、云计算、深度学习、移动互联等新一代信息技术及智能装备对传统制造业进行深入广泛的改造提升。实现人、设备、产品和服务等制造要素和资源的相互识别、实时交互和信息集成，推动产品的智能化、装备的智能化、生产方式的智能化、管理的智能化和服务的智能化发展。其内涵就是分散网络化和信息物理的深度融合，由集中式控制向分散式增强型控制的基本模式转变，具有数字化、智能化、网络化、人性化及绿色化的典型特征。

### 1.1.2 智能制造的发展

制造业每一次深刻变革之后，都会形成全新的制造模式。世界制造业的生产制造模式按照顺序经过了手工作坊式的单件生产、流水线批量生产以及目前的多品种小批量生产过程，并一直处于动态发展中。以蒸汽机作为动力机得到广泛使用为标志的第一次工业革命，使工厂制造代替了手工制造，用机器劳动代替了手工劳动，大大推进了技术和社会的变革。19世纪70年代，在第二次工业革命的推动下，电力作为新能源进入生产领域。发电机和电动机的发明和使用，电力应用日益广泛，使得电力逐步取代蒸汽成为工厂机器的主要动力。电的发明和广泛应用，给人们的生产带来了巨大的变化，促成了制造机械化程度的大幅提升。发生在20世纪后半叶的信息技术与远程通信技术革命及其对制造业的渗透融合推动了智能制造的产生。

美国为了保持其在全球制造业中的竞争优势，从1992年起大力支持重大技术创新，期望借助智能制造新技术改造传统制造业。2008年的金融危机之后，美国联邦政府又先后推出了一系列制造业振兴计划，例如，2009年12月奥巴马上台伊始，发布的《重振美国制造业框架》提出了支持制造业发展的政策倡议；2010年，奥巴马通过《制造业促进法案》，指出"美国制造"(Made in America)是战胜经济衰退的关键词；2011年6月提出的"先进制造业伙伴关系"(Advanced Manufacturing Partner，AMP)计划以及2012年2月提出的"国家先进制造战略计划"(National Strategic Plan for Advanced Manufacturing)等。2012年11月，美国通用电气(General Electric，GE)公司发表了《工业互联网：突破智慧和机器的界限》报告，引起各方广泛关注，工业互联网也成为新一轮工业革命的代名词。2014年3月，由GE公司发起，包括英特尔(Intel)、美国电话电报公司(American Telephone&Telegraph，AT&T)、思科(Cisco)等组织成立工业互联网联盟(Industrial Internet Consortium，IIC)，旨在通过确认、搜集和推动最佳实践，汇集加速工业互联网发展所需的组织和技术。这些计划及政策旨在依靠新一代信息技术、新材料与新能源技术等，在美国快速发展以先进传感器、高端数控机床、工业机器人、先进制造测试设备为代表的智能制造。

德国是世界工业标准化的发源地，德国的制造业一直处于国际领先地位，2008年全球金融危机后，德国启动新一轮工业化进程。2010年7月德国政府发布《思想·创新·增长——德国2020高技术战略》报告，指出德国要依靠扩大创新、激发科学和经济上的巨大潜力，来迎接面临的经济与金融挑战。2012年8月，德国出台了"2020-创新伙伴计划"，决定在七年内投入5亿欧元，旨在推动德国东部地区的科研能力，特别是企业技术创新能力的提升。2013年4月，德国工业4.0工作小组向德国政府提交了《保障德国制造业的未来——关于实施工业4.0战略的建议》(Securing the Future of German Manufacturing Industry: Recommendations for Implementing the Strategic Initiative Industrie 4.0)的报告，并在2013年汉诺威工业博览会上正式推出德国"工业4.0战略"。该战略是一项全新的制造业提升计划，其模式是由分布式、组合式的工业制造单元模块，通过工业网络宽带、多功能感知器件，组建多组合、智能化的工业制造系统。为了使第四次工业革命在德国取得成功，确保德国在智能制造等先进制造业方面保持全球领先地位，2013年4月，德国信息技术、电信和通讯新媒体协会、德国机械设备制造业联合会、德国电气和电子制造商协会联合成立了"工业4.0平台"。2015年4月，德国启动"升级版工业4.0平台"。2015年3月，德国"工业4.0平台"发布了"工业4.0参考架构体系"(Reference Architecture Model Industrie 4.0，RAMI4.0)，推动了德国智能制造的发展。2019年11月，德国正式公布《国家工业战略2030》，内容涉及完善德国作为工业强国的法律框架、加强新技术研发和促进私有资本进行研发投入、在全球范围内维护德国工业的技术主权等，旨在稳固并重振德国经济和科技水平，保持德国工业在欧洲和全球竞争中的领先地位。

日本是全球公认的智能制造强国。国际上公认的四级工业水平划分中，日本处在仅次于美国的第二阶段，属于制造业强国，以高端制造领域为主。面对第三次工业革命及智能制造的快速发展，日本主要从三大战略着手，即新机器人战略(New Robot Strategy)、超智能社会愿景(Vision)以及互联工业(Connected Industries)倡议。2014年，日本修订了《日本振兴战略》，提出了由机器人驱动的第三次工业革命的目标。2015年1月，日本政府发布了《机器人新战略》，提出了使日本成为世界机器人创新基地和世界第一的机器人应用国家。

英国是全球老牌的工业强国，曾经拥有全球领先的工业基础。自2008年起，英国政府推出了"高价值制造"战略，鼓励英国企业在本土生产更多世界级的高附加值产品，确保高价值制造成为英国经济发展的主要推动力，促进企业实现从概念到商业化整个过程的创新。2013年，英国政府科技办公室推出了《英国工业2050战略》，认为制造业并不是传统意义上的"制造之后进行销售"，而是"服务+再制造(以生产为中心的价值链)"，旨在推进"服务+再制造"，重振英国制造业，提升国际竞争力。2021年9月，英国政府公布了旨在使其成为全球"人工智能超级大国"的十年规划，旨在促进英国企业对人工智能的利用，吸引国际投资者进入英国人工智能企业，寻求追赶中国和美国等，并培养下一代本土技术人才。

法国是全球老牌科技强国，拥有较强的制造能力。自第二次世界大战至20世纪70年代，得益于国家干预的经济模式和国家力量主导发展的产业政策，法国工业化建设突飞猛进。但是面对伴随"去工业化"而来的工业增加值和就业比重的持续下降，法国政府意识到"工业强，则国家强"，于是2013年9月推出了"新工业法国"战略，旨在通过创新重塑工业实力，使法国重回全球工业第一梯队，解决能源、数字革命和经济生活三大问题，确定了34个优先发展的工业项目。2015年5月，法国经济与工业部颁布"新工业法国"计划的升级版——"未来工业"计划，以新能源开发、智慧城市、环保汽车、未来交通、未来医药、数字经济、智能互联、数字安全、健康食品9个新兴产业为优先扶持重点，引入现代化工业生态体系，以数字技术为支撑，实现经济增长模式的根本性变革。

2021年1月，欧盟委员会发布《工业5.0-迈向可持续，以人为本和弹性的欧洲产业》，提出欧洲工业发展的未来愿景，与2020年9月发布的《工业5.0的使能技术》形成呼应联动。工业5.0源于工业4.0，更加注重社会价值和生态价值，要求工业生产必须尊重和保护地球生态，将工人的利益置于生产过程中的中心位置，进而使工业可以实现就业和增长以外的社会目标，成为社会稳定和繁荣的基石。

我国对智能制造的研究始于20世纪80年代末，并在近几年受到了越来越高的重视。中国于2015年5月发布了《中国制造2025》，并于2015年底推出了《中国制造2025》重点领域技术路线图，由此开启了中国由制造业大国向制造业强国转变的新征程。《中国制造2025》明确制造业强国的五大工程和十大领域，是我国实施制造强国战略第一个十年行动纲领，该规划从发展形势和环境、战略目标与方针、战略任务和重点、战略支撑和保障四个方面对我国制造业未来十年的发展做出了详细规划。明确了九项战略任务和重点，分别是：一是提高国家制造业创新能力；二是推进信息化与工业化深度融合；三是强化工业基础能力；四是加强质量品牌建设；五是全面推行绿色制造；六是大力推动重点领域突破发展，聚焦新一代信息技术产业、高档数控机床、机器人、航空航天装备、海洋工程装备及高技术船舶、先进轨道交通装备、节能与新能源汽车、电力装备、农机装备、新材料、生物医药及高性能医疗器械等多个领域；七是深入推进制造业结构调整；八是积极发展服务型制造业和生产性服务业；九是提高制造业国际化发展水平。

2015 年 12 月 31 日，《国家智能制造标准体系建设指南》发布，提出了中国版的智能制造系统架构(Intelligent Manufacturing System Framework，IMSF)。2016 年 12 月，工业和信息化部、财政部联合发布《智能制造发展规划(2016—2020 年)》(简称智能制造"十三五"规划)。智能制造"十三五"规划以来，通过试点示范应用、系统解决方案供应商培育、标准体系建设等多措并举，我国制造业数字化、网络化、智能化水平显著提升。在智能制造"十三五"规划的基础上，2021 年 12 月 28 日，工业和信息化部等八部门联合印发了《"十四五"智能制造发展规划》，明确提出推进智能制造要立足制造本质，紧扣智能特征，以工艺、装备为核心，以数据为基础，依托制造单元、车间、工厂、供应链等载体，构建虚实融合、知识驱动、动态优化、安全高效、绿色低碳的智能制造系统，推动制造业实现数字化转型、网络化协同、智能化变革。

# 1.2　智能制造模式概述

近年来，智能制造在实践演化中形成了许多不同的模式，包括离散型智能制造、流程型智能制造、网络协同制造、大规模个性化定制及网络远程运维服务等模式。

## 1.2.1　离散型智能制造模式

离散型智能制造的产品通常由几十个甚至成百上千个不同的零件经过一系列不连续的移动、不同的工序加工而成，如图 1.1 所示。其特点是生产的产品多样化、工艺路线复杂、生产周期长、管理复杂等。作为五种智能制造模式的典型代表，离散型智能制造模式广泛分布在汽车、电子、家电、机械等行业，其特征是以订单生产为主，通过改变物料形态，经过多道加工工序，将零部件或组件组装成产品的生产过程，也是推广应用智能制造的重点领域。

离散型
智能制造

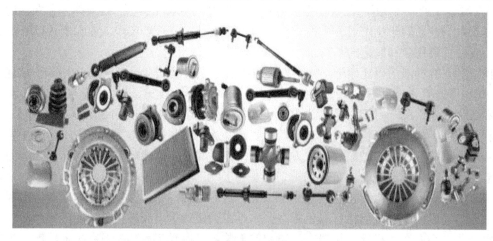

图 1.1　汽车离散型智能制造零件

一个离散型智能制造模式的智能工厂的总体框架，是在信息物理系统的支持下，由智能决策、智能设计、智能产品、智能经营、智能制造五个部分组成。通过企业信息门户实现与客户、供应商、合作伙伴的横向集成，以及企业内部的纵向集成，如图 1.2 所示。企业层主要是通过企业资源计划(Enterprise Resource Planning，ERP)与产品生命周期管理(Product Lifecycle Management，PLM)系统对各项数据进行汇总管理与分析决策；工厂/车间层主要是实现生产过程的管理与控制，包括制造执行系统(Manufacturing Execution System，MES)、虚拟仿真平台、设备运维及质量分析系统等；生产资源层主要完成产品的生产设备、物流设备及质量检测装备的管理和控制。一体化网络环境支持多种无线传输协议的无线网络互联集成生产现场网络、企业内部网络，实现信息系统与物理系统的融合。大数据分析平台由数据层、大数据采集和存储、数据分析和显示等组成，从企业数据统一管理与分发，到数据分析挖掘建模、数据可视化探索与展示等全流程数据管理、应用流程，为企业的智能决策提供支持，实现生产计划、物料需求计划、物流实时调度、底层控制等制造全流程的智能化决策。离散型智能制造模式包括的要素条件主要有：

(1)智能装备与设备联网。制造装备数控化率超过 70%，并实现高档数控机床与工业机器人、智能传感与控制装备、智能检测与装配装备、智能物流与仓储装备等关键技术装备之间的信息互联互通联网率超过 50%。

(2)车间作业实时调度。实时监控车间生产过程信息，实现任务订单、物料与在制品、设备、人员等车间生产资源的自动监测，车间作业计划自动生成，生产制造过程可根据产品生产计划实时调整。

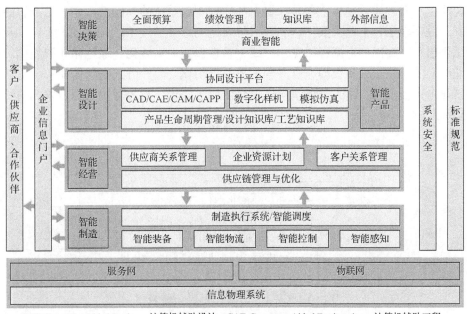

CAD-Computer Aided Design，计算机辅助设计；CAE-Computer Aided Engineering，计算机辅助工程；
CAM-Computer Aided Manufacture，计算机辅助制造；CAPP-Computer Aided Process Planning，计算机辅助工艺设计

图 1.2　离散型智能制造总体框架

(3)产品信息实现可追溯。建立生产过程数据采集和分析系统，实现生产进度、现场操作、质量检验、设备状态、物料传送等生产现场数据自动上传，并实现可视化管理。采用智能化质量检测设备，产品质量实现在线自动检测、报警和诊断分析，每批次产品均可通过产品档案实现使用物料信息、生产作业信息和质量信息的可追溯。可实现对需要远程运维的产品，运用物联网、云计算、大数据、人工智能等技术进行远程监测与控制、自动分析与故障处理，实现产品运维信息的可追溯。

(4)车间与车间外部联动协同。广泛应用计算机辅助设计及仿真系统、PLM 系统、MES、ERP 管理系统、供应链管理(Supply Chain Management，SCM)系统等信息系统，车间内外实现管控一体化。

(5)数字化设计。应用数字化三维设计与工艺技术进行产品、工艺的设计与仿真，并通过物理检测和试验进行验证与优化。

## 1.2.2　流程型智能制造模式

流程型智能制造模式主要适用于化工、石化、有色金属、钢铁、水泥、食品饮料和医药等典型流程型智能制造行业。与离散型智能制造行业相比，流程型智能制造行业存在显著的差异。离散型智能制造行业为物理加工过程，产品可以单件计数，制造过程容易实现数字化和柔性制造；流程型智能制造行业生产运行模式特点突出，原料变化频繁，生产过程涉及物理化学反应，生产过程连续。面向工艺优化、智能控制、生产调度、物料平衡、设备运维、质量检验、能源管理、安全环保等核心问题，流程型智能制造行业建设主要围绕数字化、网络化、智能化展开。建设过程主要是在已有的物理制造系统的基础上，充分融合智能传感、先进控制、数字孪生、工业大数据、工业云等智能制造关键技术，从生产、管理以及营销的全过程优化出发，实现制造流程、操作方式、管理模式的高效化、绿色化和智能化。同时，随着智能制造的实施，设备管理、资产管理日益透明化，生产方式更加便捷和优化，制造运营逐渐精细化和智能化，商业资源趋向于平台化和协同化，流程型智能制造模式的结构框架如图 1.3 所示。

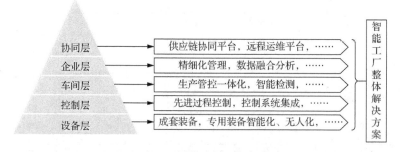

图 1.3　流程型智能制造模式的结构框架

流程型智能制造包括的要素条件主要有：

(1)智能装备与设备联网。制造装备数控化率超过 90%，智能传感与控制装备、专用装备等关键技术装备之间的信息互联互通联网率超过 90%。

(2)车间作业实时调度。

（3）数据自动采集。实现对物流、能流、物性、资产的全流程监控，建立数据采集和监控系统，生产工艺数据自动采集率达到 90%以上。实现原料、关键工艺和成品检测数据的采集和集成利用，建立实时的质量预警。

（4）信息化水平。广泛应用计算机辅助设计及仿真系统、MES、ERP 管理系统、SCM 系统等信息系统，车间内外实现管控一体化。

（5）工业信息安全。建有工业信息安全管理制度和技术防护体系，具备网络防护、应急响应等信息安全保障能力。建有功能安全保护系统，采用全生命周期方法有效避免系统失效。

## 1.2.3　网络协同制造模式

网络协同制造模式是指采用先进的网络技术、制造技术及其他相关技术，构建面向企业特定需求的基于网络的制造系统，并在制造系统的支持下，突破空间对企业生产经营范围和方式的约束，开展覆盖产品整个生命周期全部或部分环节的企业业务活动（如产品设计、制造、销售、采购、管理等），实现企业间的协同和各种社会资源的共享与集成，高速度、高质量、低成本地为市场提供所需的产品和服务，提高企业的市场快速响应和竞争能力。

网络协同制造

网络协同制造系统作为一种与信息技术高度融合的生产制造模式，以信息资源为基础，将制造过程、数据、知识相结合，可实现纵向集成和横向集成与协同。纵向集成主要是指企业内的协同制造，对于一个制造业企业，其内部的信息以制造为核心，包括生产管理、物流管理、质量管理、设备管理、人员及工时管理等与生产相关的各个要素。纵向集成是形成一个完整的任务流规划、信息流规划、资金流规划以及物流规划，真正地使生产过程在企业内部协同，使信息传递平台化，全流程的信息打通，任何一个工作节点都能与平台直接进行交互，使得不同的生产元素管理之间具有协同性，以避免制造过程中的信息孤岛，因此对各个系统之间接口和兼容性的需求越来越高，即各个系统之间的内部协同越来越重要。从侧重于产品的设计和制造过程，走到了产品全生命周期的集成过程，建立了有效的纵向生产体系。横向集成主要是指企业间的协同制造，在未来制造业中，每个企业都是独立运作的模式，每个企业都有独立运行的生产管理系。但是，随着企业的发展，企业设置有不同的生产基地及多个工厂，工厂之间往往需要互相调度，合理地利用人力、设备、物料等资源，企业中每个工厂之间信息的流量越来越多，实时性要求越来越高，同时每个工厂的数据量和执行速度的要求也越来越高。这就要求不同工厂之间能够做到网络协同，确保实时的信息传递与共享。同时，在全球化与互联网时代，协同不仅是组织内部的协作，而且往往涉及产业链上、下游组织之间的协作。一方面，通过网络协同，消费者和制造业企业共同进行产品设计与研发，满足个性化定制需求；另一方面，通过网络协同，配置原材料、资本、设备等生产资源，组织动态的生产制造，缩短产品研发周期，满足差异化市场需求。

对于典型的制造型企业，网络协同制造包括产品设计和工艺协同、制造协同、供应链协同及服务协同等。产品设计和工艺协同主要是指产品设计是从创意到工程设计图纸的一个转换过程。依托网络协同制造平台，企业可以发布产品设计要求，通过网络协同制造平台寻找合适的设计人员完成产品的设计工作。设计协同的另一个方面是工艺设计协同。产品设计方案可以依托网络协同制造平台的工艺设计师，结合网络协同制造平台相关的制造资源，设计实现高效的工艺方案。制造协同主要是指制造过程的产能协同、生产进度协同、异常处理协同等内容。网络协同制造平台会接入不同加工类型的制造资源。在产品完成工艺设计后，可以依托网络协同制造平台进行制造企业的选择。通过接入相关企业的制造执行系统和制造装备，可以获取生产过程的相关数据。通过生产计划和完工数据的汇聚与分析，一个产品在不同企业的前后工序可以更好地衔接，以实现同一产品在制造过程中的协同，如图 1.4 所示。供应链协同依托接入的众多产业链上下游企业，根据不同产品的特点和生产过程的需要，以信息的自由交流，知识创新成果的共享，相互信任、共担风险、协同决策，无缝连接的生产流程和共同的战略目标为基础，实现供应链相关企业的协调和合作，以实现供应链的协同，从而提高产业链的整体竞争力。网络协同制造模式总体技术架构如图 1.5 所示，实现企业间研发、管理和服务系统的集成和对接，为接入企业提供研发设计、运营管理、数据分析、知识管理、信息安全等服务，开展制造服务和资源的动态分析和柔性配置等。

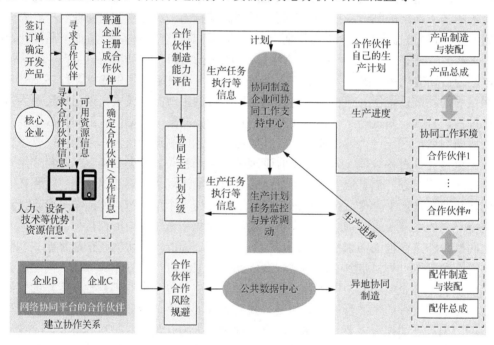

图 1.4　产业链协同制造

网络协同制造的要素条件主要包括：

(1)建有网络化制造资源协同的工业云平台，具有完善的体系架构和相应的运行规则；

(2)通过工业云平台展示社会/企业/部门制造资源，实现制造资源和需求的有效对接；

(3)通过工业云平台实现面向需求的企业间/部门间创新资源与设计能力的共享、互补和对接；

(4)通过工业云平台实现面向订单的企业间/部门间生产资源的合理调配，以及制造过程中各环节和供应链的并行组织生产；

(5)建有围绕全生产链协同共享的产品溯源体系，实现企业间涵盖产品生产制造与运维服务等环节的信息溯源服务；

(6)建有工业信息安全管理制度和技术防护体系，具备网络防护、应急响应等信息安全保障能力。

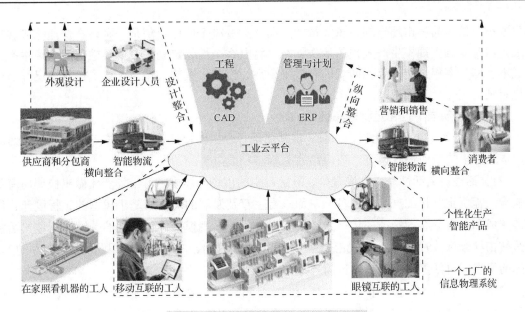

图 1.5 网络协同制造模式总体技术架构

## 1.2.4 大规模个性化定制模式

大规模个性化定制模式的智能制造是为满足消费者日益增长的个性化定制需求，为消费者提供一个整体解决方案，提供更加环保、健康、高品质的产品。随着经济的发展和消费水平的提升，彰显个性的定制产品的需求越来越迫切，为应对这一需求，大规模个性化定制模式应运而生，其特点是以接近大规模生产的效率和成本满足客户的个性化需求。1987 年，大规模个性化定制的概念被提出，其核心是增加产品多样性和定制化，而不增加其成本，同时满足人们个性化需求的大规模生产。通过智能化生产车间实现人、机器、物料、产品全面联网，实时感知、实时指挥、实时监控，全面提升生产效率。个性化定制已悄然成为消费品行业的发展主流，个性化需求推动着定制生产制造朝着智能化的方向前进。面对多样化的客户需求和不断细分的市场，从 20 世纪 80 年代开始，国外一些制造商开始尝试采用大规模个性化定制模式，力求以接近大批量生产的成本和效率来提供满足客户个性化和定制化需求的产品。大规模个性化定制模式在 20 世纪 90 年代得到快速发展，汽车、计算机、通信器材等许多产品被成功定制。21 世纪初，美国包含定制产品或服务的订单占到了 36%；在英国，购买定制汽车的客户已从 20 世纪 90 年代初的 25%增加到了 75%。许多制造企业和服务企业，如惠普、丰田、戴尔、耐克、摩托罗拉、美泰、宝洁、海尔、微软和恒生银行等成功地实施了大规模个性化定制模式，取得了巨大成功。大规模个性化定制为这些企业带来了超额利润和竞争优势，并逐渐成为其核心竞争力。

大规模个性化定制是一种集企业、客户、供应商、员工和环境于一体，在系统思想的指导下，用整体优化的观点，充分利用企业已有的各种资源，在标准技术、现代设计方法、信息技术和先进制造技术的支持下，根据客户的个性化需求，以大批量生产的低成本、高质量、高效率提供定制产品和服务的生产方式。大规模个性化定制的基本思想在于：通过产品结构和制造流程的重构，运用现代化的信息技术、新材料技术、柔性制造技术等一系列高新技术，把产品的定制生产问题全部或者部分转化为批量生产，以大规模生产的成本和速度，为单个客户或小批量多品种市场定制任意数量的产品。大规模个性化定制是一种旨在快速响应客户需求，同时兼顾大规模生产效益的运作战略。将顾客个性化定制生产的柔性与大规模生产的低成本、高效率相结合，寻找两者的有效平衡点。当前，服装、家居、家电等领域已开启个性化定制。

**1. 实现大规模个性化定制的关键能力**

(1)生产效率。对于智能制造系统，定制化是一个主要特征，生产效率的计算需要考虑对客户需求做出响应而进行调整。

(2)灵活性。灵活性是在充满竞争、瞬息万变的市场环境中，对市场变化做出快速而有效的响应，提供定制化的产品和服务，从而求得生存及发展的能力。基于模型的工程设计、供应链集成和具有分布式智能的生产系统等技术是实现大规模个性化定制的关键。衡量灵活性的传统指标包括按时交付能力、完成生产转换所需的时间、工程变更周期以及新产品引进率。新的衡量指标包括供应链变化导致的延期交付时间等。

(3)质量。传统的质量评价指标主要反映成品符合设计要求的情况，而对于智能制造系统，还要包括产品的创新性和定制化。传统的质量评价指标有产量、客户拒收/退货以及物料认证/退货。新的质量评价指标包括产品创新性、每个产品系列的产品种类多样性和每种产品的可选型号多样性，以便对产品个性化程度进行评价。

(4)可持续。时间和成本作为生产率的主要评价指标，是制造业的传统驱动因素，而可持续性越来越受到先进制造企业的重视。制造可持续性通过环境影响(包括能源和自然资源)、安全性和员工幸福感以及经济生存能力进行定义。

**2. 大规模个性化定制模式的特点和内容**

大规模个性化定制模式以数据为核心资源，基于数字化技术手段构建一个用户交互的网络空间，通过互联工厂全要素、联网器和联用户，实现全流程数据贯通、用户全流程交互、高效与柔性智造以及虚实融合体验等关键技术，最终满足用户个性化需求，实现大规模个性化定制。大规模个性化定制模式的特点有：

(1)实现大规模与个性化定制融合，从制造产品转变为创造用户价值。

(2)从体验迭代到终身用户，通过交互定制平台给予用户专业工具来提升用户能力，使得体验经济第一次变得可控。

(3)用户付薪驱动下的共创共赢平台和七大模型并联开放优化、循环迭代。大规模个性化定制模式就是让用户参与到全流程中，聚合资源持续创造用户体验价值的生态。

大规模个性化定制模式实施的主要内容涉及实现产品模块化设计、构建产品个性化定制服务平台和个性化产品数据库，实现定制服务平台与企业研发设计、计划排程、供应链管理、售后服务等信息系统的协同与集成，如图1.6所示。

**3. 大规模个性化定制的要素条件**

(1)建有基于互联网的个性化定制服务平台，通过定制参数选择、三维数字建模、虚拟现实或增强现实等方式，实现与用户深度交互，快速生成产品定制方案。

(2)建有个性化产品数据库，应用大数据技术对用户的个性化需求特征进行挖掘和分析。

(3)个性化定制平台与企业研发设计、计划排产、柔性制造、营销管理、供应链管理、物流配送和售后服务等数字化制造系统实现协同与集成。

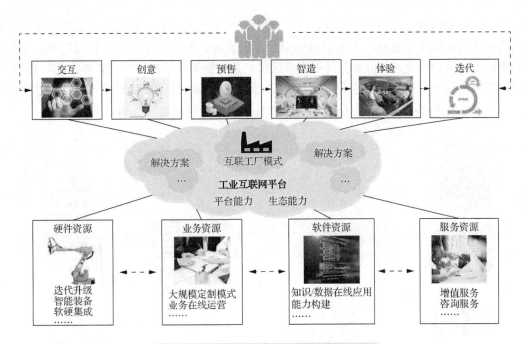

图 1.6 大规模个性化定制与服务型制造能力

## 1.2.5 网络远程运维服务模式

网络远程运维服务模式是运维服务在新一代信息技术与制造装备融合集成创新和工程应用发展到一定阶段的产物,它打破了人、物和数据的空间与物理界限,是智慧化运维在智能制造服务环节的集中体现。网络远程运维集成应用工业大数据分析、智能化软件、工业互联网等技术,建设设备全生命周期管理平台,并对智能设备远程操控、健康状况检测、设备维护方案制订与执行。网络远程运维通过工业互联网远程采集设备数据,采用先进的分析算法对数据中的隐性知识进行挖掘和建模,并在制造过程中识别、预测和规避问题。

远程运维系统主要实现设备维修和设备监管等功能,具体系统组成架构如图 1.7 所示。通过对设备工作状态和工作环境的实时监测,借助人工智能算法等先进的计算方法,诊断和预测设备未来的有效工作周期,为现场操作人员提供系统目前健康状况的准确评估,预测系统的剩余寿命,合理安排设备未来的维修调度时间。

设备检测诊断系统主要包括:

(1)状态监测系统。在设备运行过程中,实时监测对设备故障有重大影响的特定参数。

(2)分析诊断系统。对采集来的信号进行分析和处理,提取特征值,并对设备状态进行诊断。

(3)决策系统。在得出设备诊断的结果后,针对具体情况给出决策并采取相应的维护方案。

数据采集系统包括传感器、数据采集仪和计算机。传感器部分包括前面提到的各种电测传感器,其作用是感受各种物理量,如力、线位移、角位移、应变和温度等,并把这些物理量转换为电信号。数据采集仪的作用是对所有的传感器通道进行扫描,把扫描得到的电信号转换成数字量,再根据传感器特性对数据进行传感器系数换算,然后将这些数据传送给计算机,也可将这些数据打印输出,存入磁盘。

数据通信网络是指为传送平面、控制平面和管理平面的内部以及三者之间的管理信息和控制信息通信提供传送通路，主要包括中央计算机系统、数据终端设备和数据电路。中央计算机系统由通信控制器、主机及其外围设备组成，具有处理从数据终端设备输入的数据信息，并将处理结果向相应的数据终端设备输出的功能。数据终端设备由数据输入设备、数据输出设备和传输控制器组成。数据电路由传输信道及其两端的数据电路终端设备组成。

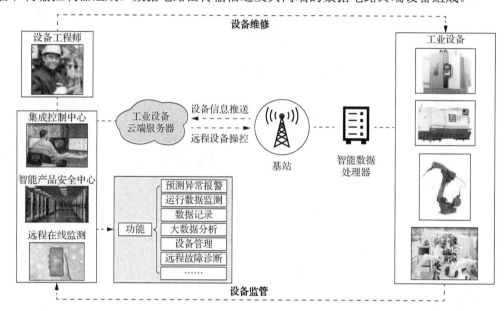

图 1.7　远程运维系统组成架构

网络协同制造的要素条件主要包括：

（1）采用网络远程运维服务模式的智能装备/产品，配置开放的数据接口，具备数据采集、通信和远程控制等功能。

（2）利用支持 IPv4、IPv6 等技术的工业互联网，采集并上传设备状态、作业操作、环境情况等数据，并根据远程指令灵活调整设备运行参数。

（3）建立智能装备/产品远程运维服务平台，能够对装备/产品上传的数据进行有效筛选、梳理、存储与管理，并通过数据挖掘、分析向用户提供日常运维、在线检测、预测性维护、故障预警、诊断与修复、运行优化、远程升级等服务。

（4）智能装备/产品远程运维服务平台应与设备制造商的 PLM 系统、客户关系管理（Customer Relationship Management，CRM）系统、产品研发管理系统实现信息共享。

（5）智能装备/产品远程运维服务平台应建立相应的专家库和专家咨询系统，能够为智能装备/产品的远程诊断提供智能决策支持，并向用户提出运维解决方案。

# 1.3　智能制造特征

新一代人工智能技术与先进制造技术的深度融合，形成了新一代智能制造技术，成为新一轮工业革命的核心驱动力。智能制造是实现整个制造业价值链的智能化和创新，是信息化与工业化深度融合的进一步提升。智能制造融合了信息技术、先进制造技术、自动化技术和人工智能技术。在智能制造相关技术领域，制造技术的发展正由自动化、信息化主导向着数字化、智能化主导方向发展，为制造模式的变革奠定了基础。其主要特征包括：

## 1. 大集成

新一代智能制造内部和外部均呈现出前所未有的系统"大集成"特征：一方面是制造系统内部的"大集成"。企业内部设计、生产、销售、服务、管理过程等实现动态智能集成，即纵向集成；企业与企业之间基于工业智联网与智能云平台，实现集成、共享、协作和优化，即横向集成。另一方面是制造系统外部的"大集成"。制造业与金融业、上下游产业的深度融合形成服务型制造业和生产性服务业共同发展的新业态。智能制造与智能城市、智能农业、智能医疗、智慧金融等交融集成，共同形成智能生态大系统——智能社会。新一代智能制造系统大集成具有大开放的显著特征，具有集中与分布、统筹与精准、包容与共享的特性，具有广阔的发展前景。

## 2. 人机交互性

在制造过程中利用人工智能完全替代人类专家的智能并独立承担分析、判断和决策等任务是不现实的。智能制造的人和机器之间，在任何时间和空间上都可以相互联系、相互协同地完成任务，除了机器本身的规划、行动和监控外，人可以随时随地控制机器的情况。人机一体化突出了人在制造系统中的核心地位，并在智能机器的配合下更大地发挥人的潜能，机器智能和人的智能真正地集成在一起，在人机之间形成一种平等共事、相互协作的关系，二者各显其能、相辅相成。

## 3. 自组织与超柔性

智能制造存在一个动态的发展过程，在这个过程中的所有要素是相互连接而不是相互分割的，这种特质使得智能制造行业能不断融合其他技术，拓展行业边界。智能制造系统的每个组件都可以根据工作任务的需要自行形成最佳结构，它的灵活性不仅突出了运行方式，还突出了结构形式，因此这种灵活性称为超柔韧性，就像一群具有人类生物学特征的专家。

## 4. 学习能力与自我维护能力

智能制造以关键制造环节的智能化为核心，目的就是要为制造系统建立一个完整的生产与信息的回路，使得制造过程具有自我学习、组织、诊断、决策等智能化行为的能力，从而可以达到对制造过程中可能遇到的一些问题和情况进行自我分析、自我判断以及自我处理等目的。智能制造系统可以在实践中不断丰富知识库，并具有自我学习功能。同时，它可以在运行过程中自行诊断故障，并具有自我诊断和自我维护的能力，使智能制造系统能够自我优化并适应各种复杂环境。

## 5. 资源配置的高度智能化

智能制造以智能工厂为载体，智能制造的过程包括面向智能加工与装配设计、智能服务与管理等多个环节，而其中智能工厂中的全部活动基本上可以从产品生产制造、设计以及供应链三个层面来描述。由于智能制造是制造技术、信息网络技术以及人工智能技术三者深度融合的产物，对智能工厂而言，其核心要求之一就是实现信息流、物资流和管理流的统一，故智能制造通过对资源配置的高度智能化，也就是说可以在智能工厂中实现三个层面资源共享、高效便捷服务等功能，以达到缩短研发设计周期、提高生产效率等目的。

### 6.生产过程的高度智能化

智能制造遍布整个生产过程，其应用大大提高了生产效率。因为在生产过程中，智能制造能够严格监控产品的生产，并实时记录产品信息。生产过程的高度智能化主要包括：生产现场无人化、生产数据可视化、生产设备网络化、生产文档无纸化、生产过程透明化。

### 7.产品的高度智能化

产品的高度智能化是从产品设计阶段、制造阶段、销售及售后服务阶段就对重点环节进行全流程监控，掌握与产品相关的全部重要信息，并将传感器、处理器、存储器、通信模块、传输系统融入产品中，促使产品具备动态存储、感知和通信的工作能力，实现产品可追溯、可识别、可精准定位。

# 1.4　智能制造关键技术概述

智能制造是第四次工业革命的代表性技术，是基于新一代信息通信技术与先进制造技术的深度融合与集成，从而实现从产品的设计过程到生产过程、服务过程以及企业管理等全流程的智能化和信息化。智能制造的七大关键技术包括信息物理系统、物联网技术、增强现实技术、大数据技术、云计算技术、深度学习技术和智能传感技术。本节简要概述前五大关键技术。

### 1.信息物理系统

信息物理系统(Cyber Physical System，CPS)的理念最早由美国自然基金委提出，该概念一经提出便获得了国内外的广泛关注。CPS 是计算、通信和物理过程高度集成的系统，通过在物理设备中嵌入感知、通信和计算能力，实现对外部环境的分布式感知、可靠数据传输、智能信息处理，并通过反馈机制实现对物理过程的实时控制。构建物理世界和虚拟世界人、机、物、环境、信息等相互映射、实时交互的复杂系统。虚拟世界和现实世界的完美融合，使得基于 CPS 技术的设计、生产、服务等迈向一个新的高度，推动"制造"向"智造"的转型。它是对传统制造业的彻底改变，在该系统中，每个工件自己能够自动算出需要哪些服务，是数字化地对生产设施的升级操作，形成一个全新的体系结构。CPS 体系结构如图 1.8 所示。

CPS 的意义在于将物理设备联网，特别是连接到互联网上，使得物理设备具有计算、通信、精确控制、远程协调和自治五大功能。CPS 本质上是一个具有控制属性的网络，但它又有别于现有的控制系统。CPS 则把通信放在与计算和控制同等地位上，这是因为 CPS 强调的分布式应用系统中物理设备之间的协调是离不开通信的。CPS 对网络内部设备的远程协调能力、自治能力、控制对象的种类和数量，特别是网络规模远远超过现有的工控网络。CPS 的主要特点包括海量运算、感知性、泛在连接、虚实映射、兼容异构及系统自治等。

### 2.物联网技术

物联网(Internet of Things，IoT)是一种计算设备、机械、数字机器相互关系的系统，具备通用唯一识别码(Universally Unique Identifier，UUID)，并具有通过网络传输数据的能力，无须人与人或人与设备的交互。物联网就是"物物相连的互联网"。其含义有两层：第一，物联网的核心和基础仍然是互联网，是在互联网的基础上延伸和扩展的网络；第二，其用户端延伸和扩展到了任何物品与物品之间，进行信息交换和通信。因此，"物联网概念"是在"互联网概念"的基础上，将其用户端延伸和扩展到任何物品与物品之间，进行信息交换和通信的一种网络概念。物联网的应用领域主要包括以下方面：运输和物流、工业制造、健康医疗、智能环境(家庭、办公、工厂)、个人和社会领域等。

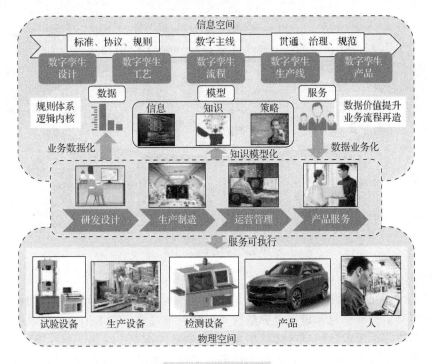

图 1.8 CPS 体系结构

按照网络内数据的流向及处理方式，将物联网分为三个层次：一是感知层，即以二维码、射频识别(Radio Frequency Identification，RFID)、传感器为主，实现对物或环境状态的识别；二是网络层，即通过现有的互联网、广电网、通信网或者下一代互联网(IPv6)，实现数据的传输和计算；三是应用层，即输入输出控制终端，包括计算机、手机等终端。物联网结构图如图 1.9 所示。

和传统的互联网相比，物联网有其鲜明的特征。首先，它是各种感知技术的广泛应用。物联网上部署了多种类型的传感器，每个传感器都是一个信息源，不同类型的传感器所捕获的信息内容和信息格式不同。传感器获得的数据具有实时性，按一定的频率周期性地采集环境信息，不断更新数据。其次，它是一种建立在互联网上的泛在网络。物联网技术的重要基础和核心仍旧是互联网，通过各种有线网络和无线网络与互联网融合，将物体的信息实时准确地传递出去。在物联网上的传感器定时采集的信息需要通过网络传输，其数量极其庞大，形成了海量信息，在传输过程中，为了保障数据的正确性和及时性，必须适应各种异构网络和协议。另外，物联网不仅提供了传感器的连接，其本身也具有智能处理的能力，能够对物体实施智能控制。物联网将传感器和智能处理相结合，利用云计算、模式识别等各种智能技术，扩充其应用领域。从传感器获得的海量信息中分析、加工和处理有意义的数据，以适应不同用户的不同需求，发现新的应用领域和应用模式。

图1.9　物联网结构图

### 3. 增强现实技术

增强现实(Augmented Reality，AR)技术是在虚拟现实的基础上发展起来的新兴技术。该技术是一种将真实世界信息和虚拟世界信息"无缝"集成的新技术，是把原本在现实世界的一定时间空间范围内很难体验到的实体信息(视觉信息、声音、味道、触觉等)通过计算机等科学技术，模拟仿真后再叠加，将虚拟的信息应用到真实世界，被人类感官感知，从而达到超越现实的感官体验。真实的环境和虚拟的物体实时地叠加到同一个画面或空间，且同时存在。增强现实技术不仅展现了真实世界的信息，而且将虚拟的信息同时显示出来，两种信息相互补充、叠加。在视觉化的增强现实中，用户利用头盔显示器把真实世界与计算机图形多重合成在一起，便可以看到真实的世界围绕。

增强现实技术包含了多媒体、三维建模、实时视频显示及控制、多传感器融合、实时跟踪及注册、场景融合等新技术与新手段。在一般情况下，增强现实技术提供了不同于人类可以感知的信息。

AR系统具有三个突出的特点：

(1)虚实结合，是真实世界和虚拟世界的信息集成。将显示器屏幕扩展到真实环境，使计算机窗口与图标叠映于现实对象，由眼睛凝视或手势指点进行操作；使三维物体在用户的全景视野中根据当前任务或需要交互地改变其形状和外观；对于现实目标，通过叠加虚拟景象产生类似于X射线透视的增强效果；将地图信息直接插入现实景观以引导驾驶员的行动；通过虚拟窗口调看室外景象，使墙壁仿佛变得透明。

(2)具有实时交互性。它使交互从精确的位置扩展到整个环境，从简单的人面对屏幕交流发展到将自己融合于周围的空间与对象中。运用信息系统不再是自觉而有意的独立行动，而是和人们的当前活动自然地成为一体。交互性系统不再是明确的位置，而是扩展到整个环境。

（3）三维注册，即根据用户在三维空间的运动调整计算机产生的增强信息。

（4）在三维尺度的空间中增添定位虚拟物体。AR 技术可广泛应用于军事、医疗、建筑、教育、工程、影视、娱乐等领域，如图 1.10 所示。

图 1.10　增强现实技术

### 4．大数据技术

大数据技术是指大数据的应用技术，涵盖各类大数据平台、大数据指数体系等大数据应用技术。大数据是指在一定时间范围内无法用常规软件工具捕捉、管理和处理的数据集合，是需要新模式处理才能具有更强的决策力、洞察力和流程优化能力的海量、高增长率和多样化的信息资产，简单来说大数据就是海量的数据，具有数据量大、来源广、种类繁多（日志、视频、音频）等特点。大数据技术渗透到社会的方方面面，如医疗卫生、商业分析、国家安全、食品安全、金融安全等，是计算机科学、人工智能技术（虚拟现实、商业机器人、自动驾驶、全能的自然语言处理）、数字经济及商业、物联网应用、各人文社科领域发展的核心。

**1）大数据技术特点**

大数据具有五个主要的技术特点（5V 特征）：

（1）大体量（Volume），即可从数百太字节到数十数百拍字节，甚至艾字节的规模。

（2）多样性（Variety），即大数据包括各种格式和形态的数据。

（3）时效性（Velocity），即很多大数据需要在一定的时间限度下得到及时处理。

（4）准确性（Veracity），即处理的结果要保证一定的准确性。

（5）大价值（Value），即大数据包含很多深度的价值，大数据分析挖掘和利用可带来巨大的商业价值。

**2）大数据架构**

在企业内部，大数据从生产、存储到处理、应用，会经历各个处理流程。它们相互关联，形成了整体的大数据架构，如图 1.11 所示。

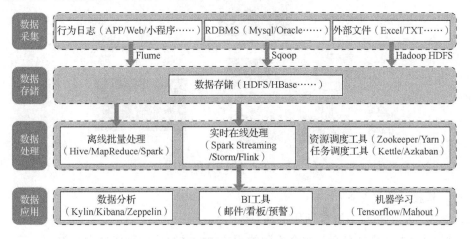

图 1.11　大数据架构

(1)数据采集：是指将应用程序产生的数据和日志等同步到大数据系统中。数据源主要包括 Flume NG、NDC，Netease Data Canal、Logstash、Sqoop、Storm 集群结构、Zookeeper 等。

(2)数据存储：海量的数据用存储器以数据库的形式存储在系统中，方便下次使用时进行查询。主要包括 Hadoop、HBase、Phoenix、Yarn、Mesos、Redis、Atlas、Kudu 等，不同的存储数据库可适用于不同类型的数据。

(3)数据处理：原始数据需要经过层层过滤、拼接、转换才能获得最终应用，数据处理就是这些过程的统称。一般来说，有两种类型的数据处理，一种是离线的批量处理，另一种是实时在线分析。

(4)数据应用：经过处理的数据可以对外提供服务，如生成可视化的报表、作为互动式分析的素材、提供给推荐系统训练模型等。大数据采集后，除了能够通过分析计算反映过去和当前的信息情况，还可以建立科学的数据模型，通过模型得出新的数据，预测将来会发生的事情，从而提前做出应对政策。

### 5．云计算技术

云计算(Cloud Computing)是分布式计算的一种，指的是通过网络"云"将巨大的数据计算处理程序分解成无数个小程序，然后通过多部服务器组成的系统进行处理和分析这些小程序得到结果并返回给用户。简单地说，云计算早期就是简单的分布式计算，解决任务分发，并进行计算结果的合并。因而，云计算又称为网格计算。通过云计算技术，可以在很短的时间内(几秒钟)完成对数以万计的数据的处理，从而提供强大的网络服务。

云计算是继互联网、计算机后在信息时代的又一革新，云计算是信息时代的一个飞跃。"云"实质上就是一个网络，狭义上讲，云计算就是一种提供资源的网络，使用者可以随时获取"云"上的资源，按需求量使用，并且可以看成无限扩展的，只要按使用量付费就可以。从广义上说，云计算是与信息技术、软件、互联网相关的一种服务，这种计算资源共享池称为"云"，云计算把许多计算资源集合起来，通过软件实现自动化管理，只需要很少的人参与，就能使资源被快速提供。云计算概念图如图 1.12 所示。

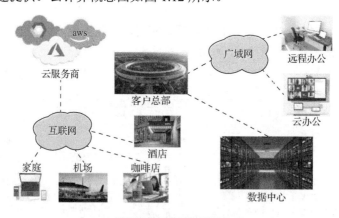

图 1.12　云计算概念图

### 1)云计算技术的创新点

云计算技术的创新点主要包括如下几点。

(1)虚拟化。虚拟化是在企业完全不同的用户之间共享应用程序物理实例的许可证密钥的方法。该技术的主要目的是向所有或任何购物者提供典型版本的云应用程序,因其灵活性和即时运行而得到广泛使用。虚拟化的几种类型包括硬件虚拟化、操作系统虚拟化、服务器虚拟化及存储虚拟化。

(2) 面向服务的体系结构。面向服务的体系结构是一个应用程序,每天将服务划分为单独的业务功能和过程。云计算技术的这一组成部分使与云相关的安排能够根据客户的要求进行修改和调整。面向服务的体系架构分为两个主要组成部分:一个是质量即服务;另一个是软件即服务。服务质量的功能是从不同的角度识别服务的功能和行为。软件即服务提供了一种新的软件交付模式,在这种交付模式中,软件仅需通过网络,不须经过传统的安装步骤即可使用,软件及其相关的数据集中托管于云端服务。

(3) 网格计算。网格计算将巨大的问题转化为较小的问题,向服务器广播并将其放置在网格中。它主要应用于电子商务平台,旨在大规模集群计算上共享资源。它涉及利用未使用的计算机的力量并解决复杂的科学问题。这可以通过云计算技术来完成。

(4) 按量计费。按量计费是按需向客户端提供计算服务,以获得计量优势,主要通过减少初始投资来帮助削减成本。随着业务云计算需求的变化,计费成本也会发生相应变化,而不会产生任何额外的成本。如果客户端使用量减少,则计费成本也会相应降低。

**2) 云计算的类型**

云计算的类型主要有如下几种:

(1) 基础设施即服务(Infrastructure as a Service,IaaS)。云计算技术提供虚拟和物理计算机。实际计算机由虚拟机管理程序访问,虚拟机管理程序分组到资源池中,并由操作支持网络进行管理。IaaS 提供防火墙、IP 地址、监控服务、存储、带宽、虚拟机等资源,所有这些资源都按时间成本提供给客户端,如常见的"云服务器"系列产品。

(2) 平台即服务(Platform as a Service,PaaS)。平台即服务与 IaaS 提供相同的硬件资源,此外还提供操作系统和数据库。PaaS 可使用户在无须构建和维护基础设施的情况下开发、运行和管理应用程序。由于多个用户可以同时访问开发应用程序,PaaS 还可以简化工作流程。PaaS 的主要属性具有点对点设备,使开发人员能够设计基于 Web 的应用程序。

(3) 功能即服务(Function as a Service,FaaS)。利用功能即服务,用户只需要管理功能和数据,云提供商负责管理应用程序。因此,开发人员在代码没有运行时也能获得他们所需的功能,且无须为服务付费。

(4) 软件即服务(Software as a Service,SaaS)。软件即服务通过 Web 浏览器将应用程序传输到最终用户。云计算技术客户端安装 SaaS,可以使其能够在云计算平台上运行。SaaS 提供了应用程序接口(Application Programming Interface,API),它允许开发人员构建所需的应用程序。大多数用户依赖各种 SaaS 开展日常运营。SaaS 是按需应用程序,如 CRM 软件和电子邮件及 Office Suite。在利用 SaaS 时,除了自己的数据之外,用户无须管理其他任何东西。

云计算的关键技术包括:云原生、云端高性能计算、混沌工程、混合云、边缘计算、零信任、低碳云、数字政府、企业数字化转型等。

# 1.5　智能制造关键环节概述

## 1.5.1　智能设计

智能设计是指应用现代信息技术，采用计算机模拟人类的思维活动，提高计算机的智能水平，从而使计算机能够更多、更好地承担设计过程中的各种复杂任务，成为设计人员的重要辅助工具。

**1. 智能设计特点**

(1) 以设计方法学为指导。智能设计的发展，从根本上取决于对设计本质的理解。设计方法学对设计本质、过程设计思维特征及其方法学深入研究是智能设计模拟人工设计的基本依据。

(2) 以人工智能技术为实现手段。借助现代人工智能，如人工神经网络、模糊理论、进化理论等算法，并结合智能制造应用技术，对产品进行智能设计。

(3) 以传统 CAD 技术为数值计算和图形处理工具。提供对设计对象的优化设计、有限元分析和图形显示输出上的支持。

(4) 面向集成智能化。不但支持设计的全过程，而且考虑到与 CAM 的集成，提供统一的数据模型和数据交换接口。

(5) 提供强大的人机交互功能。使设计师能对智能设计过程进行干预，即与人工智能融合成为可能。

**2. 智能设计关键技术**

智能设计系统的关键技术包括设计过程的再认识、设计知识表示、多专家系统协同技术、再设计与自学习机制、多种推理机制的综合应用、智能化人机接口等。

(1) 设计过程的再认识。智能设计系统的发展取决于对设计过程本身的理解。尽管人们在设计方法、设计程序和设计规律等方面进行了大量探索，但从计算机化的角度看，设计方法学还远不能适应设计技术发展的需求，仍然需要探索适合计算机处理的设计理论和设计模式。

(2) 设计知识表示。设计是一个非常复杂的过程，涉及多种不同类型知识的应用，因此单一知识表示方式不足以有效表达各种设计知识，如何建立有效的知识表示模型和有效的知识表示方式，始终是设计类专家系统成功的关键。

(3) 多专家系统协同技术。较复杂的设计过程一般可分解为若干环节，每个环节对应一个专家系统，多个专家系统协同合作、信息共享，并利用模糊评价和人工神经网络等方法有效解决设计过程中多学科、多目标决策与优化难题。

(4) 再设计与自学习机制。当设计结果不能满足要求时，系统应该能够返回到相应的层次进行再设计，以完成局部和全局的重新设计任务。同时，可以采用归纳推理和类比推理等方法获得新的知识，总结经验，不断扩充知识库，并通过自学习达到自我完善。

(5) 多种推理机制的综合应用。在智能设计系统中，除了演绎推理，还应该包括归纳推理、基于实例的类比推理、各种基于不完全知识的模糊逻辑推理方式等。上述推理方式的综合应用，可以博采众长，更好地实现设计系统的智能化。

(6) 智能化人机接口。良好的人机接口对智能设计系统是十分必要的，对于复杂的设计任务以及设计过程中的某些决策活动，在设计专家的参与下，可以得到更好的设计效果，从而充分发挥人与计算机各自的长处。

## 1.5.2 智能加工

### 1. 智能加工技术内涵

智能加工技术借助先进的检测、加工设备及仿真手段，实现对加工过程的建模、仿真、
预测，以及对加工系统的监测与控制；同时集成现有加工知识，使得加工系统能根据实时工
况自动优选加工参数、调整自身状态，获得最优的加工性能与最佳的加工质量。智能加工的
技术内涵包括以下方面：

(1) 加工过程仿真与优化。针对不同零件的加工工艺、切削参数、进给速度等加工过程中影响零件加工质量的各种参数，通过基于加工过程模型的仿真，进行参数的预测和优化选取，生成优化的加工过程控制指令。

(2) 过程监控与误差补偿。利用各种传感器、远程监控与故障诊断技术，对加工过程中的振动、切削温度、刀具磨损、加工变形以及设备的运行状态与健康状况进行监测；根据预先建立的系统控制模型，实时调整加工参数，并对加工过程中产生的误差进行实时补偿。

(3) 通信等其他辅助智能。将实时信息传递给远程监控与故障诊断系统，以及车间管理MES。

机床状态检测关键技术如图 1.13 所示。

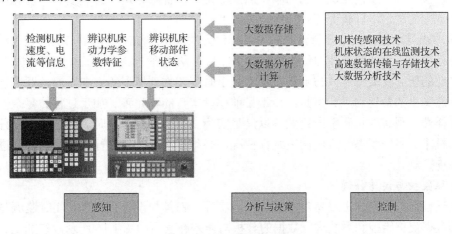

图 1.13 机床状态检测关键技术

### 2. 智能加工关键技术

#### 1) 加工过程仿真与优化

加工过程仿真与优化涉及数控系统伺服特性的分析、机床结构及其特性分析、动态切削过程的分析，以及在此基础上进行的切削参数优化和加工质量预测等。

（1）机床系统建模与优化设计。通过机床系统建模与优化设计，可提高机床的运行精度、降低定位与运行误差，同时可进行误差的预测与补偿。机床系统建模如图 1.14 所示。主轴系统的建模分析可根据主轴结构预测不同转速下刀具的动刚度，以及基于加工稳定性分析结果优化选取加工参数，提高加工质量和效率。刀具方面，通过刀具结构的分析与优化设计，在加工过程中可以获得更大的稳定切身；通过刀具负载的优化，获得变化的优化进给，可以获得更高的加工效率与经济效益。

（2）切削过程仿真。切削过程仿真借助各种先进的仿真手段，对加工过程中的切屑形成机理、力热分布、表面形貌以及刀具磨损进行仿真和研究。通过仿真选择优化的切削参数，提高表面加工质量，如图 1.15 所示。

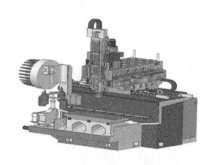

图 1.14　机床系统建模

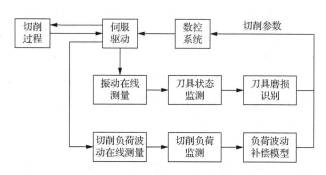

图 1.15　切削过程仿真流程图

（3）加工过程优化。借助预先建立的仿真模型与优化方法，或者已有的经验知识，对复杂加工工况及加工过程中的切削参数、机床运动进行优化。例如，在整体叶片的加工中，通过建立的分析模型预测不同工况下的切削状态及稳定性，优选合适的刀具姿态、切深、行距，保证加工过程的稳定，以获得高的叶片表面加工质量。

（4）加工质量预测。加工质量预测采用可视化方法对切削加工过程中形成的表面纹理及加工质量进行预测，为切削参数的优化选取提供支持，从而进一步提高工件表面的加工质量。

从目前的研究发展来看，仿真正在朝着基于时变和物理模型的方向发展，通过仿真可以得到理论意义上的最优结果。但是，由于目前模型本身的不完善、加工过程的复杂性和加工形式的多样性，现有的仿真手段仍然难以满足实际工程的需要。同时，由于加工过程中出现的材料、机床、系统状态等方面的突发性情况，必须对加工过程进行实时监控，并进行误差补偿和现场控制。

**2) 过程监控与误差补偿**

加工过程监控借助先进设备对加工工况、工件、刀具与设备状态进行实时监测与控制，并将监测数据反馈给控制系统进行数据的分析与误差补偿，如图 1.16 所示。在加工过程中，可借助各种传感器、声音和视频系统对加工过程中的力、振动、噪声、温度、工件表面质量等进行实时监测，根据监测信号和预先建立的多个模型判定加工状态、刀具磨损情况、机床工作状态与加工质量，进而进行切削参数的自动优化与误差补偿。同时，可将设备的健康状态信息通过通信系统传送至车间管理层(维护部门、采购部门等)，并根据健康状态进行及时维护，保证加工质量，减少停工时间。

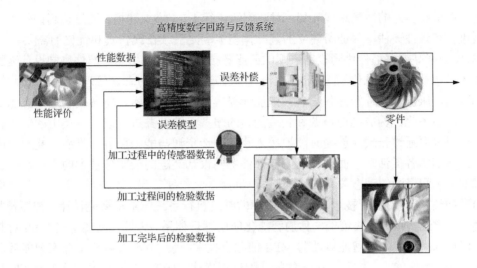

图 1.16 过程监控与误差补偿

## 1.5.3 智能装配

智能装配

### 1. 智能装配的特点

智能装配将装配过程中的工艺、人、零部件、机器设备以及供应链信息通过物联网实时集成互联,把新一代数据信息处理技术(如云计算、大数据分析、人工智能等)融入产品装配过程中,实时虚拟仿真和自主检测装配状态,通过自主智能决策和自动化执行装配操作,能够显著提高生产敏捷性、装配柔性,以及降低装配成本与缩短产品研制周期等。

智能装配远远超出传统自动化和机械化的范围,可将人与机器在工程操作中的协同作用潜力发挥到最大,集成现代高技术以及多学科交叉知识,在装配模型与监测数据的驱动下,实现最大装配效率的同时提高装配质量以及装配性能一致性。此外,利用智能装配所拥有的自学习能力可避免装配过程中的工艺缺陷问题。智能装配并不是一种完全脱离工程人员的装配模式,它是将机器与人完美地进行融合,通过全方位先进的检测和诊断技术获取整个装配系统实时服役状态以及装配性能,并通过自主分析和人机互动做出装配执行决策。

### 2. 智能化装配关键技术

(1)柔性装配工艺装备设计制造技术。柔性装配工艺装备的特点主要通过可自动调整的模块化结构单元来体现,自动重构要依靠在线测量数据和控制技术完成。与普通数控机械相比,柔性装配工艺装备的控制系统有许多不同之处,表现在:控制轴数多,传输数据量大;轴管理参数复杂,难度较大;物理地址复杂,逻辑映射关系复杂;电机行走,布线困难。这些特性增加了系统的设计难度和施工难度,此外工装控制系统具有开放性,模块化单元数量的增减不会对控制系统造成影响。柔性装配工艺装备设计制造涉及的关键点包括:模块化结构单元设计制造,先进的控制技术,装配仿真分析,工装驱动数据生成,传感检测,数字化测量和系统集成等。

(2)装配过程建模与仿真优化技术。根据产品或零部件装配过程的实际需求,提出其制造过程建模与仿真优化技术的体系结构。装配过程建模与仿真优化技术作为先进的系统评价与优化工具,可以对整个制造系统进行深入分析、评价与优化。首先,结合装配工艺路径规划、装配物料清单和实际的装配路线布局，对装配线进行 1∶1 虚拟建模，通过仿真评估模块对仿真模型进行有效性评估，保证所建立的装配模型能满足后续在线仿真和优化的需要。

(3)面向产品或零部件协同设计装配的云服务技术。面向产品或零部件协同设计装配的云服务技术，结合现有信息化制造(信息化设计、生产、试验、仿真、管理和集成)技术与云计算、物联网、服务计算、智能科学和高效能计算等新兴信息技术，将各类制造资源和制造能力虚拟化、服务化，构成制造资源和制造能力的服务云池，并进行统一、集中的优化管理和经营，用户只要通过云端就能随时随地按需获取制造资源与能力服务，进而智能地完成其制造全生命周期的各类活动。面向产品或零部件协同设计装配的云服务技术的重点在于支持产品或零部件装配资源的动态共享与协同。

(4)智能装配制造执行技术。智能装配中的制造执行系统应是集智能设计、智能预测、智能调度、智能诊断和智能决策于一体的智能化应用管理体系。为此，需要研究 MES 对装配知识的管理技术；研究人工智能算法与 MES 的融合技术，使 MES 具备模拟专家智能活动的能力，并具有自组织能力，实现人机一体的装配过程优化；研究 MES 对生产行为的实时化、精细化管理技术；研究生产管控指标体系的实时重构技术，进而适应装配环境和装配流程的改变。

产品或零部件装配智能制造是将物联网、大数据、云计算、人工智能等技术引入产品或零部件装配的设计、生产、管理和服务中。建立产品或零部件智能装配体系，将有效提升装配系统的自感知、自诊断、自优化、自决策和自执行能力。智能装配技术的应用，对打造高度智能化、柔性化的智能装配车间，以及建立智能制造工厂具有重要的意义。

## 1.5.4　智能服务

### 1. 智能服务的定义与发展

智能服务实现的是一种按需和主动的智能，即通过捕捉用户的原始信息和后台积累的数据，构建需求结构模型，进行数据挖掘和商业智能分析，除了可以分析用户的习惯、喜好等显性需求，还可以进一步挖掘与时空、身份、工作生活状态关联的隐性需求，主动给用户提供精准、高效的服务。这里需要的不仅是传递和反馈数据，更需要系统进行多维度、多层次的感知和主动、深入的辨识。

智能服务的发展通常分为五个阶段：电了化→网络化→信息化→智能服务初级阶段→智能服务高级阶段。

### 2. 智能服务的分层结构

(1)智能层。①需求解析功能集：负责持续积累服务相关的环境、属性、状态、行为数据，建立围绕用户的特征库，挖掘服务对象的显性需求和隐性需求，构建服务需求模型。②服务反应功能集：负责结合服务需求模型，发出服务指令。

(2)传送层。负责交互层获取的用户信息的传输和路由，通过有线或无线等各种网络通道，将交互信息送达智能层的承载实体。

(3)交互层。系统和服务对象之间的接口层，借助各种软硬件设施，实现服务提供者与服务对象之间的双向交互，向用户提供服务体验，达到服务目的。

### 3.智能服务的关键技术

智能服务是在集成现有多方面的信息技术及其应用的基础上，以用户需求为中心，进行服务模式和商业模式的创新。因此，智能服务的实现涉及跨平台、多元化的技术支撑。

(1)智能层需要的关键技术有：存储与检索技术、特征识别技术、行为分析技术、数据挖掘技术、商业智能技术、人工智能技术、面向服务的体系结构相关技术等。

(2)传送层需要的关键技术有：弹性网络技术、可信网络技术、深度业务感知技术、Wi-Fi/WiMax/3G&4G 无线网络技术、IPv6 等。

(3)交互层需要的关键技术有：视频采集技术、语音采集技术、环境感知技术、位置感知技术、时间同步技术、多媒体呈现技术、自动化控制技术等。

# 1.6 智能制造装备

智能制造装备

## 1.6.1 智能制造装备的特征

智能制造装备是指具有感知、决策、执行功能的各类制造装备的统称。它是先进制造技术、信息技术和智能技术的集成和深度融合。智能制造装备是传统产业升级改造、实现生产过程自动化、集成化、信息化、绿色化的基本工具，是培育和发展战略性新兴产业的支撑，是实现生产过程和产品使用过程节能减排的重要手段。智能制造装备的水平已成为当今衡量一个国家工业化水平的重要标志。

智能制造装备最明显的特点是整体化的设计、多系统协同与高度集成化，全面应用关键智能基础共性技术、测控装置和部件，通过整体集成技术来完成感知、决策、执行一体化的工作，并根据在不同行业内的应用而体现出巨大的差异化特性。

**1)智能化**

产品的智能化主要体现在全自动运行管理、复杂工况处理、系统自检、控制系统的适应能力等几个方面。采用可编程逻辑控制器(Programmable Logic Controller，PLC)、计算机、通信网络和各种高效、准确、可靠、可视的检测、监控、控制装备，配合自主研制、开发的 PLC、人机交互和计算机软件，可以实现整套系统的智能化控制；采用机器视觉技术实现了对复杂工况的感知、判断与处理决策；具有故障自检测功能，出现故障时能够及时发出报警并保护设备处于安全状态；控制系统具有自适应功能，能适应上游生产线输送过来的多种规格的产品。

**2)模块化**

模块化是根据不同独立单元的功能，依据不同用户的需求进行灵活多变的组合，满足不同的生产需求。从设计上把系统的各个功能单元进行规划，综合各种使用条件下的功能分布情况，按最优化性能指标进行功能划分、整合，创建各功能独立存在方式及接口方式，进行模块化设计，不但满足客户的不同需求，同时在成本上进行合理控制。

**3)高协同性**

智能制造装备的高协同性主要体现在两个层面：一个层面是产品的协同性，每一套产品都是根据客户的特性、需求、产品特点、不同的上游生产设施以及相关环境资源的影响进行配置、设计、生产的，达成了客户整体生产系统的协同性运作；另一个层面是数据的协同性，通过产品的上位机软件能完美地集成到工厂的 ERP 系统中，实现工厂产品数据的统一管理，并通过对工厂产品数据的处理实现了数据的二次开发，能及时发现生产的异常情况。

**4）精密化**

速度、精度和效率是装备制造技术的关键性能指标。由于采用高速中央处理器（Central Processing Unit，CPU）芯片、精简指令集计算机（Reduced Instruction Set Computer，RISC）芯片、多 CPU 控制系统以及带高分辨率检测元件的交流数字伺服系统，同时采取了改善机床动态、静态特性等有效措施，大大提高了机械装备的速度、精度和效率。

**5）柔性化**

柔性化包含数控系统本身的柔性和群控系统的柔性两方面，数控系统本身的柔性是指数控系统采用模块化设计，功能覆盖面广；系统可裁剪性强，便于满足不同用户的需求。群控系统的柔性是指同一群控系统能依据不同生产流程的要求，使物料流和信息流自动进行动态调整，从而最大限度地发挥群控系统的效能。

**6）集成化**

智能制造装备是技术集成、系统集成的产物，主要体现在生产工艺技术、硬件、软件与应用技术的集成及设备的成套上，同时还体现在生物、纳米、新能源、新材料等跨学科高技术的集成上，使装备得到不断提高和升级。

**7）立体维护模式**

通过自检测系统的报警、现场生产管理人员的监测、技术人员通过互联网对系统实施远程诊断、技术人员现场维护等多种方式保障设备的正常运转，配合系统本身的高稳定性、高可靠性，共同实现对客户系统的运行稳定性保障。

## 1.6.2  智能制造装备的分类

依据《中国制造 2025》《智能制造发展规划（2016—2020 年）》《战略性新兴产业分类 (2018)》文件，将智能制造装备产业分成六个细分领域，具体如下所述。

**1）高端数控机床装备**

高端数控机床的实质是先进制造技术、计算机控制技术、智能技术等的集成和深入融合的产物，是拥有白感知、白决策、自诊断、自适应、网络通信、多轴联动等多功能，可完成高速度、高精度作业的数控机床，是智能生产系统的关键加工设备。其包括高速高效精密多轴加工中心、各类切削和成型数控机床，以及高精度丝杠和轴承、伺服电机、主轴、伺服系统、主控转台、刀库、数控系统等关键零部件。

**2）增材制造装备**

增材制造装备俗称 3D 打印，融合了计算机辅助设计、材料加工与成型技术，以数字模型文件为基础，通过软件与数控系统将专用的金属材料、非金属材料以及医用生物材料，按照挤压、烧结、熔融、光固化、喷射等方式逐层堆积，制造出实体物品的制造技术。不同于传统的，对原材料去除、切削、组装的加工模式，增材制造采用"自下而上"材料累加的制造方法实现复杂结构件的制造。增材制造装备包括高功率光纤激光器、扫描振镜、动态聚焦镜及高品质电子枪、高精度喷嘴、喷头；送粉/送丝熔化沉积金属增材制造装备；光固化成型、熔融沉积成型、激光选区烧结成型、无模铸型、喷射成型等非金属增材制造装备；生物及医疗个性化增材制造装备。

**3) 智能传感与控制装备**

智能传感与控制装备是通过传感器和 RFID 等各类采集元器件与系统实现高精度的数据采集、存储和分析，从而在无人干预的情况下自主地驱动智能机器实现控制目标的自动控制技术。其主要包括高性能光纤传感器、微机电系统传感器、多传感器元件芯片的集成芯片、视觉传感器及智能测量仪表、电子标签与条码等采集系统装备；分散控制系统(Distributed Control System，DCS)、可编程逻辑控制器、数据采集系统、高性能高可靠性嵌入式控制系统装备；高端调速装置、伺服系统、液压与气动系统以及传动系统装备等。

**4) 智能检测与装配装备**

智能检测与装配装备，可以准确测量和分析目标对象的外形尺寸、准确位置、质量和性能，进行自动化检测、装配，实现产品质量的有效稳定控制，增加生产的柔性、可靠性，提高产品的生产效率，是决定智能制造水平高低的关键因素。主要包括数字化非接触精密测量、在线无损检测系统装备；可视化柔性装配装备；激光跟踪测量、柔性可重构工装的对接与装配装备；智能化高效率强度及疲劳寿命测试与分析装备；全生命周期健康监测诊断装备；基于大数据的在线故障诊断与分析装备。

**5) 智能物流与仓储装备**

智能物流与仓储装备以立体仓库和配送分拣中心为产品的表现形式，由立体货架、有轨巷道堆垛机、出入库托盘输送机系统、检测阅读系统、通信系统、自动控制系统、计算机监控管理等组成，综合了自动化控制、自动输送、场前自动分拣及场内自动输送，通过货物自动录入、管理和查验货物信息的软件平台，实现仓库内货物的物理运动与信息管理的自动化及智能化。主要包括高速堆垛机、高速智能分拣机、智能多层穿梭车和高密度存储穿梭板、高速托盘输送机、自动化立体仓库、车间物流 AGV(Automated Guided Vehicle，自动导引车)和 RGV(Rail Guided Vehicle，有轨制导车辆)等智能化装备。

**6) 智能制造专用装备**

智能制造专用装备是智能制造装备产业的一个重要组成部分，是以自动化测控操作装置为核心，以信息技术和网络技术为媒介，将所有设备有机连接到一起而形成的大型自动化生产线。它是先进制造装备的典型代表，是发展先进制造技术，实现生产线的数字化、网络化和智能化的重要手段，现已成为国内外具有广阔发展前景的高新技术应用。目前，智能制造专用装备在汽车、电子电器、矿业开采、工程机械、造纸印刷、食品加工、物流输送及仓储等行业得到了大量应用。

## 1.6.3 智能制造装备的发展

随着全球新一轮科技革命和产业变革的深入发展，大国战略博弈进一步聚焦制造业，美国、德国等世界发达国家纷纷实施了以重振制造业为核心的"再工业化"战略，颁布了一系列以智能制造为核心的国家战略，令企业将部分产能转移到发达国家的意愿有所增强，对我国制造业的发展造成了一定的影响。当前，我国正处于转变发展方式、优化经济结构、转换增长动力并向高质量发展阶段转变的特殊时期。智能制造作为"制造强国"建设的主攻方向，其发展水平对我国未来制造业的全球地位，加快发展现代产业体系，构建新发展格局均具有重要作用。因此，大力培育和发展智能制造业，是提质增效、转型升级、提升我国产业核心竞争力的必然要求，也是抢占未来经济和科技发展制高点的战略选择。

高端装备制造业是国家提出的战略性新兴产业七大重点领域之一，而智能制造装备又是高端装备制造业五大方向中的重中之重。智能制造工程属于《中国制造2025》的五项重大工程之一，智能装备产业是智能制造工程中的一个重要环节。

近年来，我国制定了相关政策来激励和促进智能装备产业的发展，随着经济的发展，市场对智能装备产业的需求不断增长。我国智能装备产业的市场容量已经初具雏形，通过国家政策的支持以及市场需求的刺激，我国智能装备产业在相关高科技领域取得了重要突破，其产业模式初步形成，未来将会朝着更加完善、更有深度的数字化和智能化方向发展。

## 1. 国外智能制造装备的发展

目前，美国、德国、日本等工业发达国家在智能制造装备产业所包含的数控机床、工业机器人、智能控制系统、自动化仪器仪表和3D打印设备等子领域拥有多年的技术积累，优势明显。智能制造装备跨国企业也主要集中在美国、德国及日本等工业发达国家，产业集中度高。以智能控制系统为例，全球前50家企业排行榜中74%为美国、德国、日本企业，入榜企业最多的是美国和德国，各有13家，其次是日本，有11家，英国和瑞士也较为突出；在前50家企业收入总额中，44%为前5家企业所有，可见行业巨头企业垄断之势。在智能装备领域中，大部分为非标智能装备，亚太地区已成长为全球最大的非标智能装备市场，近年来，亚太地区的市场规模占全球市场的41.6%。

在数控机床领域，美国、德国、日本三国是当前世界数控机床生产、使用实力最强的国家，是世界数控机床技术发展、开拓的先驱。当前，世界四大国际机床展上数控机床技术方面的创新，主要来自美国、德国、日本；美国、德国、日本等国的厂商在四大国际机床展上竞相展出高精、高速、复合化、直线电机、并联机床、五轴联动、智能化、网络化、环保化机床。德国政府一贯重视机床工业的重要战略地位，认为机床工业是整个机器制造业中最重要、最活跃、最具创造力的部门，特别讲究"实际"与"实效"。德国的数控机床质量及性能良好，先进实用，出口遍及世界，尤其是大型、重型、精密数控机床；此外，德国还重视数控机床主机配套件的先进实用性，其机、电、液、气、光、刀具、测量、数控系统等各种功能部件在质量、性能上居世界前列，例如，西门子公司的数控系统，世界闻名，被竞相采用。日本十分重视数控机床技术的研究和开发，经过长达数十年的努力，日本已经成为世界上最大的数控机床生产国和供应国。日本生产的数控机床小部分用于满足本国汽车工业和机械工业各部门的市场需求，绝大部分用于出口，占领世界市场，获取最大利润。目前，日本的数控机床几乎遍及世界各个国家和地区，成为不可缺少的机械加工工具。

在智能控制系统领域，欧洲、美国、日本等发达国家和地区技术领先，厂商云集。以DCS为例，全球主要生产厂家有：瑞典ABB公司，美国艾默生（Emerson）、霍尼韦尔（Honeywell）、福克斯波罗（Foxboro）、西屋（Westinghouse），日本横河电机（Yokogawa）、日立（Hitachi）；德国西门子（Siemens）等；瑞典ABB公司持续多年保持全球DCS市场规模第一的位置。再看PLC领域，PLC产品按地域分成三大流派：一是美国产品，二是欧洲产品，三是日本产品。美国和欧洲以大中型PLC而闻名，日本的主推产品定位在小型PLC上，以小型PLC著称。全球著名的厂商主要有：美国的 A-B 公司、GE 公司、莫迪康(Modicon)公司(现为法国施耐德电气下属子公司)、德州仪器(Texas Instruments，TI)公司，其中 A-B 公司是美国最大的 PLC 制造商，其产品约占美国 PLC 市场的 50%；德国的西门子(Siemens)公司、AEG 公司，法国的 TE 公司；日本的三菱、欧姆龙、松下、富士、日立、东芝等，在世界小型 PLC 市场上，日本产品约占 70%。

在自动化仪器仪表领域，生产厂家主要集中在欧洲、美国、日本等发达国家和地区。例如，美国、欧洲和亚洲的传感器市场约占全世界传感器市场的 90%。全球变送器和执行器市场被以美国为代表的北美经济体，以德国、英国、法国为代表的欧盟地区，以及以日本为代表的亚太地区三个经济体瓜分。无论是压力变送器，还是温度变送器，占全球生产和销售市场份额最多的都是在自动化仪器仪表行业中处于领先地位的欧洲、美国、日本跨国巨头，如美国艾默生(Emerson)、霍尼韦尔(Honeywell)；瑞士 ABB、恩德斯豪斯(E+H)；德国西门子(Siemens)；日本横河电机(Yokogawa)等。变频器行业市场集中度较高，技术门槛也比较高，市场占有率较高的国外企业主要有：日本的三菱、富士、安川；美国的罗克韦尔、艾默生；欧洲的西门子、ABB、施耐德、丹佛斯。美国是全球最大的阀门供应商，有超过 110 家企业；德国的阀门生产企业有 170 多家，多数属于专业性很强的公司；日本共有 706 家阀门企业，其中 15 家的产值占整个市场的 70%。

在 3D 打印设备领域，欧美等发达国家在 3D 打印技术应用方面总体居于领先地位。3D 打印产业排名前 4 位的企业分别是美国 3D Systems 公司、Stratasys 公司，以色列 Object 公司和德国 EOS 公司，它们占据全世界近 70% 的市场份额，形成了寡头垄断的市场竞争格局。

当今，工业发达国家始终致力于以技术创新引领产业升级，更加注重资源节约、环境友好、可持续发展，智能化、绿色化已成为制造业发展的必然趋势，智能制造装备的发展将成为世界各国竞争的焦点。后金融危机时代，美国、英国等发达国家的"再工业化"，重新重视发展高技术的制造业；德国、日本竭力保持在智能制造装备领域的优势和垄断地位；韩国也力求跻身世界制造强国之列。目前，欧美发达国家出台了若干推进智能制造装备发展的政策和计划。例如，为了应对金融危机对机床工业发展的冲击，促进机床工业复苏，欧洲机床工业合作委员会提出了欧盟机床新的产业发展政策。

**2. 我国智能制造装备的发展**

根据智能制造发展指数将全球主要国家的智能制造水平分成四个梯队，中国目前已处于第二梯队的第三位置，仅次于美国、日本、德国、韩国、英国五国。从全球龙头企业分布看，北美地区智能制造的龙头企业主要集中在增材制造、航空航天装备领域。根据《全球智能制造企业科技创新百强报告 2020》，北美地区入围前 100 的企业达到 38 家，以 3D 打印为代表的增材制造业务供应商多达 9 家。欧洲聚集全球工业机器人及工控系统领域龙头。日韩地区汽车制造优势明显。中国智能制造的龙头则主要是以腾讯、阿里巴巴、百度为代表的信息巨头。

近年来，国家出台了多项政策，以支持国内智能制造装备行业发展，例如，《"十四五"智能制造发展规划》明确提出，2035 年前推进智能制造发展实施"两步走"战略：一是到 2025 年，规模以上制造业企业大部分实现数字化、网络化，重点行业骨干企业初步应用智能化；二是到 2035 年，规模以上制造业企业全面普及数字化、网络化，重点行业骨干企业基本实现智能化。

随着产业技术的不断创新，我国智能制造装备产业的技术创新能力和水平明显提高。在机器人技术、感知技术、工业通信网络技术、控制技术、可靠性技术、机械制造工艺技术、数控技术与数字化制造、复杂制造系统、智能信息处理技术等方面取得了一批研究成果，攻克了一批长期严重依赖国外、影响产业安全的核心技术。随着新一代信息技术与制造业的深度融合，以新型传感器、智能控制系统、工业机器人、自动化成套生产线为代表的智能制造装备产业体系初步形成，一批具有自主知识产权的智能制造装备实现了技术和市场的突破。

近年来，我国智能制造装备的产业规模得到了快速增长，在空间布局上出现了明显的集聚特征。国内的智能制造装备行业主要分布在工业基础较为发达的地区，正在形成珠三角、长三角、环渤海和中西部四大产业集群，产业集群将进一步提升各地智能装备的发展水平。

具体来看，珠三角、长三角作为我国制造业的核心区，是推动智能制造装备发展的主角。珠三角地区占据控制系统优势，智能制造装备产业已在人力资源、科技、资本等生产要素市场、产业配套能力和政策支撑等方面具备较为雄厚的基础，初步显现出智能制造装备产业集聚发展的特征。

长三角地区以江苏、上海和浙江为核心区域，优势在于电子信息技术产业基础雄厚，目前三省（市）依据各自的产业和科技基础优势，培育了一批优势突出、特色鲜明的智能制造装备产业集群。随着《长江三角洲城市群发展规划》的发布、指引，长三角将加快形成集智能设计、智能产品、智能制造装备和智能技术及服务于一体的全产业链。

环渤海地区以辽东半岛和山东半岛为核心区域，依托地区资源与人力优势，形成"核心区域"与"两翼"错位发展的产业格局，以北京为核心，聚集人才、科技、资本等各类生产要素，科研实力较强，在工业互联网及智能制造服务等软件领域优势突出。

以武汉、长沙、重庆为代表的中西部集聚区，智能制造装备产业虽起步较晚，但依托外部的科技资源，在机器人领域已形成优势且增势强劲。

尽管我国智能制造装备发展较快，取得了一定的核心技术突破，形成了产业集聚体系，但是我国智能制造装备发展仍然面临以下主要问题：

(1)核心零部件对外依存度高。智能制造装备产业的核心零部件主要依赖进口，核心零部件自主研发和制造能力不足。例如，高性能传感器、精密测量装置、智能控制系统等核心零部件和关键功能部件长期依赖进口。

(2)产业结构失衡问题日益突出。目前，国内在智能制造装备领域，高端产业需求无法得到有效满足，低端产业产能过剩，市场同质化竞争严重。新型传感器等感知和在线分析技术、典型控制系统与工业网络技术、大功率变频技术、精密加工机床的设计制造基础技术（设计过程智能化技术）、大型石化装备设计技术等主要通过国外引进，国内企业尚未完全掌握吸收。智能制造装备行业亟须加快自主创新，研发并掌握核心技术，推动产业转型升级，助力中国制造业向价值链中高端迈进。

(3)核心技术亟待提升。目前，国内重大技术装备使用的仪器仪表对外依存度高达40%，其中高端产品对外依存度达70%。智能制造装备或实现制造过程智能化的核心技术受制于人，企业自主核心技术拥有率低，本地企业、高校院所"卡脖子"技术攻关成果不多，产业链高端缺位。

# 习题与思考

1-1　简述智能制造的内涵以及你对智能制造的认识。

1-2　智能制造的模式主要包括哪些？各有什么特点？

1-3　智能制造的关键技术包括哪些？

1-4　智能制造的关键环节主要有哪些？

1-5　简述智能制造装备的定义以及你对智能制造装备的理解。

1-6　简述智能制造装备的分类。

# 第 2 章　智能制造关键技术

❖**本章重点**：本章介绍智能制造领域的关键技术，阐述信息物理系统技术、工业物联网技术、增强现实技术、工业大数据技术、工业云计算技术、深度学习技术、智能传感技术等的内涵、架构和特征，使读者能够了解这些技术在智能制造装备和智能制造服务中的应用，并能运用相关技术解决智能制造各单元模块的工程问题。

## 2.1　信息物理系统

信息物理系统(CPS)通过集成先进的感知、计算、通信、控制等信息技术和自动控制技术，构建了物理空间与信息空间中人、机、物、环境、信息等要素相互映射、实时交互、高效协同的复杂系统，实现系统内资源配置和运行的按需响应、快速迭代、动态优化。

CPS 是工业和信息技术范畴内跨学科、跨领域、跨平台的综合技术体系所构成的系统，覆盖范围广、集成度高、渗透性强、创新活跃，是信息化和工业化融合支撑技术体系的集大成。CPS 能够将感知、计算、通信、控制等信息技术与设计、工艺、生产、装备等工业技术相融合，能够将物理实体、生产环境和制造过程精准映射到虚拟空间并进行实时反馈，能够作用于生产制造全过程、全产业链、产品全生命周期，能够从单元级、系统级到系统之系统(System of Systems，SoS)级不断深化，实现制造业生产范式的重构。从新一轮产业变革的全局出发，结合多年来推动两化融合的实践可见，CPS 是支撑信息化和工业化深度融合的综合技术体系。

### 2.1.1　CPS 的体系架构

CPS 是信息和物理设备紧密融合的过程，体系架构是 CPS 的骨架和灵魂。只有建立合理的体系架构，才能使信息和物理模块紧密融合，使设备科学高效地为人类服务。

#### 1. CPS 核心技术要素

CPS 包括四大核心技术要素："一硬"(感知和自动控制)、"一软"(工业软件)、"一网"(工业网络)、"一平台"(工业云和智能服务平台)，如图 2.1 所示。

感知和自动控制是数据闭环流动的起点和终点。感知的本质是物理世界的数字化，通过各种芯片、传感器等智能硬件实现生产制造全流程中人、设备、物料、环境等隐性信息的显性化，是信息物理系统实现实时分析、科学决策的基础，是数据闭环流动的起点。

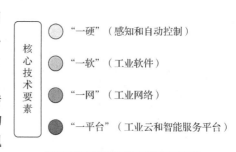

图 2.1　CPS 四大核心技术要素

自动控制是在数据采集、传输、存储、分析和挖掘的基础上做出的精准执行，体现为一系列动作或行为，作用于人、设备、物料和环境上，如分布式控制系统、可编程逻辑控制器及数据采集与监视控制系统等，是数据闭环流动的终点。

工业软件是对工业研发设计、生产制造、经营管理、服务等全生命周期环节规律的模型化、代码化、工具化，是工业知识、技术积累和经验体系的载体，是实现工业数字化、网络化、智能化的核心。简而言之，工业软件是算法的代码化，算法是对现实问题解决方案的抽象描述，仿真工具的核心是一套算法，排产计划的核心是一套算法，企业资源计划也是一套算法。

工业网络是连接工业生产系统和工业产品各要素的信息网络，工业现场总线、工业以太网、工业无线网络和异构网络集成等技术，能够实现工厂内各类装备、控制系统和信息系统的互联互通，以及物料、产品与人的无缝集成，并呈现扁平化、无线化、灵活组网的发展趋势。

工业云和智能服务平台是高度集成、开放和共享的数据服务平台，是跨系统、跨平台、跨领域的数据集散中心、数据存储中心、数据分析中心和数据共享中心，基于工业云和智能服务平台推动专业软件库、应用模型库、产品知识库、测试评估库、案例专家库等基础数据与工具的开发集成和开放共享，实现生产全要素、全流程、全产业链、全生命周期管理的资源配置优化，以提升生产效率、创新模式业态，构建全新产业生态。

### 2．CPS 的层次体系

信息物理系统具有明显的层级特征，小到一个智能部件、一个智能产品，大到整个智能工厂都能构成信息物理系统。信息物理系统建设的过程就是从单一部件、单机设备、单一环节、单一场景的局部小系统不断向大系统、巨系统演进的过程，是从部门级到企业级，再到产业链级，乃至产业生态级演进的过程，是数据流闭环体系不断延伸和扩展的过程，并逐步形成相互作用的复杂系统网络。CPS 层次体系如图 2.2 所示。

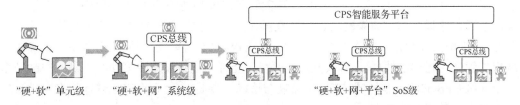

图 2.2　CPS 层次体系

### 1）单元级 CPS 体系架构

单元级是具有不可分割性的信息物理系统的最小单元。它可以是一个部件或一个产品，通过"一硬"（如具备传感、控制功能的机械臂和传动轴承等）和"一软"（如嵌入式软件）就可构成"感知-分析-决策-执行"的数据闭环，具备了可感知、可计算、可交互、可延展、自决策的功能，典型的如智能轴承、智能机器人、智能数控机床等。单元级 CPS 体系架构如图 2.3 所示。

图 2.3　单元级 CPS 体系架构

### 2）系统级 CPS 体系架构

系统级是"一硬、一软、一网"的有机组合。信息物理系统的多个最小单元（单元级）通过工业网络（如工业现场总线、工业以太网等，简称"一网"）实现更大范围、更宽领域的数据自动流动，可构成智能生产线、智能车间、智能工厂，实现了多个单元级 CPS 的互联、互通和互操作，进一步提高了制造资源优化配置的广度、深度和精度。由数控机床、机器人、AGV 小车、传送带等构成的智能生产线是系统级 CPS。通过制造执行系统对人、机、物、料、环等生产要素进行生产调度、设备管理、物料配送、计划排产和质量监控而构成的智能车间也是系统级 CPS。系统级 CPS 体系架构如图 2.4 所示。

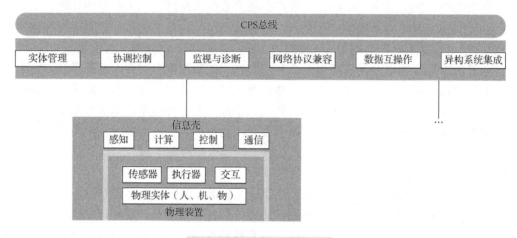

图 2.4　系统级 CPS 体系架构

系统级 CPS 基于多个单元级 CPS 的状态感知、信息交互、实时分析，实现了局部制造资源的自组织、自配置、自决策、自优化。在单元级 CPS 功能的基础上，系统级 CPS 还主要包含互联互通、即插即用、边缘网关、数据互操作、协同控制、监视与诊断等功能。其中，互联互通、边缘网关和数据互操作主要实现单元级 CPS 的异构集成；即插即用主要在系统级 CPS 实现组件管理，包括组件（单元级 CPS）的识别、配置、更新和删除等功能；协同控制是指对多个单元级 CPS 的联动和协同控制等；监视与诊断主要是对单元级 CPS 进行状态实时监控和诊断其是否具备应有的能力。

### 3）SoS 级 CPS 体系架构

SoS 级是多个系统级 CPS 的有机组合，涵盖了"一硬、一软、一网、一平台"四大要素。SoS 级 CPS 通过大数据平台，实现了跨系统、跨平台的互联、互通和互操作，促成了多源异构数据的集成、交换和共享的闭环自动流动，在全局范围内实现信息全面感知、深度分析、科学决策和精准执行。西门子的 MindSphere、GE 的 Predix 以及海尔的 COSMO、美国 PTC 公司的 ThingWorx 等软件和大数据平台，通过实现横向集成、纵向集成和端到端集成，形成了开放、协同、共赢的产业新生态，体现了 SoS 级 CPS 的发展方向。SoS 级 CPS 体系架构如图 2.5 所示。

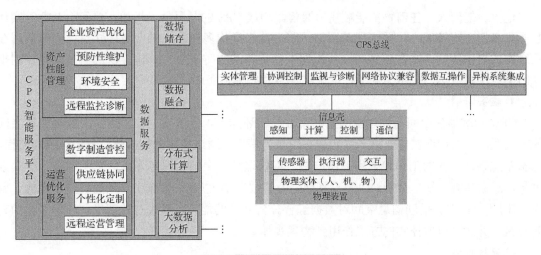

图 2.5　SoS 级 CPS 体系架构

## 2.1.2　CPS 的特征

CPS 作为支撑两化深度融合的一套综合技术体系，构建了一个能够联通物理空间与信息空间、驱动数据在其中自动流动、实现对资源优化配置的智能系统。

CPS 的灵魂是数据，在系统的有机运行过程中，通过数据自动流动对物理空间中的物理实体逐渐"赋能"，实现对特定目标资源优化的同时，表现出六大典型特征，总结为：数据驱动、软件定义、泛在连接、虚实映射、异构集成、系统自治。

**1）数据驱动**

CPS 通过构建"状态感知、实时分析、科学决策、精准执行"数据的自动流动的闭环赋能体系，能够将数据源源不断地从物理空间中的隐性形态转化为信息空间的显性形态，并不断迭代优化形成知识库。在这一过程中，状态感知的结果是数据，实时分析的对象是数据，科学决策的基础是数据，精准执行的输出还是数据。因此，数据是 CPS 的灵魂所在，数据在自动生成、自动传输、自动分析、自动执行以及迭代优化中不断累积，螺旋上升，不断产生更为优化的数据，通过质变引起聚变，实现对外部环境的资源优化配置。

**2）软件定义**

作为面向制造业的 CPS，软件就成为实现 CPS 功能的核心载体之一。从生产流程的角度看，CPS 会全面应用到研发设计、生产制造、管理服务等方方面面，对人、机、物、法、环进行全面的感知和控制，实现各类资源的优化配置。这一过程依靠对工业技术模块化、代码化、数字化并不断软件化而得到广泛应用。从产品装备的角度看，一些产品和装备本身就是 CPS。软件不但可以控制产品和装备运行，而且可以把产品和装备运行的状态实时展现出来，通过分析、优化，作用到产品、装备的运行，甚至是设计环节，实现迭代优化。

**3）泛在连接**

网络通信是 CPS 的基础保障，能够实现 CPS 内部单元之间以及与其他 CPS 之间的互联互通。随着无线宽带、射频识别、信息传感及网络业务等信息通信技术的发展，网络通信将会更加全面深入地融合信息空间与物理空间，表现出明显的泛在连接特征，实现在任何时间、任何地点、任何人、任何物都能顺畅地通信。构成 CPS 的各器件、模块、单元、企业等实体都要具备泛在连接能力，并实现跨网络、跨行业、异构多技术的融合与协同，以保障数据在系统内的自由流动。泛在连接通过对物理世界状态的实时采集、传输，以及信息世界控制指令的实时反馈下达，提供无处不在的优化决策和智能服务。

**4) 虚实映射**

CPS 构筑信息空间与物理空间数据交互的闭环通道，能够实现信息虚体与物理实体之间的交互联动。以物理实体建模产生的静态模型为基础，通过实时数据采集、数据集成和监控，动态跟踪物理实体的工作状态和工作进展，将物理空间中的物理实体在信息空间进行全要素重建，形成具有感知、分析、决策、执行能力的数字孪生(亦称为数字化映射、数字镜像、数字双胞胎)。同时，借助信息空间对数据综合分析处理的能力，形成对外部复杂环境变化的有效决策，并通过以虚控实的方式作用到物理实体。

**5) 异构集成**

在高层次的 CPS，如 SoS 级 CPS 中，往往存在大量不同类型的硬件、软件、数据、网络。CPS 能够将这些异构硬件(如复杂指令集计算机 CPU、精简指令集计算机 CPU、可编程阵列逻辑等)、异构软件(如 PLM 软件、MES 软件、产品数据管理软件、SCM 软件等)、异构数据(如模拟量、数字量、开关量、音频、视频、特定格式文件等)及异构网络(如现场总线、工业以太网等)集成起来，实现数据在信息空间与物理空间不同环节的自动流动，实现信息技术与工业技术的深度融合，因此 CPS 必定是一个对多方异构环节集成的综合体。异构集成能够为各个环节的深度融合打通交互的通道，为实现融合提供重要保障。

**6) 系统自治**

CPS 能够根据感知到的环境变化信息，在信息空间进行处理分析，自适应地对外部变化做出有效响应。同时在更高层级的 CPS 中(即系统级、SoS 级)，多个 CPS 之间通过网络平台互联实现 CPS 之间的自组织。多个单元级 CPS 统一调度，编组协作，在生产与设备运行、原材料配送、订单变化之间进行自组织、自配置、自优化，实现生产运行效率的提升，订单需求的快速响应等；多个系统级 CPS 通过统一的智能服务平台连接在一起，在企业级实现生产运营能力调配、企业经营高效管理、供应链变化响应等更大范围的系统自治。在自优化自配置的过程中，大量现场运行数据及控制参数被固化在系统中，形成知识库、模型库、资源库，使得系统能够不断自我演进与学习提升，提高应对复杂环境变化的能力。

## 2.1.3　CPS 的应用场景

目前，CPS 受到智能制造领域的广泛关注，并已在多个环节得到应用和体现，如图 2.6 所示。本节从智能生产和智能服务两个方面，结合 CPS 的关键特征对 CPS 的应用场景进行阐述和说明。

**1. 智能生产——柔性制造应用场景**

CPS 的数据驱动和异构集成特点为应对生产现场的快速变化提供了可能，而柔性制造的要求就是能够根据快速变化的需求变更生产，因此 CPS 契合了柔性制造的要求，为企业的柔性制造提供了很好的实施方案。

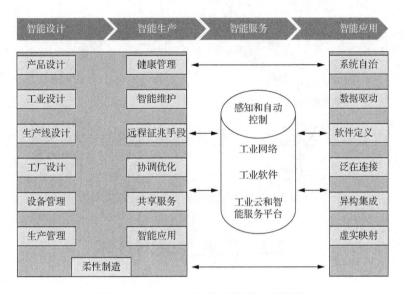

图 2.6　CPS 在智能制造领域的应用概览

CPS 对整个制造过程进行数据采集并存储，对各种加工程序和参数配置进行监控，为相关的生产人员和管理人员提供可视化的管理指导，方便了设备、人员的快速调整，提高了整个制造过程的柔性。同时，CPS 结合 CAX（即 CAD、CAM、CAE、CAPP 等各项技术的综合名称）、MES、自动控制、云计算、数控机床、工业机器人、射频识别等先进技术或设备，实现整个智能工厂信息的整合和业务协同，为企业的柔性制造提供了技术支撑，如图 2.7 所示。

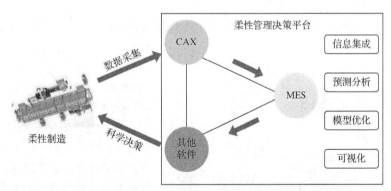

图 2.7　CPS 在柔性制造中的应用场景

### 2. 智能服务——远程征兆性诊断应用场景

在传统的装备售后服务模式下，装备发生故障时需要等待服务人员到现场进行维修，将极大程度地影响生产进度，特别是当大型复杂制造系统的组件装备发生故障时，维修周期长，更增加了维修成本。在 CPS 应用场景下，如图 2.8 所示，当装备发生故障时，远程专家可以调取装备的报警信息、日志文件等数据，在虚拟的设备健康诊断模型中进行预演推测，实现远程的故障诊断并及时、快速地解决故障，从而缩短停机时间并降低维修成本。

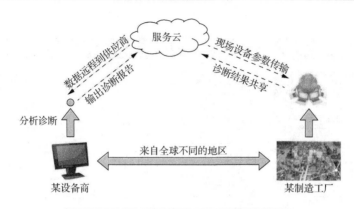

图 2.8　CPS 在远程征兆性诊断中的应用场景

# 2.2　工业物联网技术

　　智能制造的发展为物联网的推广部署带来了重要的发展契机，工业物联网(Industrial Internet of Things，IIoT)是支撑智能制造的一套使能技术体系。随着物联网技术的快速发展，《中国制造 2025》、美国《先进制造伙伴关系计划》、德国《工业 4.0》等一系列国家战略相继提出并实施。在此背景下，工业物联网应运而生，成为全球工业体系智能化变革的重要推手。工业物联网主要应用于设计、生产、管理和服务等全生命周期的各个环节，是中国战略性新兴产业的重要组成部分，蕴含着巨大的经济价值。利用工业物联网改造传统产业，必将提升产业的经济附加值，有力推动我国经济发展方式由生产驱动向创新驱动转变，促进我国产业结构的调整。

　　但是国际产业组织或标准化机构均未给出工业物联网的权威定义，从工业物联网的发展脉络来看，工业物联网是物联网在工业领域中的应用，但是又不仅仅等同于"工业+物联网"。首先，工业控制系统为工业物联网的互联互通奠定了基础；其次，工业软件系统为物联网的应用开发提供了支撑；最后，恶劣工业环境对工业物联网的网络技术带来了挑战。因此，工业物联网具有比物联网更加丰富的内涵。

　　参考《工业物联网白皮书(2017版)》，工业物联网可定义为通过工业资源的网络互联、数据互通和系统互操作，实现制造原料灵活配置、制造过程按需执行、制造工艺合理优化和制造环境快速适应，达到资源的高效利用，从而构建服务驱动型的新工业生态体系。工业物联网本质如图 2.9 所示。

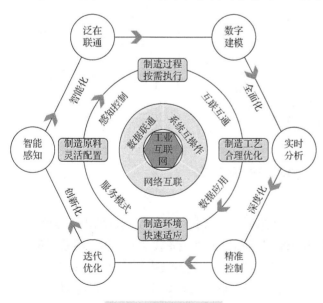

图 2.9　工业物联网本质

## 2.2.1　工业物联网体系架构

工业物联网体系架构由用户域、目标对象域、感知控制域、服务提供域、运维管控域和资源交换域组成，如图 2.10 所示。目标对象域主要为在制品、原料、流水线、环境、作业工人等，这些对象被感知控制域的传感器和标签所感知、识别与控制，获取其生产、加工、运输、流通、销售等各个环节的信息。

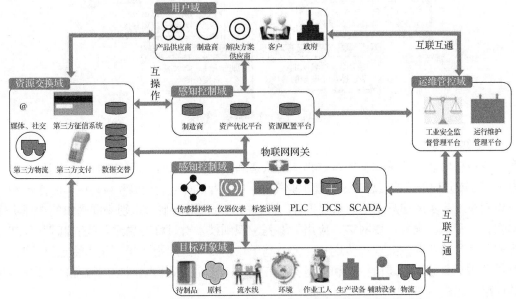

SCADA- Supervisory Control And Data Acquisition，数据采集与监视控制系统

图 2.10　工业物联网体系架构

(1) 感知控制域采集的数据最终通过工业物联网网关传送给服务提供域。

(2) 服务提供域主要包括制造商、资源优化平台和资源配置平台，提供了远程监控、能源管理、安全生产等服务。

(3) 运维管控域从系统运行技术性管理和法律法规符合性管理两大方面来保证工业物联网其他域的稳定、可靠、安全运行等，主要包括工业安全监督管理平台和运行维护管理平台。

(4) 资源交换域根据工业物联网系统与其他相关系统的应用服务需求，实现信息资源和市场资源的交换与共享功能。

(5) 用户域是支撑用户接入工业物联网、适用物联网服务接口系统，具体包括产品供应商、制造商、解决方案供应商、客户和政府等。

## 2.2.2　工业物联网关键技术

工业物联网关键技术体系主要分为感知控制技术、网络通信技术、信息处理技术和安全管理技术，如图 2.11 所示。感知控制技术主要包括传感器、射频识别、多媒体、工业控制等，是工业物联网部署实施的核心；网络通信技术主要包括工业以太网、短距离无线通信技术、低功耗广域网等，是工业物联网互联互通的基础；信息处理技术主要包括数据清洗、数据分析、数据建模和数据存储等，为工业物联网的应用提供支撑；安全管理技术包括加密认证、防火墙、入侵检测等，是工业物联网部署的关键。

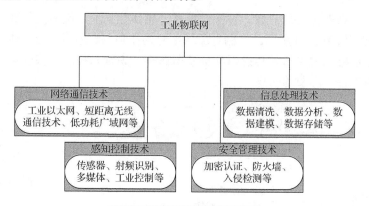

图 2.11　工业物联网关键技术

### 1. 感知控制技术

工业传感器能够测量或感知特定物体的状态和变化，并转化为可传输、可处理、可存储的电子信号或其他形式的信息，是实现工业物联网中工业过程自动检测和自动控制的首要环节。

识别技术是实现信息感知的重要手段，用于在一定范围内唯一识别物联网中的物理实体、逻辑实体、资源、服务，使网络、应用能够基于识别技术对目标对象进行控制和管理，以及进行相关信息的获取、处理、传送与交换。基于识别目标、应用场景、技术特点等不同，标识可以分为对象标识、通信标识和应用标识三类。一套完整的物联网应用流程需由这三类标识共同配合完成。

### 1) 对象标识

对象标识主要用于识别物联网中被感知的物理或逻辑对象，如人、动物、茶杯、文章等。该类标识的应用场景通常为基于其进行相关对象信息的获取，或者对标识对象进行控制与管理，而不直接用于网络层通信或寻址。根据标识形式的不同，对象标识可进一步分为自然属性标识和赋予性标识两类。自然属性标识是将对象本身所具有的自然属性作为识别标识，包括生理特征(如指纹、虹膜等)和行为特征(如声音、笔迹等)。该类标识需利用生物识别技术，通过相应的识别设备对其进行读取。赋予性标识是指为了识别方便而人为分配的标识，通常由一系列数字、字符、符号或任何其他形式的数据按照一定的编码规则组成。这类标识的形式可以是：以一维码为载体的 EAN (European Article Number，欧洲商品条码)、UPC (Universal Product Code，通用产品代码)；以二维码为载体的数字、文字、符号，以射频识别标签为载体的 EPC (Electronic Product Code，电子产品代码)、uCode、OID (Object Identifier，对象标识符)等。

在智能制造领域常用的识别技术包括生物识别技术、射频识别技术、图像识别技术等。其中，图像识别技术与生物识别技术在概念上有所交叉。

(1) 生物识别技术。

通过计算机与光学、声学、生物传感器和生物统计学原理等高科技手段的密切结合，利用人体固有的生理特性(如指纹、指静脉、人脸、虹膜等)和行为特征(如笔迹、声音、步态等)

来进行个人身份的鉴定。生物识别技术具有不易遗忘、防伪性能好、不易伪造或被盗、可随身"携带"和随时随地可用等优点。与传统的身份鉴定方法相比，生物识别技术更具安全性、保密性和方便性。现今出现了许多生物识别技术，如指纹识别、手掌几何学识别、虹膜识别、视网膜识别、面部识别、签名识别、声音识别等，因篇幅有限，在此只介绍指纹识别的流程，如图 2.12 所示。

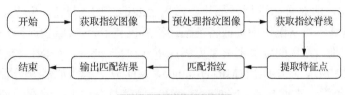

图 2.12　指纹识别流程

(2) 射频识别技术。

射频识别技术(RFID)是一种非接触的自动识别技术，其基本原理是利用射频信号和空间耦合(电感或电磁耦合)传输特性实现识读器与标签间的数据传输。

RFID 系统一般由三部分组成(图 2.13)，即电子标签(应答器，Tag)、识读器(读头，Reader)和天线(Antenna)，部分功率要求不高的 RFID 设备将识读器与天线集成，统一称为识读器。在应用时，将射频电子标签粘附在被识别的物品上(或者物品内部)，当该物品移动至识读器驱动的天线工作范围内时，识读器可以无接触地把物品所携带的标签内的数据读取出来，实现无接触地识别物品。可读写的 RFID 设备还可以通过识读器(读写器)，在物品经过该区域满足工作条件的情况下把需要的数据写入标签，从而完整地实现产品的标记与识别。

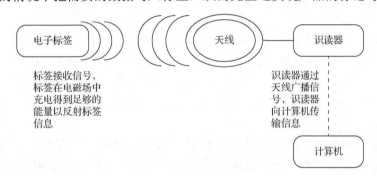

图 2.13　RFID 系统

(3) 图像识别技术。

图像识别技术是指对图像进行对象识别，以识别各种不同模式的目标和对象的技术。在此以图像识别技术在机械零部件质量检测中的应用为例，介绍图像识别的流程。

① 图像特征提取。图像要素如边缘、斑点和端点等组成的基元与目标实体之间有重要的联系，通过对图像中灰度变化的检测和定位得到这些要素构成图像的视觉特征。图像中的视觉特征又可以分为不同的等级，包括低层次的关键点特征、边缘特征、形状特征，以及较高层次的纹理特征和统计特征等，从低层到高层的特征则表现得越来越抽象。

② 图像分割。图像分割是工业检测中最常用的图像处理方法之一，将目标和背景区分开是对目标进行识别检测和分析理解的前提与基础。目前，图像分割方法大致可以分为基于阈

值法、基于边界法和基于区域法三类。

③ 缺陷识别及分类。缺陷识别及分类是整个自动光学检测系统中图像算法的主要目标。要想对实际中复杂工业生产线上的产品进行质量检测及分类，首先要确定图像中不同位置处分别是什么物体，然后才能对其进行质量检测。一幅图像中往往包含多个对象，而为了识别图像中以像素群为集合的某个特定对象，首先要根据目标的属性用一个紧凑且有效的描述符来表达目标的实质，即对目标进行特征化，常用上述提及的关键点、边界、区域纹理、统计特征及频率域等来表示，从图像中提取特征描述符后再利用分类器进行学习，从而完成对其他相同特定目标的识别。常用的分类器有 k 近邻(k-Near Neighbor，KNN)、支持向量机(Support Vector Machine，SVM)、最小距离(Min-Distance，MD)法、最大似然分类器等。

④ 缺陷及其类型。表面缺陷(Surface Imperfection)是在加工、储存或使用期间，非故意或偶然生成的实际表面的单元体、成组的单元体和不规则体。在缺陷检测中，不同产品有不同的缺陷定义，对缺陷进行分类基本上依据以下几个主要特征，即几何特征、灰度和颜色特征、纹理特征。

表面几何缺陷是工业产品表面最常见的缺陷类型，不同的产品和行业对缺陷的定义不同，常见的几何缺陷有亮点、暗点、针孔、凸起、凹坑、沟槽、擦痕和划痕等。

表面微观裂纹通常是材料在应力或环境(或两者同时)作用下产生的裂隙，裂纹分为微观裂纹和宏观裂纹，已经形成的微观裂纹和宏观裂纹在应力或环境(或两者同时)作用下，不断长大，当扩展到一定程度时，即造成材料的断裂。例如，液晶基板玻璃四周加工后容易使应力集中，产生微裂纹，导致运输和后续加工过程中发生延展。裂纹实际可归类为几何缺陷，将裂纹单独列为一类，主要是因为微观裂纹的检测非常困难，需要采取与常规几何缺陷检测不同的方法。

⑤ Blob 分析。图像分割后需要对图像中的一块缺陷区域(即连通域)进行标记和 Blob 分析(Blob Analysis)。在计算机视觉中的 Blob 是指图像中具有相似颜色、纹理等特征所组成的一块连通区域。缺陷的 Blob 分析，即分析从背景中分割后缺陷的数量、位置、形状和方向等参数，还可以提供相关缺陷间的拓扑结构，以便后续对缺陷进行识别和分类处理。

**2)通信标识**

通信标识主要用于识别物联网中具备通信能力的网络节点，如手机、读写器、传感器等物联网终端节点，以及业务平台、数据库等网络设备节点。这类标识的形式可以是号码、IP 地址等。通信标识可以作为相对或绝对地址用于通信或寻址，用于建立到通信节点的连接。

对于具备通信能力的对象，如物联网终端，既具有对象标识也具有通信标识，但两者的应用场景和目的不同。

**3)应用标识**

应用标识主要用于对物联网中的业务应用进行识别，如医疗服务、金融服务、农业应用等，在标识形式上可以为域名、统一资源标识符等。

**2. 网络通信技术**

网络通信

工业以太网、工业现场总线、工业无线网络是目前工业通信领域的三大主流技术。工业以太网是指在工业环境的自动化控制及过程控制中应用以太网的相关组件及技术。工业无线网络则是一种新兴的利用无线技术进行传感器组网以及数据传输的技术，工业无线网络的应用使得工业传感器的布线成本大大降低，有利于传感器功能的扩展。

### 3．信息处理技术

信息处理技术是对采集到的数据进行数据解析、格式转换、元数据提取、初步清洗等预处理工作，再按照不同的数据类型与数据使用特点选择分布式文件系统、关系数据库、对象存储系统、时间序列数据库等不同的数据管理引擎实现数据的分区选择、落地存储、编目与索引等操作。

### 4．安全管理技术

不同的工业物联网系统会采取不同的安全防护措施，主要包括预防(防止非法入侵)、检测(万一预防失败，则在系统内检测是否有非法入侵行为)、响应(如果检测到非法入侵，应采取什么行动)、恢复(对受破坏的数据和系统，如何尽快恢复)等阶段。

## 2.2.3　工业物联网技术应用场景

传统的仓储管理应用系统存在物资识别难、出入库盘点错误率高、物资信息处理效率低、大批量发货效率低等问题。针对这些问题，可以利用工业物联网技术实现仓储管理系统的智能升级，智能仓储工业物联网总体架构如图 2.14 所示。

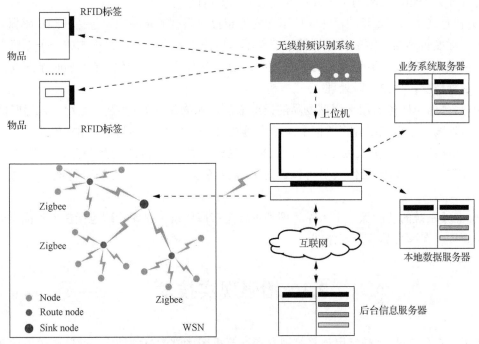

Zigbee-低速短距离传输的无线通信协议；Node-信号接收节点；
Route node-路由节点；Sink node-汇聚节点；WSN-无线传感网

**图 2.14　智能仓储工业物联网总体架构**

仓储管理系统的工作流程包括入库、出库、移库、盘点、拣选与分发等环节。系统采用无线射频身份识别技术，为每件物品提供唯一标识码(EPC)，并在服务器中存储货物的相关属性信息，从而使系统能够自动识别物品，可以对物品进行跟踪和监控。另外，仓储车间还安装多个摄像头或视频传感器以及温度传感器、湿度传感器、烟雾传感器等构成无线传感器网络，使其基本覆盖所有盲区，这样工作人员可以在监控中心随时了解仓储车间的情况，并及时处理。这样就在高效、准确、快捷的基础上，进一步提高了仓储管理的安全性。

智能仓储物联网主要由仓储物品识别、信息采集处理、仓储物品监控、后台信息服务器、本地数据库服务器、业务系统六大模块组成。

(1)在仓储物品识别模块，系统采用 EPC 作为物品的唯一标识码，为每个物品贴上一个具有 EPC 的 RFID 标签。标签由存入 EPC 的硅芯片和天线组成，附在被标识物品上，EPC 内含一串数字，代表物品 ID、类别、名称、供应商、生产日期、产地、入库时间、货架号等信息，信息存储在后台产品电子代码信息服务器的数据库中。同时，随着物品在仓库内外的转移或变化，这些数据可以得到实时更新。

(2)在信息采集处理模块，通过 RFID 数据采集接口获取物品的详细信息，从而进行处理。当物品通过仓储车间入口时，由设置在仓储车间入口的物品标签读写器读取物品的 EPC，然后根据物品的 EPC 访问后台产品电子代码信息服务器，获得物品的详细信息，并将相关信息保存到本地数据库，最后交由信息采集处理模块进行处理。仓储车间入口处可以安装多部读写器进行分类处理，还应为不可读标签提供手动编码区。

(3)在仓储物品监控模块，在仓储车间内外布置一系列的传感器，包括视频传感器、温度传感器、湿度传感器、烟雾传感器等，使其基本覆盖所有盲区，自组织构成一个无线传感器网络，通过该网络与互联网及业务系统互联，使工作人员可以在监控中心随时了解仓储车间内外的各种情况，以便及时处理。

(4)后台信息服务器用于存储物品的详细信息，如物品 ID、类别、名称、入库时间等，并能实时地响应远程应用程序的请求，允许通过物品的 EPC 对物品信息进行查询。

(5)本地数据库服务器用于存储信息采集处理模块所获得的物品信息，以便在业务系统中查询和维护。仓储工作人员可以通过无线设备或 Web 客户端随时随地查询物品的当前状态。

(6)业务系统的功能除了出入库管理外主要是在库管理，在库管理包括在库物品保管、在库物品查询、在库物品盘点等作业。

## 2.3　增强现实技术

增强现实(AR)技术是运用计算机视觉和计算机图形学的有关技术，通过实时地估计相机的位置及姿态，将虚拟的文字、图像、视频和三维模型等虚拟信息叠加到真实场景的技术，实现虚拟环境与现实环境的无缝融合，给用户提供一种沉浸式的虚实交错的体验。

增强现实技术的目标是在设备屏幕上实现虚拟信息与现实世界的融合，并与用户进行互动。虚拟信息是对现实世界信息的补充，为人们提供从所处的现实环境中无法获知的信息，增强了人们在视觉、听觉和触觉等方面对现实世界的理解，提供了一种超越现实的感官体验。

增强现实技术将真实世界与虚拟世界联系起来,为用户提供了一种新的感知世界的方式。随着软件技术的快速发展及硬件性能的不断提高,增强现实技术广泛应用于娱乐、医疗、教育、工业等领域。

图 2.15 形象地表达虚拟现实(Virtual Reality,VR)与增强现实之间的联系与区别,两者所处的区间称为混合现实(Mix Reality,MR)。从图中可以看出,该连续体两端分别是虚拟环境和现实环境,虚拟现实的虚拟环境信息量较多,增强现实的现实环境信息量较多,混合现实是现实环境和虚拟环境之间一定比例的混合体。虚拟现实是运用计算机技术生成的虚拟空间,致力于让用户完全沉浸在该虚拟环境中,不必感知真实的世界。与虚拟现实技术相比,增强现实则强调虚拟环境与现实环境的融合,让用户认为虚拟物体本来就存在于真实场景中,分辨不出哪些物体是真实的,哪些是虚拟的,以此来增强用户对真实世界的感知。

图 2.15　现实-虚拟连续性

为了确保虚拟物体能在现场进行精准定位,AR 系统必须对大量的定位数据与场景资料进行分析,而这些虚拟物体都是通过计算机生成的。这就要求 AR 系统必须实现如下 4 个步骤:

(1)取得真实场景信息;

(2)全面分析真实场景与相机的位置信息;

(3)通过计算机产生虚拟物体;

(4)将视频合并,并直接呈现出来,具体参照图 2.16。

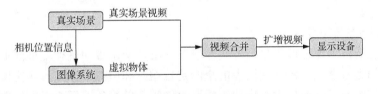

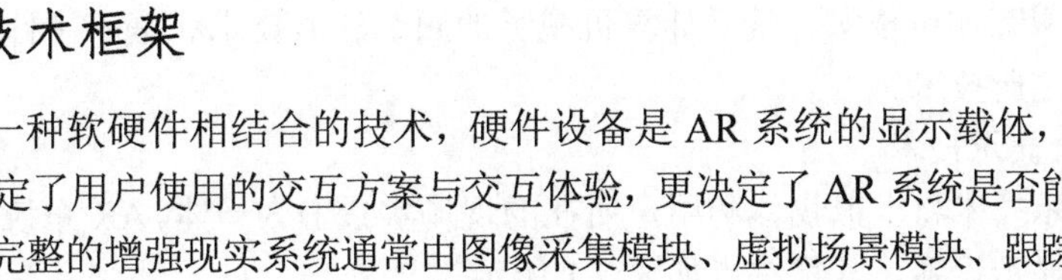

图 2.16　增强现实基本实现步骤

## 2.3.1　AR 技术框架

AR 技术是一种软硬件相结合的技术,硬件设备是 AR 系统的显示载体,它的性能与显示手段不仅直接决定了用户使用的交互方案与交互体验,更决定了 AR 系统是否能支持相关算法的运行要求。一个完整的增强现实系统通常由图像采集模块、虚拟场景模块、跟踪注册模块、虚实融合模块、显示模块和人机交互模块六个模块组成。图 2.17 是增强现实系统的框架流程。

在 AR 系统中,图像采集模块利用相机获得真实场景的图像;虚拟场景模块利用相应的二维或者三维建模软件生成虚拟的信息;跟踪注册模块对相机进行定位与跟踪,计算相机的位姿;虚实融合模块利用虚实融合技术将虚拟信息与真实场景进行融合;显示模块是在设备上显示虚拟的信息与真实场景融合后的图像;人机交互模块通过交互界面由用户来控制整个系统的流程。

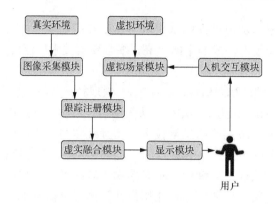

图 2.17　增强现实系统的框架流程

## 2.3.2　AR 核心技术

增强现实的核心技术包括计算机视觉技术、三维跟踪注册技术、虚实融合显示技术和人机交互技术。

### 1. 计算机视觉技术

计算机视觉技术从跟踪摄像机拍摄真实场景图像的同一视点来呈现 3D 虚拟对象。增强现实图像注册使用与视频跟踪有关的不同计算机视觉方法。这种方法通常由两个阶段组成：跟踪和重建/识别。在计算机视觉技术中，大多数可用的跟踪技术可以分为两类：基于特征的跟踪技术和基于模型的跟踪技术。基于特征的跟踪技术包括探索二维图像特征与其三维世界坐标系之间的关联。基于模型的跟踪技术利用被跟踪物体的特征模型，如基于可区分特征的物体的 CAD 模型或 2D 模板。一旦在二维图像和三维世界框架之间建立了连接，就可以将该特征的三维坐标投影到观察到的二维图像坐标中，并且通过最小化与其对应二维特征的距离来找到相机方位。

### 2. 三维跟踪注册技术

三维跟踪注册技术使虚拟信息与现实环境在三维空间位置中进行配准注册，实现虚拟信息和真实场景的无缝叠加，包括使用者的空间定位跟踪和虚拟物体在真实空间中的定位两个方面的内容。三维跟踪注册技术首先检测需要"增强"的物体特征点以及轮廓，跟踪物体特征点自动生成二维或三维坐标信息。目前，广泛应用的三维跟踪注册技术可以分为三类：基于硬件传感器的跟踪注册技术、基于计算机视觉的跟踪注册技术和基于硬件传感器与计算机视觉的混合跟踪注册技术。

### 3. 虚实融合显示技术

虚实融合显示技术将虚拟物体和用户所在的现场实景融为一体。AR 系统中的显示技术有如下几种常用的显示设备，其优缺点如表 2.1 所示。

(1)头戴式显示器。头戴式显示器可为用户带来沉浸感，又可细分成两种类型：一种是视频透视式，它运用的是摄像机原理；另一种是光学透视式，它运用的是光学原理。如微软推出的 Hololens AR 眼镜就属于第一种类型，它充分运用了智能人机交互技术，能为用户带来强烈的沉浸感。Google 公司出品的智能 AR 眼镜是一款光学透视式头盔显示器。

(2)手持式移动显示器。手持式移动显示器可被用户手持使用，对比头戴式显示器而言，用户不会因为要将显示器佩戴到头上而产生不适的感觉，但是用户的沉浸感也会随之下降。随着各种性能较强的移动智能终端的出现，为增强现实的发展提供了极佳的开发平台。内置摄像头、全球定位系统、惯性传感器等现已成为智能手机的标配，它们基本上使用的都是高分辨的显示屏，外观精美、体积小、容易随身携带，是增强现实技术所用设备的不二之选。

**表 2.1　AR 显示设备类型与优缺点**

| 类型 | 头戴式 | 手持式 | 投影式 |
|---|---|---|---|
| 示例图片 | <br>VR 眼镜 | <br>智能手机、平板电脑 | <br>投影仪 |
| 优点 | 可移动、释放双手 | 便携式 | 无须佩戴 |
| 缺点 | 佩戴不舒服、视角小、续航短、价格高 | 占用双手 | 移动不便 |
| 适用场景 | 移动车间 | 移动车间 | 固定位置 |

　　(3)投影式显示器。可通过投影式显示器进行投影，把图像投影至大范围环境中，对比之下，传统平面显示设备是在固定设备的表面生成图像的。对比头戴式显示器而言，投影式显示器在室内 AR 场合之下更加适用，这是因为它所产生的图像焦点是固定不变的，不会因用户视觉的变化而受到影响。

### 4. 人机交互技术

　　增强现实系统人机交互技术是指将用户的交互操作输入到计算机后，经过处理将交互的结果通过显示设备显示输出的过程。目前，增强现实系统中的人机交互方式主要有三大类：外接设备、特定标志及徒手式交互。

　　(1)外接设备。传统的基于个人计算机的增强现实系统习惯采用键盘、鼠标进行人机交互，这种交互方式精度高、成本低，但是沉浸感较差。另一种是借助数据手套、力反馈设备、磁传感器等进行人机交互，这种交互方式精度高、沉浸感较强，但是成本也相对较高。随着可穿戴式增强现实系统的发展，语音输入装置也成为增强现实系统的人机交互方式之一，而且在未来具有很大的发展前景，如 Google Glass。

　　(2)特定标志。标志可以事先进行设计，通过比较先进的注册算法可以使标志具有特殊的含义，当用户看到标志之后就知道该标志的含义。因此，基于特定标志进行人机交互能够使用户清楚操作步骤，降低学习成本。这种交互方式的沉浸感要稍高于传统外接设备。

　　(3)徒手式交互。一种是基于计算机视觉的自然手势交互方式，需要借助复杂的人手识别算法。首先在复杂的背景中把人手提取出来，再对人手的运动轨迹进行跟踪定位，最后根据手势状态、人手当前的位置和运动轨迹等信息估算出操作者的意图，并将其正确映射到相应的输入事件中。这种交互方式沉浸感最强、成本低，但算法复杂、精度不高，容易受光照等条件的影响。另一种主要是针对移动终端设备的。现今，移动终端的显示设备都具有可触碰的功能，甚至可支持多点触控。因此，可以通过触碰屏幕来进行人机交互。目前，几乎所有的移动应用都采用这种交互方式。

### 2.3.3　AR 技术应用场景

图 2.18 描述了基于 AR 技术的工业可视化系统总体框架图。AR 技术能够用于装配指导、设备巡检、远程培训、仓储物流等环节，实现工厂、设备等关键数据的综合管理与展现，支持从车间环境、设备状态、员工工作状态等多个维度对工厂的日常运行进行监测和管理，以及突发事件的应急措施管理等。

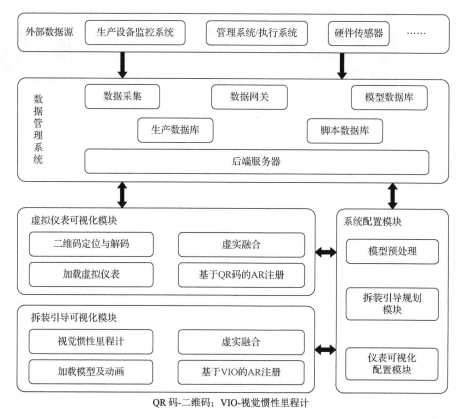

QR 码-二维码；VIO-视觉惯性里程计

图 2.18　基于 AR 技术的工业可视化系统总体框架图

**1. 装配指导**

AR 技术的应用可以帮助工作人员更高效地完成生产，例如，通过将装配工作流程呈现在 AR 眼镜中，给予员工沉浸式的装配指导，甚至可以一步步指导没有相关经验的工人完成装配、拆卸和维修等工作，自动提醒安装的错误信息等，提升装配效率，如图 2.19 所示。

**2. 设备巡检**

AR 技术使巡检这个常见场景中的操作变得更加规范，而且通过与工厂生产线 IOT 设备和管理信息系统互联，AR 系统可以实时获得设备运转、检测数据，并反馈检测结果，做到过程记录，问责溯源。这样可以避免巡检时由人员造成的人为错误，无论是对于企业的成本还是生产安全，都是一个极大的利好。在欧洲，电信服务提供商 KPN 从事远程或现场维修的现场工程师使用 AR 智能眼镜查看产品的服务历史数据、诊断信息和基于位置的信息仪表板。

这些 AR 显示帮助他们在如何解决问题上做出更好的决策，降低了服务团队总成本的 11%，工作出错率降低了 17%，提高了修复质量。

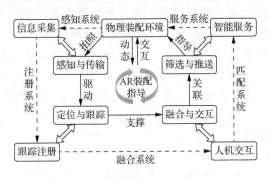

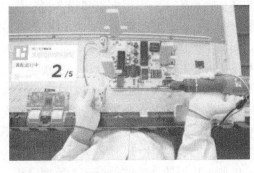

(a) 装配指导系统架构图                              (b) 装配指导案例

图 2.19  基于 AR 技术的装配指导系统架构图和案例

# 2.4  工业大数据技术

## 2.4.1  工业大数据的内涵

工业大数据是指在工业领域中，围绕典型智能制造模式，从客户需求到销售、订单、计划、研发、设计、工艺、制造、采购、供应、库存、发货和交付、售后、服务、运维、报废或回收再制造等整个产品全生命周期各个环节所产生的各类数据及相关技术和应用的总称。工业大数据以产品数据为核心，极大地延展了传统工业数据范围，同时包括与工业大数据相关的技术和应用。

### 1. 工业大数据来源

从数据的来源看，工业大数据主要包括三类：企业运营管理相关的业务数据、制造过程数据、企业外部数据。

#### 1) 企业运营管理相关的业务数据

企业运营管理相关的业务数据来自企业信息化范畴，包括企业资源计划(ERP)、产品生命周期管理(PLM)、供应链管理(SCM)、客户关系管理(CRM)和能耗管理系统(EMS)等，此类数据是工业企业传统意义上的数据资产。

#### 2) 制造过程数据

制造过程数据主要是指工业生产过程中，装备、物料及产品加工过程的工况状态参数、环境参数等生产情况数据，通过 MES 实时传递，目前在智能装备大量应用的情况下，此类数据量增长最快。

#### 3) 企业外部数据

企业外部数据包括工业企业产品售出之后的使用、运营情况的数据，同时还包括大客户名单、供应商名单、外部的互联网等数据。

## 2. 工业大数据处理流程

基于工业互联网的网络、数据与安全，工业大数据将构建面向工业智能化发展的三大优化闭环处理流程。一是面向机器设备运行优化的闭环，核心是基于对机器操作数据、生产环境数据的实时感知和边缘计算，实现机器设备的动态优化调整，构建智能机器和柔性生产线；二是面向生产运营优化的闭环，核心是基于信息系统数据、制造执行系统数据、控制系统数据的集成处理和大数据建模分析，实现生产运营管理的动态优化调整，形成各种场景下的智能生产模式；三是面向企业协同、用户交互与产品服务优化的闭环，核心是基于供应链数据、用户需求数据、产品服务数据的综合集成与分析，实现企业资源组织和商业活动的创新，形成网络化协同、个性化定制、服务化延伸等新模式。

## 3. 工业大数据生命周期

工业大数据的处理过程符合大数据分析，生命周期涉及多个不同阶段，工业大数据生命周期如图2.20所示。

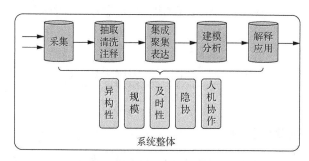

图2.20 工业大数据生命周期

工业大数据采集阶段重点关注如何自动生成正确的元数据及其可追溯性。此阶段既要研究如何生成正确的元数据，又要支持数据溯源。

工业大数据抽取、清洗和注释阶段主要负责对工业数据集进行数据抽取、格式转换、数据清洗、语义标注等预处理工作，是数据工程的主要内容。

工业大数据集成、聚集与表达阶段主要关注数据源的"完整性"，克服"信息孤岛"，工业数据源通常是离散的和非同步的。对于飞机、船舶等具有复杂结构的工业产品，基于物料清单(Bill of Material, BOM)进行全生命周期数据集成是被工业信息化实践所证明的行之有效的方法。对于化工、原材料等流程工业产品，一般基于业务过程进行数据集成。

工业大数据建模和分析阶段必须结合专业知识，工业大数据应用强调分析结果的可靠性，以及分析结果能够用专业知识进行解释。工业大数据是超复杂结构数据，一个结果的产生是多个因素共同作用的结果，必须借助专业知识，同时，工业过程非常复杂，现实中还可能存在很多矛盾的解释。因此，要利用大数据具有"混杂性"的特点，通过多种相对独立的角度来验证分析结果。

工业大数据解释与应用阶段要面对具体行业和具体领域，以最易懂的方式向用户展示查询结果。这样做有助于分析结果的解释，易于与产品用户进行协作，更重要的是推动工业大数据分析结果闭环应用到工业的增值阶段，以创造价值。

#### 4．工业大数据与智能制造的关系

一方面，工业大数据是智能制造的基础元素，智能制造是工业大数据的载体和产生来源，其各环节信息化、自动化系统所产生的数据构成了工业大数据的主体。另一方面，智能制造又是工业大数据形成的数据产品最终的应用场景和目标。工业大数据描述了智能制造各生产阶段的真实情况，为人类读懂、分析和优化制造提供了宝贵的数据资源，是实现智能制造的智能来源。工业大数据、人工智能模型和机理模型的结合，可有效提升数据的利用价值，是实现更高阶智能制造的关键技术之一。

## 2.4.2　工业大数据的特征

#### 1．工业大数据的基本特征

工业大数据首先要符合大数据的大体量、速度快、类型杂、低质量的特征。

(1)大体量，就是指数据规模大，而且面临大规模增长。我国大型的制造业企业，由人产生的数据规模一般在太字节级或以下，但形成了高价值密度的核心业务数据。机器数据规模可达拍字节级，是大数据的主要来源，但相对价值密度较低。

(2)速度快，不仅要求采集速度快，而且要求处理速度快。越来越多的工业信息化系统以外的机器数据被引入大数据系统，特别是针对传感器产生的海量时间序列数据，数据的写入速度达到了百万数据点/秒，甚至千万数据点/秒。

(3)类型杂，就是复杂性，主要是指各种类型的碎片化、多维度工程数据，包括设计制造阶段的概念设计、详细设计、制造工艺、包装运输等各类业务数据，以及服务保障阶段的运行状态、维修计划、服务评价等类型数据。甚至在同一环节，数据类型也是复杂多变的，例如，在运载火箭研制阶段，将涉及气动力数据、气动力热数据、载荷与力学环境数据、弹道数据、控制数据、结构数据、总体实验数据等。

(4)低质量，就是低真实性。相对于分析结果的高可靠性要求，工业大数据的真实性和质量比较低。工业应用中由于技术可行性、实施成本等，很多关键的数据没有被测量、被充分测量或者被精确测量(数值精度)。同时，某些数据具有不可预测性，如人的操作失误、天气、经济因素等，这些情况往往导致数据质量不高，是数据分析和利用最大的障碍，对数据进行预处理，以提高数据质量，常常也是耗时最多的工作。

#### 2．工业大数据的新特征

工业大数据作为对工业相关要素的数字化描述，除了具备大数据的基本特征外，相对于其他类型的大数据，工业大数据还具有反映工业逻辑的新特征。这些新特征可以归纳为多模态、强关联、高通量等。

(1)多模态。工业大数据是工业系统在赛博空间的映像，必须反映工业系统的系统化特征及各方面要素。所以，数据记录必须追求完整，往往需要用超级复杂的结构来反映系统要素，导致单体数据文件结构复杂。例如，三维产品模型文件不仅包含几何造型信息，还包含尺寸、工差、定位、物性等其他信息；同时，飞机、风机、机车等复杂产品的数据又涉及机械、电磁、流体、声学、热学等多学科、多专业内容。因此，工业大数据的复杂性不仅是数据格式的差异性，而且是数据内生结构所呈现出的多模态特征。

(2)强关联。工业数据之间的关联并不是数据字段的关联，本质是物理对象之间和过程的

语义关联，包括产品部件之间的关联关系，即零部件组成关系、零件借用、版本及其有效性关系；生产过程的数据关联，如跨工序大量工艺参数的关联关系、生产过程与产品质量的关系、运行环境与设备状态的关系等；产品生命周期的设计、制造、服务等不同环节数据之间的关联，如仿真过程与产品实际工况之间的联系；在产品生命周期的统一阶段涉及不同学科不同专业的数据关联，如民用飞机预研过程中涉及总体设计方案数据、总体需求数据、气动设计及气动力学分析数据、声学模型数据及声学分析数据、飞机结构设计数据、零部件及组装体强度分析数据、系统及零部件可靠性分析数据等。数据之间的"强关联"反映的就是工业的系统性及其复杂的动态关系。

(3)高通量。嵌入了传感器的智能互联产品已成为工业互联网时代的重要标志，用机器产生的数据来代替人所产生的数据，实现实时感知。从工业大数据的组成体量上来看，物联网数据已成为工业大数据的主体。以风机装备为例，根据《风电场监控系统通信标准》（IEC 61400-25），持续运转风机的故障状态的数据采样频率为50Hz，单台风机每秒产生225KB的传感器数据，按20000台风机计算，如果全量采集，每秒写入速率为4.5GB/s。

## 2.4.3　工业大数据技术架构

围绕工业大数据的全生命周期，形成了工业大数据的技术架构体系，如图2.21所示。

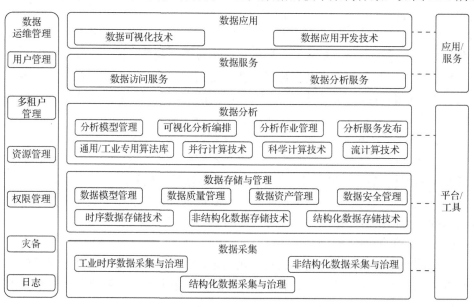

图2.21　工业大数据技术架构体系

工业大数据技术架构体系从技术层级上具体划分如下：

(1)数据采集层，包括工业时间序列数据采集与治理、结构化数据采集与治理和非结构化数据采集与治理。

(2)数据存储与管理层，包括大数据存储技术和管理功能。

(3)数据分析层，包括基础大数据计算技术和大数据分析服务功能，其中基础大数据计算技术包括并行计算技术、流计算技术和科学计算技术。大数据分析服务功能包括分析模型管理、可视化分析编排、分析作业管理、通用/工业专用算法库和分析服务发布。

(4)数据服务层，是利用工业大数据技术对外提供服务的功能层，包括数据访问服务和数据分析服务。

(5)数据应用层，主要面向工业大数据的应用技术，包括数据可视化技术和数据应用开发技术。

(6)数据运维管理层，是工业大数据技术体系参考架构的重要组成，贯穿从数据采集到最终数据应用的全部环节，为整个体系提供管理支撑和安全保障。

## 2.4.4　工业大数据采集与治理

互联网的数据主要来自互联网用户和服务器等网络设备，主要是大量的文本数据、社交数据以及多媒体数据等。工业大数据主要来源于企业内部和企业外部，企业内部数据包括订单数据、库存数据、采供数据、机器设备数据等；企业外部数据包括竞争对手价格数据、行业分析数据、政府数据、产业链数据等。

从数据采集的类型看，不仅涵盖基础数据，还将逐步包括半结构化的用户行为数据、网状的社交关系数据、文本或音频类型的用户意见和反馈数据、设备和传感器采集的周期性数据、网络爬虫获取的互联网数据，以及未来越来越多有潜在意义的各类数据。

**1)时间序列数据的采集**

时间序列数据是按时间顺序记录的数据列，在同一数据列中各个数据必须是同口径的，要求具有可比性。时间序列数据可以是时期数，也可以是时点数。工业企业在生产经营过程中，为了监测设备、生产线以及整个系统的运行状态，会运用物联网技术，在各个关键点都配有传感器来采集各种数据。这些数据是周期或准周期产生的，有的采集频率高，有的采集频率低，采集的数据一般发送至服务器，进行汇总并实时处理，对系统的运行进行实时监测或预警。

**2)非结构化数据的采集**

非结构化数据是数据结构不规则或不完整，没有预定义的数据模型，不方便用数据库二维逻辑表来表现的数据，包括所有格式的办公文档、文本、图片、超文本标记语言、各类报表、图像和音频/视频信息等。这些数据来源于公司内部的邮件信息、聊天记录以及搜集到的文本或图片，也可能来源于客户关系管理系统评论中得到的文本字段。

**3)结构化数据的采集**

结构化数据也称为行数据，是由二维表结构进行逻辑表达和实现的数据，严格遵循数据格式与长度规范，主要通过关系型数据库进行存储和管理。

**4)数据治理**

数据治理是指在主要的处理以前对数据进行的一些预处理。收集和获取感兴趣的研究对象的数据后，对数据进行预处理是数据分析中必不可少的环节。存储于数据库中的原始数据会受到噪声数据、缺失数据、异常值数据、异构数据、不一致数据的影响，大大降低了原始数据的质量。数据预处理的意义在于两个方面：一是提高数据库中原始数据的质量；二是为后续的分析提供必需的数据形式。简而言之，收集得到的原始数据很多情况下并不能直接使用，数据预处理有助于提高数据质量，进而确保后续数据分析的准确性和可靠性。

数据的预处理包括数据探索、数据清洗、数据集成、数据转换和数据规约等多个环节。

(1)数据探索是指对数据总体或者对感兴趣的目标总体的集中趋势和离散程度进行测度，从整体上把握总体的基本特征，如总体均值、总体方差、总体变异系数等。

(2)数据清洗是指对数据集中可能存在的缺失数据或者异常值数据进行必要的处理。缺失数据和异常值数据不仅会影响数据的分布，扭曲数据使用者对总体特征的判断，也会影响数据分析方法的应用，造成数据分析结果失真。

(3)数据集成是把不同来源、格式、特点、性质的数据在逻辑上或物理上进行有机集中，从而为企业提供全面的数据共享。

(4)数据转换是指将数据转换成统一的、适用于数据分析方法应用的数据形式。

(5)数据规约是指在尽可能保持数据原貌的前提下，最大限度地精简数据量。

## 2.4.5　工业大数据存储与管理技术

企业的日常经营会产生大量的数据，主要通过数据库对数据进行存储和管理。

### 1. 数据库的内涵

数据库是按照数据结构来组织、存储和管理数据的仓库，包含以下两层意思：

(1)数据库是一个实体，它是能够合理保管数据的"仓库"，用户在该"仓库"中存放要管理的事务数据，"数据"和"库"两个概念结合成为数据库。

(2)数据库是数据管理的新方法和新技术，能更合适地组织数据、更方便地维护数据、更严密地控制数据和更有效地利用数据。

### 2. 数据库包括关系型数据库和非关系型数据库

#### 1)关系型数据库

关系型数据库存储的格式可以直观地反映实体间的关系。关系型数据库支持事务的 ACID 原则，即原子性(Atomicity)、一致性(Consistency)、隔离性(Isolation)、持久性(Durability)。关系型数据库和常见的表格比较相似，关系型数据库中表与表之间有很多复杂的关联关系。常见的关系型数据库管理系统有 Mysql、SqlServer 等。在轻量或者小型的应用中，使用不同的关系型数据库对系统的性能影响不大，但是在构建大型应用时，需要根据应用的业务需求和性能需求，选择合适的关系型数据库。

虽然关系型数据库有很多，但是大多数遵循 SQL(Structured Query Language，结构化查询语言)标准。常见的操作有查询、新增、更新、删除、去重、排序等。

查询语句：SELECT param FROM table WHERE condition。该语句可以理解为从 table 中查询出满足 condition 条件的字段 param。

新增语句：INSERT INTO table (param1，param2，param3) VALUES (value1，value2，value3)。该语句可以理解为向 table 中的 param1，param2，param3 字段中分别插入 value1，value2，value3。

更新语句：UPDATE table SET param=new_value WHERE condition。该语句可以理解为将满足 condition 条件的字段 param 更新为 new_value 值。

删除语句：DELETE FROM table WHERE condition。该语句可以理解为将满足 condition 条件的数据全部删除。

去重查询：SELECT DISTINCT param FROM table WHERE condition。该语句可以理解为从表 table 中查询出满足条件 condition 的字段 param，但是 param 中重复的值只能出现一次。

排序查询：SELECT param FROM table WHERE condition ORDER BY param1。该语句可以理解为从表 table 中查询出满足 condition 条件的 param，并且要按照 param1 的升序进行排序。

### 2) 非关系型数据库

随着近些年技术方向的不断拓展，大量的非关系型数据库如 MongoDB、Redis、Memcache 出于简化数据库结构、避免冗余、影响性能的表连接、摒弃复杂分布式的目的被设计。非关系型数据库是指分布式的、非关系型的、不保证遵循 ACID 原则的数据存储系统。

### 3. 数据仓库

数据仓库，是为企业所有级别的决策制定过程提供所有类型数据支持的战略集合。数据仓库是在数据库已经大量存在的情况下，为了进一步挖掘数据资源、决策需要而产生的，它并不是大型数据库。数据仓库方案建设的目的是为前端查询和分析奠定基础，由于有较大的冗余，所以需要的存储也较大。

## 2.4.6 工业大数据分析技术

### 1. 相关性分析方法

相关性分析是特征质量评价中非常重要的一环，合理地选取特征，找到与拟合目标相关性最强的特征，往往能够快速获得效果，达到事半功倍的效果。常见的相关性分析方法有以下三种。

(1) 相关系数。统计学中有很多的相关系数，其中最常见的是皮尔逊相关系数。两个变量之间的皮尔逊相关系数定义为两个变量之间的协方差和标准差的商。皮尔逊相关系数的变化范围为 -1～1：系数为 1 意味着所有的数据点都很好地落在一条直线上，且 $Y$ 随着 $X$ 的增加而增加：系数为 -1 也意味着所有的数据点都落在直线上，但 $Y$ 随着 $X$ 的增加而减少；系数为 0 意味着两个变量之间没有线性关系。

(2) 信息增益。机器学习中有一类最大熵模型，最大熵模型推导出的结果往往会和通过其他角度推导出的结果吻合，其本质上就带有某种相似性，暗含了客观世界的自然规律。条件熵描述了在已知第二个随机变量 $X$ 值的前提下，随机变量 $Y$ 的信息熵还有多少，随机变量 $X$ 信息增益 (Information Gain, IG) 的定义为系统的总熵减去 $X$ 的条件熵。它的意义是：在其他条件不变的前提下，把特征 $X$ 去掉，系统信息量减少。显然，IG 越大，证明它蕴含的信息越丰富，这个特征越重要。

(3) 卡方检验。卡方检验是一种统计量的分布在零假设成立时近似服从卡方分布 ($\chi^2$ 分布) 的假设检验。在没有其他限定条件或说明时，卡方检验指代的是皮尔逊卡方检验。

### 2. 回归分析方法

回归分析方法是通过对误差的衡量来探索变量之间关系的预测方法。在预测/决策领域，人们说的回归有时候是一类问题，有时候是一类算法。常用的回归分析方法包括最小二乘法、逻辑回归、逐步回归、本地散点平滑估计等。常见的回归分析方法有以下两种：

(1) 线性回归。线性回归就是拟合出一条直线最佳匹配所有的数据。一般使用最小二乘法来求解。最小二乘法的思想是：假设拟合出的直线代表数据的真实值，而观测到的数据代表拥有误差的值，为了尽可能地减小误差，需要求解一条直线使所有误差的平方和最小。

(2)逻辑回归。逻辑回归属于分类算法，也就是说，逻辑回归的预测结果是离散的分类，如判断这封邮件是否是垃圾邮件、用户是否会点击此广告等。

### 3.分类分析方法

在对数据集进行分类时，是知道该数据集有多少种类的，例如，对一批零件进行产品质量分类，人们会下意识地将其分为合格产品与不合格产品。常用的分类分析方法包括单一的分类方法，如决策树、贝叶斯分类算法、人工神经网络、k 近邻方法、支持向量机和关联分类方法等，以及用于组合单一分类方法的集成学习算法，如 Bagging(引导聚集算法，又称装袋算法)和 Boosting(提升方法)等。

(1)决策树。决策树是用于分类和预测的主要技术之一，决策树学习是以实例为基础的归纳学习算法，它着眼于从一组无次序、无规则的实例中推理出以决策树表示的分类规则。构造决策树的目的是找出属性和类别间的关系，用它来预测将来未知类别记录的类别。它采用自顶向下的递归方式，对决策树的内部节点进行属性的比较，并根据不同属性值判断从该节点向下的分支，在决策树的叶节点得到结论。

(2)贝叶斯分类算法。贝叶斯(Bayes)分类算法是一类利用概率统计知识进行分类的算法，如朴素贝叶斯(Naive Bayes)算法。这些算法主要利用贝叶斯(Bayes)定理来预测一个未知类别的样本属于各个类别的可能性，选择其中可能性最大的一个类别作为该样本的最终类别。

(3)人工神经网络。人工神经网络(Artificial Neural Networks，ANN)是一种应用类似于大脑神经突触连接的结构进行信息处理的数学模型。在这种模型中，大量的节点(或称神经元、单元)之间相互连接构成网络，即神经网络，以达到处理信息的目的。神经网络通常需要进行训练，训练的过程就是网络进行学习的过程。训练改变了网络节点连接权的值，使其具有分类的功能，经过训练的网络可用于对象的识别。

(4)k 近邻方法。k 近邻方法是一种基于实例的分类方法。该方法的原理就是找出与未知样本距离最近的 $k$ 个训练样本，看这 $k$ 个训练样本中多数属于哪一类，就把其归为哪一类。k 近邻方法是一种懒惰学习方法，它存放样本，直到需要分类时才进行分类，如果样本集比较复杂，可能会导致很大的计算开销，因此无法应用到实时性很强的场合。

(5)支持向量机。支持向量机是 Vapnik 根据统计学习理论提出的一种新的学习方法，其最大特点是根据结构风险最小化准则，以最大化分类间隔构造最优分类超平面来提高学习机的泛化能力，较好地解决了非线性、高维数、局部极小点等问题。对于分类问题，支持向量机根据区域中的样本计算该区域的决策曲面，由此确定该区域中未知样本的类别。

(6)关联分类方法。关联分类方法挖掘形如 condset-C 的规则，其中 condset 是项(或属性-值对)的集合，而 C 是类标号，这种形式的规则称为类关联规则(Class Association Rules，CARs)。关联分类方法一般分为两步：第一步用关联规则挖掘算法从训练数据集中挖掘出所有满足指定支持度和置信度的类关联规则；第二步使用启发式方法从挖掘出的类关联规则中挑选出一组高质量的规则用于分类。

(7)集成学习算法。集成学习算法是一种机器学习范式，试图通过连续调用单个的学习算法，获得不同的基学习器，然后根据规则组合这些基学习器来解决同一个问题，可以显著提高学习系统的泛化能力。组合多个基学习器主要采用(加权)投票的方法，常见的算法有装袋(Bagging)、提升／推进(Boosting)等。集成学习采用了投票平均的方法组合多个分类器，有可能减小单个分类器的误差，获得对问题空间模型更加准确的表示，从而提高了分类器的分类准确度。

### 4．方差分析方法

方差分析，又称变异数分析，用于两个及两个以上样本均数差别的显著性检验。由于各种因素的影响，研究所得的数据呈现波动状。造成波动的原因可分成两类：一是不可控的随机因素；二是研究中施加的对结果造成影响的可控因素。

常见的方差分析方法有单因素方差分析和多因素方差分析。

(1)单因素方差分析：用来研究一个控制变量的不同水平是否对观测变量产生显著影响。

(2)多因素方差分析：用来分析研究两个及两个以上控制变量是否对观测变量产生显著影响。多因素方差分析不仅能够分析多个因素对观测变量的独立影响，更能够分析多个控制因素的交互作用能否对观测变量的分布产生显著影响，最终找到有利于观测变量的最优组合。

### 5．时间序列分析方法

按照时间的顺序把随机事件变化发展的过程记录下来就构成了一个时间序列。对时间序列进行观察、研究，找寻其变化发展的规律，预测其将来的走势就是时间序列分析。

常见的时间序列分析方法有以下四种。

(1)趋势外推预测技术。依据过去已有大量数据互相之间的关联性整体趋势作用，一般会以相同或相似的方式变化，当有新变量或新干扰项加入时，将来的趋势会因此而改变。趋势外推预测技术有多种，如皮尔曲线模型以及季节性和线性／双指数趋势等预测模型。

(2)回归预测技术。回归预测技术是以历史数据为基础，通过回归分析搭建预测数据和历史数据间的桥梁，并设立回归方程式的一种计量经济学预测技术。当预测问题的因变量是单一确定和存在单／多个独立变量联系时，回归预测技术囊括了多种解决变量的建模以及分析方法。

(3)灰色预测技术。灰色预测技术主要针对存在不确定因素的变量数据，并对未来数据进行预测的方法，是一类应用在小样本数据中较为普遍的模型，能够辨别不同因素间的差异并进行相关性分析，寻找各数据间的稳态变化趋势，有效避免了因概率统计学方法必须获取大量数据的不足。

(4)时间序列预测技术。时间序列预测技术主要有两大类，即确定型时间序列预测技术和随机型时间序列预测技术。前者是依据历史数据的特征来预测将来数据的特征，是对过去数据的一种确定性的预测技术。后者将预测对象看成无规律的随机过程，通过构造数学模型来预测数据。此技术与回归预测技术的本质区别在于：时间序列预测技术的自变量是无规律随机变量，而回归预测技术的自变量是可控制变量。目前，时间序列预测技术有多种模型，如自回归(Auto-Regressive，AR)模型、自回归整合移动平均(Auto-Regressive Integrated Moving Average，ARIMA)模型以及基础模型的变异等。

## 2.4.7　工业大数据可视化技术

### 1．常见可视化形式

(1)文本可视化。将互联网中广泛存在的文本信息用可视化的方式表示，能够更加生动地表达蕴含在文本中的语义特征，如逻辑结构、词频、动态演化规律等。文本可视化类型，除了包含常规的图表类，如柱状图、饼图、折线图等，在文本领域用得比较多的可视化类型有以下三种：基于文本内容的可视化、基于文本关系的可视化、基于多层面信息的可视化。

(2)网络可视化。网络可视化通常是展示数据在网络中的关联关系，一般用于描绘互相连接的实体，如社交网络、腾讯微博、新浪微博等都是目前网络上较为出名的社交网站。社交网络图侧重于显示网络内部的实体关系，将实体作为节点，一张社交网络图可以由无数的节点组成，并用边连接所有的节点。通过分析社交网络图可以直观地看出每个人或每个组织的相互关系。

(3)空间信息可视化。空间信息可视化是指运用计算机图形图像处理技术，将复杂的科学现象和自然景观及一些抽象概念图形化的过程。空间信息可视化常用地图学、计算机图形图像技术将地学信息进行输入、查询、分析、处理，采用图形、图像，结合图表、文字、报表，以可视化形式实现交互处理和显示的理论、技术和方法。

### 2．常见可视化图表

#### 1)统计图表

将数据库中收集整理后的数据按一定的方式排列在表格上，就可以得到统计表或统计图。统计图表是数据分析中的重要工具，可以清晰地显示统计资料，直观地反映数据资料中的重要信息。

#### 2)总计表

总计表是反映整体数据统计结果的图表，在图表中，反映各个项目在总计数据中所占比例。总计表可分为柱状图、圆形图、环形图三种图表。

(1)柱状图。柱状图常以柱形或长方形显示各项数据，进行比较。通过各个数据的竖条长度可以直观地显示各项数据间的关系，如图2.22所示。专用设备制造业的投资综合效率为1，位于所研究的六大行业之首。汽车制造业的投资综合效率最低，约为0.9377。专用设备制造是指专门针对某一种或者某一类，实现不同功能的设备制造，其特点决定了专用设备制造业的投资效率较高。

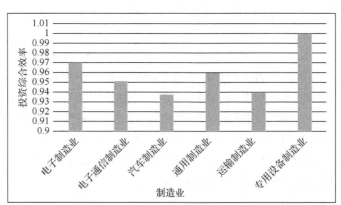

图2.22 不同行业智能制造投资综合效率(数据来源：经济与管理)

(2)圆形图(饼图)。圆形图常以圆形的方式显示各数据的比例关系，每一项数据以扇形呈现，通过占整体圆面积的比例直观反映出数据间的大小关系，如图2.23所示。从图中可以看出，截至 2022 年 6 月，我国智能制造产业园区分布省份前三名分别是江苏省、广东省与山东省，分别代表了长江三角洲经济区、珠江三角洲经济区和环渤海经济区，三个省份分别占比达 21%、15%和 9%。

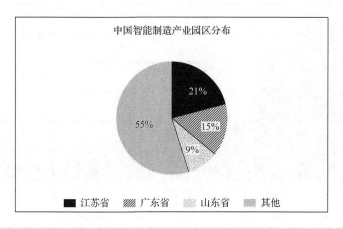

图 2.23 2022 年 6 月智能制造装备行业发展情况(数据来源：前瞻经济学人)

(3)环形图。环形图常以环形的方式显示各数据的比例关系，不同的数据所占环形圈的面积大小可以直接反映出数据间的差异，如图 2.24 所示。分析智能制造的产业园数据发现，近年来大数据产业园数量最多，占比为 21%。其次的是综合园区，占比为 18%。

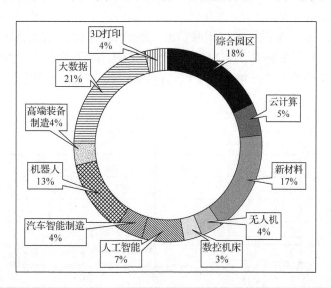

图 2.24 2019 年智能制造产业园类型分布情况(数据来源：前瞻经济学人)

**3)分组数据**

分组数据是指把不同的数据分组后，在一张可视化图表中显示出来，同一组的数据有相同的特性。分组数据图表主要分为直方图和折线图两种。

(1)直方图。直方图常以柱状的方式显示信息频率的变化状况，并从对比中显现不同项目的数据差异。直方图与前面提到的柱状图有相似之处，但是直方图与柱状图的信息内涵不同，

柱状图的 $Y$ 轴可以表示任何含义,展现绝对数值;直方图的 $Y$ 轴表示数值出现的频率,如图 2.25 所示。

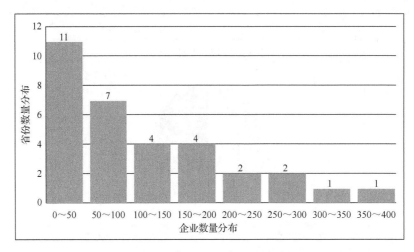

图 2.25　2021 年全国省级智能制造能力成熟度自评估二级及
以上的企业数量分布(数据来源:前瞻产业研究院)

图 2.25 的直方图表示了自评估达到二级及以上的企业数量分布,有 11 个省份达到二级及以上的企业仅在 50 家以内,只有个别省份的企业数量达到 200 家以上,只有一个省份二级以上的企业数量超过了 350 家。

(2)折线图(曲线图)。折线图常以折线的方式绘制数据图表,它能直观地显示出连续数据变化的幅度和量差,如图 2.26 所示。2016~2020 年浙江省智能制造产业快速发展,高档数控机床智能装备的产业值连年快速增加,现代化物流装备、智能纺织印染装备和机器人产值缓慢爬升。

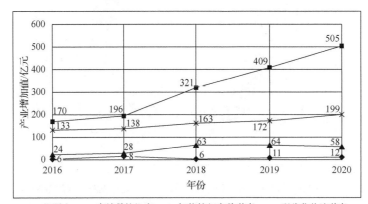

图 2.26　2016~2020 年浙江省智能制造装备细分
产业增加值(数据来源:浙江省经济和信息化厅)

**4)时间序列数据**

时间序列数据是以时间发展规律为单位进行信息可视化的展示方法。线性图是按时间序列进行的以轨迹反映数据特性的图表,这样的图表具有一定的连续性,多用在有固定变化规律的数据统计表中,如图 2.27 所示。图中展示了全球不同手术机器人的市场规模,腔镜机器人的市场规模不断扩大,而骨科机器人和泛血管机器人的市场规模变化趋势大致相同。

**5) 多元数据**

多元数据,顾名思义就是由不同的数据类型组成的一张图表,这些数据项目组成了一个整体的比例关系,并在同一张图表上进行体现。雷达图通常用来表示多元数据,将不同的数据反映在同一个图表上,并且用雷达发散状的方式显示不同的数据,能够方便地体现出不同数据间的结构关系和发展趋势,如图 2.28 所示,采用雷达图的形式反映大数据在各个行业中的应用比例。

图 2.27 全球不同手术机器人的市场规模(数据来源:前瞻产业研究院)

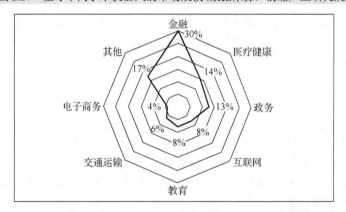

图 2.28 2020 年大数据技术在各行业中的应用比例(数据来源:中国大数据产业联盟)

## 2.4.8 工业大数据技术应用场景

广义的智能制造本质是数据驱动的创新生产模式,在产品市场需求获取、产品研发、生产制造、设备运行、市场服务直至报废回收的产品全生命周期,甚至在产品本身的智能化方面,工业大数据技术都将发挥巨大的作用。例如,在产品的研发过程中,将产品的设计数据、仿真数据、实验数据进行整理,通过与产品使用过程中的各种实际工况数据的对比分析,可以有效提升仿真过程的准确性,减少产品的实验数量,缩短产品的研发周期。再如,在产品销售过程中，从源头的供应商服务、原材料供给，到排产协同制造，再到销售渠道和客户管理，工业大数据在供应链优化、渠道跟踪和规划、客户智能管理等各方面，均可以发挥全局优化的作用。在产品本身的智能化方面，通过产品本身的传感数据、环境数据的采集、分析，可以更好地感知产品所处的复杂环境与工况，以提升产品效能、节省能耗、延长部件寿命等优化目标为导向，在保障安全性的前提下，实现在边缘侧对既定的控制策略提出优化建议或者直接进行一定范围内的调整。

# 2.5　工业云计算技术

## 2.5.1　云计算与工业云概述

### 1. 云计算

云计算(Cloud Computing)是继 20 世纪 80 年代由大型计算机向客户端/服务器(Client/Server，C/S)模式大转变后，信息技术的又一次革命性变化。云计算是网格计算、分布式计算、并行计算、效用技术、网络存储、虚拟化和负载均衡等传统计算机和网络技术发展融合的产物。其目的是通过基于网络的计算方式，将共享的软件资源、硬件资源和信息进行组织整合，按需提供给计算机和其他系统使用。

### 2. 工业云

工业云通常是指基于云计算架构的工业云平台和基于工业云平台提供的工业云服务，涉及产品研发设计、实验和仿真、工程计算、工艺设计、加工制造及运营管理等诸多环节。工业云服务常见的方式有基础设施即服务(Infrastructure as a Service，IaaS)、平台即服务(Platform as a Service，PaaS)、软件即服务(Software as a Service，SaaS)、功能即服务(Function as a Service，FaaS)等，本节主要介绍常用的 IaaS、PaaS 和 SaaS。工业云基于云计算技术架构，使工业设计和制造、生产运营管理等工具大众化、简洁化、透明化，通过工业云计算服务可大幅提升工业企业全要素劳动生产率。

作为智能制造的支撑，工业云的内涵可以概括为：通过将传统制造相关内容(包括业务、技术和管理系统等)与先进信息技术(包括物联网、大数据、云计算等)深度融合并重新整合配置，向企业提供两方面的服务。一是强大的数据信息收集、处理、传递和存储能力；二是个性化解决方案，如工业大数据分析搜索引擎、数字制造、智能工业服务体系、远程运维支持系统以及协同云工作平台等。

工业云环境下的研发制造过程如下：首先，使用云平台的企业用户会在研发制造的过程中形成在线生产集群，集群内部的数据、资源和信息都会集成在工业云平台内。然后，利用工业大数据系统分析研发制造过程中的问题和相关数据，以期实现控制优化企业制造流程、预测设备故障、预防性设备维护以及销售预测。再者，使用工业云环境下的智能系统，如平台终端，进行运作管理，保障研发制造过程的稳定运行，在提升研发效率的同时缩短研发周期。最后，打造出基于消费者个性化需求的智能产品，实现智能制造的目标，具体如图 2.29 所示。

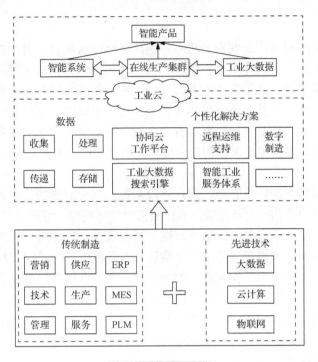

图 2.29 工业云内涵

## 2.5.2 云计算技术架构

可认为云计算技术由四层组成，分别为云服务接口、云用户管理、云服务及资源管理和云基础设施，如图 2.30 所示。运用虚拟化技术、分布式调度协商机制等实现资源的整合以及合理部署，构建面向服务的云计算架构。

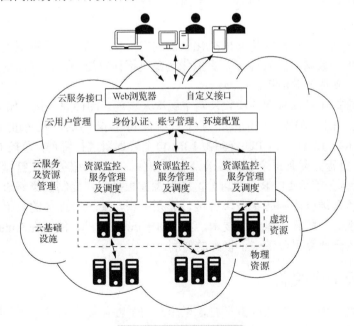

图 2.30 云计算技术架构

**1）云服务接口**

用户可能通过各类网络请求获取云服务，因此需要云服务和云用户之间可提供互联网、电信网、企业网的接口。云计算平台把软件、存储、平台、计算资源等都作为一种服务提供给用户，在不同服务领域，具体需求千差万别，用户的使用方式和习惯也各不相同，因此采用面向服务的架构，使云计算的体系结构更具组件化、可重用、可扩展性及灵活性的特点。可以将云计算能力封装成标准的万维网服务，并纳入面向服务的架构体系进行管理和使用。因此，云服务接口包含多种用户友好的访问接口，如万维网门户或自定义服务接口等。

**2）云用户管理**

云用户管理包括用户的账号管理、用户环境配置、基于消费的计费管理、身份认证、访问授权和对用户的风险评估等。云计算能够按需部署计算资源，用户可以定义一些约束条件，如网络流量最少或资源占用率最小、速度最快、费用低等，因此用户只需要为所使用的资源付费，称为基于消费模式的收费或计费。计费管理就是提供一些机制捕捉使用信息，并与计费系统集成在一起。云平台为了保证服务的安全性，使用云服务的用户必须经过严密的身份认证方可进行数据操作，用户的级别和权限可进行严格的设置。身份认证和访问授权机制就对用户的安全访问提供了一个保障。同时对用户进行服务风险评估，进一步保障服务的安全性。

**3）云服务及资源管理**

云服务管理包括服务请求管理与分析、服务质量控制等。云内某节点接收到云服务请求后，根据云服务种类及服务质量要求的不同，以一定的调度策略将服务调度到合适的资源上执行。

云资源管理包括对资源的监控，并实现资源的动态合理部署。好的部署调度策略除了可使云的运行能在满足用户服务水平协议需求和降低开销方面取得成功，使云服务提供者获得最大效益外，还能对提高云资源的使用率起到正面作用。

**4）云基础设施**

云基础设施包括物理资源和将其虚拟化之后的虚拟化资源。物理资源主要包括计算机、存储器、网络设施、数据库、软件等。虚拟化资源包括计算资源池、存储资源池、网络资源池、数据资源池、软件资源池等。

云计算中的虚拟化可以从硬件和软件两个层次来实现。硬件虚拟化，如 IBMSystem PTM 服务器可以通过 IBM AIX 或 Linux 操作系统获得虚拟化的、动态的逻辑分区（Logic Partitioning，LPAR）。LPAR 的 CPU 资源由 IBM 自主管理器进行管理，监控 CPU 的需求和使用且负责将 CPU 资源分配到每个 LPAR 的部署工作中。P 系列服务器支持微分区功能，即允许将部分 CPU 资源分配给 LPAR。逻辑分区的资源能根据客户定制的策略进行动态调整，能够使相应的资源合理地分配到各个逻辑分区，无须干预，减轻管理员的负担。虚拟化也可以从软件层次来实现。一些软件虚拟化技术，如 VMWare 虚拟机，能够在 Linux 基础上运行另一个操作系统，为云计算平台带来了极大的便利。

## 2.5.3  工业云平台架构

工业云平台是一种先进制造服务平台，以用户的个性化需求为导向，利用互联网和云服务集成原有的制造服务平台和各类相关资源，在云平台上以服务的形式提供给用户。除此之外，在制造全生命周期中，企业生产运作过程中产生的海量数据，也可利用工业云平台强大的数据计算、存储和传输能力，进行收集和处理。智能制造是未来制造业发展的趋势，工业云平台已成为不可或缺的基础设施。工业云平台架构主要由工业云制造支撑技术、制造资源整合平台、云计算服务平台、工业云应用层以及云服务安全保障体系和工业云标准体系等组成，如图 2.31 所示。

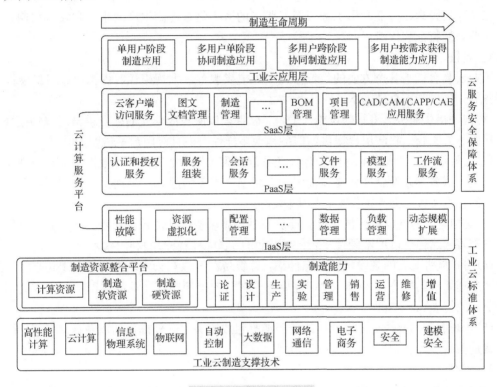

图 2.31　工业云平台架构

工业云是一项复杂的系统工程，构建、运行、管理和维护的过程中需要多种技术作为支撑。首先，需要将制造资源、制造能力和技术云端化，使其能够以服务的形式提供、发布在工业云上，并能够被用户灵活地搜索、组合和按需使用。云端化就是将硬件、软件制造资源全面互联在一起，将制造资源虚拟化，并全程感知和控制。在这个过程中，物理资源进一步转化成虚拟制造资源池的重要组成部分，即逻辑制造资源。需要利用物联网、信息化物理系统、建模仿真等技术，以期实现制造资源的高可靠性、高安全性、高可利用率和高敏捷性。

然后，在云服务平台上，集成管理不同地域以及产业联盟各参与者的资源，以服务的形式提供给工业云平台的用户，实现分散资源集中使用、集中资源分散服务的目标。需要云计算、高性能计算以及网络通信等技术，为其提供强大的数据计算、传输、存储和处理能力。

最后，构建工业云平台满足云制造业务需求，也需要云计算服务平台作为支撑。云计算基础设施即服务(IaaS)层为管理制造领域中分布式的计算存储环境、各种各样的制造数字装备、异构的硬件宿主环境以及满足灵活多变的业务需求和动态扩展的生产制造规模需求，提供了柔性的按需管理系统，将云服务动态复制、迁移、扩展、部署到工业云平台基础资源中，实现云服务扩展。系统集成管理功能则由 PaaS 层提供，集成管理的内容包括系统与服务之间的交互、云制造服务的构造和交付、服务动态集成、公共引擎工具、公共管理组件以及云制造服务应用生成环境。SaaS 层主要包括封装的云制造资源服务、针对业务需求开发的软件服务，如图文文档管理、项目管理、制造管理等。

## 2.5.4　工业云的特征与优势

在全球范围内，企业利用工业云及其带来的数字化来提高生产力水平和收入预期。本节介绍工业云的特征和优势。

**1. 特征**

工业云具有以下几个方面的特征，即向外提供服务、大规模性、虚拟化、可扩展性、按需服务等。具体特点总结如下：

(1)向外提供服务。将基础设施、平台、软件均以服务的形式向外提供给用户的模式，是资源和服务的整合，它向用户提供的服务呈现多样性，而且对用户是透明的。

(2)大规模性。将大量的存储和计算任务分配到数据中心完成，而数据中心是由规模很大的计算机、服务器以及存储器搭建而成的。目前，许多云服务厂商均是由几十万甚至几百万台服务器作为支撑来向外提供各种服务的。

(3)虚拟化。通过虚拟化技术使云计算基础设施以资源池的形式呈现，并在其上进行资源的动态部署。这样可以屏蔽硬件平台的异构性，充分提高资源的利用率。

(4)可扩展性。云的规模可以动态伸缩，计算资源可以在云中动态加入和退出，能够满足云用户急速增长的服务需求。因此，需要一个灵活的资源管理和调度协同机制完成对不断扩增的资源的管理。

(5)按需服务。云是一个将庞大的资源池打包成服务并向外提供的商业计算模式，用户按需计费购买。

**2. 优势**

与制造业相关的行业或环境中的企业逐渐将云视为有价值的合作伙伴，并且正在利用云计算的优势。受益于云的工业企业包括离散制造商和连续制造商，这些制造商已经集成了工业云解决方案以简化运营。

**1) 工业云在离散制造中的优势**

离散制造是指生产不同的物品。考虑到这一点，离散制造行业包括汽车、航空、智能手机和生物医药等。由于工业云在离散制造中的优势，离散制造行业将云计算集成到其日常运营中。

(1)增强产品开发能力。在离散的工业环境中，产品开发具有许多复杂性。在大多数情况下，产品越大，制造商面临的挑战越多，这些挑战包括处理迭代设计、产品测试和实施活动。

通过为企业提供足够的计算资源来处理复杂的任务，云计算可以帮助简化这些流程。一个示例是使用云来支持生成设计。在这种情况下，云提供了承载设计应用程序、有限元分析和应力分析软件的框架或平台。

(2)增强的协作。离散制造商依赖第三方供应商来开发较小的组件，这些组件将组装成较大的产品。为确保制造过程顺利进行，供应商和工业企业团队必须在整个设计和组装过程中保持一致。云计算提供了一个出色的协作生态系统，它支持工业环境中使用的大多数协作工具。

(3) 增强的预先规划程序。计划和调度是每个工业环境中的重要考虑因素。云计算为保留历史工业数据、库存清单和需求数据提供了一个出色的平台。它还用作支持高级计划和计划应用程序的平台，该应用程序可以使用收集的数据来制定生产计划表。

**2) 工业云在连续制造中的优势**

连续制造是指用于制造产品而没有任何中断的流程。进行连续生产的工业环境依赖工业自动化和自动化系统，以确保重复执行的任务准确无误。云计算在支持连续生产的工业环境中的优势包括：

(1) 增强的自动化流程。自动化依靠数据分析，在高级情况下，依靠人工智能在没有人类持续帮助的情况下运行。云计算为收集历史数据并将其集成到驱动工业自动化的应用程序中提供了一个出色的生态系统。制造过程中使用的数字流程云计算可确保自动化流程实时响应车间内部发生的变化，而无须关闭整个操作。

(2) 增强的安全措施。成功的数据泄露或网络攻击可能导致连续制造过程中的停机。一旦供应工业自动化系统中使用的数据丢失，自动化就会停止。云计算以多种方式降低了与制造和其他工业流程相关的网络安全风险。这些方法包括使用防火墙和加密来保护企业数据免受攻击。云计算供应商还提供缓解风险的软件包，同时提供安全补丁，以确保制造数据的安全。

(3) 促进经济可持续性。工业过程数字化的不断发展导致企业在不同工业环境中产生的数据量增加。手动管理这些大型数据集几乎是不可能的，而让本地数据中心来负责数据分析则有其自身的风险，对小型企业而言在经济上也是不可行的。工业云计算软件包经济实惠，可为管理和保护工业数据提供资源友好型解决方案。

## 2.5.5　云计算的分类

### 1. 按照云计算服务分类

按照云计算服务提供的资源所在的层次，可以分为 IaaS、PaaS、FaaS（Function as a Service，功能即服务）和 SaaS。本节仍主要介绍常用的 IaaS、PaaS 和 SaaS，如图 2.32 所示。

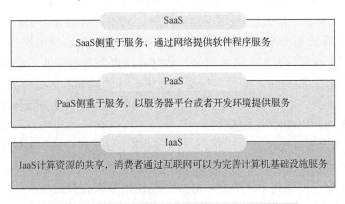

图 2.32　工业大数据技术在智能炼铁生产中的应用

(1) IaaS，基础设施即服务。主要包括计算机服务器、通信设备、存储设备等，能够按需向用户提供计算能力、存储能力或网络能力等 IT 基础设施类服务，也就是能在基础设施层面提供服务。IaaS 能够得到成熟应用的核心在于虚拟化技术，通过虚拟化技术可以将各种计算设备统一虚拟化为虚拟资源池中的计算资源，将存储设备统一虚拟化为虚拟资源池中的存储资源，将网络设备统一虚拟化为虚拟资源池中的网络资源。当用户订购这些资源时，数据中心管理者直接将订购的份额打包提供给用户，从而实现了 IaaS。

(2) PaaS，平台即服务。如果以传统计算机架构中"硬件+操作系统/开发工具+应用软件"的观点来看，那么云计算的平台层应该提供类似操作系统和开发工具的功能。实际上的确如此，PaaS 定位于通过互联网为用户提供一整套开发、运行和运营应用软件的支撑平台。就像在个人计算机软件开发模式下，程序员可能会在一台装有 Windows 或 Linux 操作系统的计算机上使用开发工具开发并部署应用软件一样。微软公司的 Windows Azure 和谷歌公司的 GAE 是 PaaS 平台中最为知名的两个产品。

(3) SaaS，软件即服务。简单地说，就是一种通过互联网提供软件服务的软件应用模式。在这种模式下，用户不需要再花费大量投资用于硬件、软件和开发团队的建设，只需要支付一定的租赁费用，就可以通过互联网享受到相应的服务，而且整个系统的维护也由厂商负责。

**2. 按照部署模式和所有权分类**

从部署模式来看，云计算又可分为公有云、私有云和混合云，如表 2.2 所示。

表 2.2　公有云、私有云和混合云的特点及优缺点

| 类型 | 特点 | 优点 | 缺点 |
| --- | --- | --- | --- |
| 公有云 | 云服务提供商部署 IT 基础设施并进行运营维护，将基础设施所承载的标准化、无差别的 IT 资源提供给公众客户的服务模式 | 节省企业开支 | 数据不在企业内部 |
| 私有云 | 云服务提供商为单一客户构建 IT 基础设施，相应的 IT 资源仅供该客户内部员工使用的产品支付模式 | 能掌控数据 | 技术复杂，费用高 |
| 混合云 | 用户同时使用公有云和私有云模式 | 敏感数据控制在内部，同时节约成本 | 对 IT 部门要求高 |

(1) 公有云。公有云通常指第三方提供商为用户提供的能够使用的云，一般可通过互联网使用，可能是免费或成本低的，核心属性是共享资源服务。企业通过自己的基础设施直接向外部用户提供服务。外部用户通过互联网访问服务，并不拥有云计算资源。

(2) 私有云。私有云是指通过互联网或专用内部网络仅面向特选用户(而非一般公众)提供的计算服务。私有云也称为内部云或公司云，私有云计算为企业提供了许多公有云的优势(包括自助服务、可伸缩性和弹性)，通过专用资源提供额外的控制和定制能力，远胜于本地托管的计算基础结构。此外，私有云通过公司防火墙和内部托管提供更高级别的安全和隐私，确保第三方提供商无法访问和操作敏感数据。

(3) 混合云。混合云，有时称为云混合，是一种将本地数据中心(也称为私有云)与公有云加以结合的计算环境，可在它们之间共享数据和应用程序。有人将混合云定义为包含"多云"配置，也就是组织除了使用其本地数据中心外，还使用多个公共云。

## 2.5.6　工业云计算的关键技术

工业云计算的关键技术包括云计算平台管理技术、分布式并行编程模式、分布式海量数据存储技术、海量数据管理技术、虚拟化技术。

### 1．云计算平台管理技术

云计算系统的平台管理技术能够使大量的服务器协同工作，方便地进行业务部署和开通，快速发现和恢复系统故障。

云计算资源规模庞大，服务器数量众多并分布在不同的地点，同时运行着数百种应用，如何有效地管理这些服务器，保证整个系统提供不间断的服务是巨大的挑战。云计算系统的平台管理技术，需要具有高效调配大量服务器资源，使其具有更高协同工作的能力。其中，方便地部署和开通新业务，快速发现且恢复系统故障，通过自动化、智能化手段实现大规模系统可靠的运营是云计算平台管理技术的关键。

### 2．分布式并行编程模式

从本质上讲，云计算是一个多用户、多任务、支持并发处理的系统。高效、简洁、快速是其核心理念，旨在通过网络把强大的服务器计算资源方便地分发到终端用户手中，同时保证低成本和良好的用户体验。在这个过程中，编程模式的选择至关重要。云计算项目中分布式并行编程模式将得到广泛应用。

分布式并行编程模式创立的初衷是更高效地利用软件、硬件资源，使用户更快速、更简单地使用应用或服务。在分布式并行编程模式中，后台复杂的任务处理和资源调度对用户来说是透明的，这样能够大大提升用户体验。MapReduce 模式是当前云计算主流并行编程模式之一。MapReduce 模式将任务自动分成多个子任务，通过 Map 和 Reduce 两步实现任务在大规模计算节点中的高度与分配。

### 3．分布式海量数据存储技术

云计算系统采用分布式存储的方式存储数据，用冗余存储的方式保证数据的可靠性。冗余存储的方式通过任务进行分解和集群，用低配机器替代超级计算机来保证低成本，这种方式保证了分布式数据的高可用性、高可靠性和经济性，即为同一份数据存储多个副本。

分布式存储与传统的网络存储并不完全一样，传统的网络存储系统采用集中的存储服务器存放所有数据，存储服务器成为系统性能的瓶颈，不能满足大规模存储应用的需要。分布式存储系统采用可扩展的系统结构，利用多台存储服务器分担存储负荷，利用位置服务器定位存储信息，不但提高了系统的可靠性、可用性和存取效率，还易于扩展。

### 4．海量数据管理技术

处理海量数据是云计算的一大优势，那么如何处理则涉及很多层面，因此高效的数据处理技术也是云计算的核心技术之一。对于云计算，数据管理面临巨大的挑战。云计算不仅要保证数据的存储和访问，还要对海量数据进行特定的检索和分析。云计算需要对海量的分布式数据进行处理、分析，因此数据管理技术必须能够高效地管理大量的数据。

### 5．虚拟化技术

虚拟化技术是云计算最重要的技术之一，为云计算服务提供基础架构层面的支撑，是 ICT 服务快速走向云计算的最主要驱动力。可以说，没有虚拟化技术也就没有云计算服务的落地与成功。随着云计算应用的持续升温，业内对虚拟化技术的重视也达到了一个新的高度。与此同时，调查发现，很多人对云计算和虚拟化的认识存在误区，认为云计算就是虚拟化。事实上并非如此，虚拟化是云计算的重要组成部分，但不是全部。

　　从技术上讲，虚拟化是一种在软件中仿真的计算机硬件，以虚拟资源为用户提供服务的计算形式，旨在合理调配计算机资源，使其更高效地提供服务。它把应用系统各硬件间的物理划分打破，从而实现架构的动态化，实现物理资源的集中管理和使用。虚拟化的最大好处是增强系统的弹性和灵活性、降低成本、改进服务、提高资源利用效率。

　　从表现形式上看，虚拟化又分为两种应用模式。一是将一台性能强大的服务器虚拟化为多个独立的小服务器，服务不同的用户；二是将多个服务器虚拟化为一个强大的服务器，完成特定的功能。这两种模式的核心都是统一管理、动态分配资源、提高资源利用率。在云计算中，这两种模式都有比较多的应用。

### 2.5.7　工业云计算技术的应用场景

　　工业云服务的对象是工业企业，尤其是制造企业，为其产品创新提供公共服务平台。目前，其可以提供的服务和资源概括为：云设计、云制造、云协同、云资源、云社区，具体见表 2.3。

表 2.3　工业云提供的资源和服务

| 应用领域 | 应用 |
| --- | --- |
| 云设计 | 二维、三维 CAD 服务；工程分析计算服务 |
| 云制造 | 数据编程服务；制造资源协同；数据设备联网和运维监控服务 |
| 云协同 | 协同营销服务；数据管理服务 |
| 云资源 | 计算资源；存储资源；零部件库；专业应用构件；产品；模型；设计标准和手册；电子产品目录 |
| 云社区 | 工业设计服务；3D 打印服务；三维扫描服务；采购服务；培训服务 |

　　基于工业云的空压站智能监控系统。针对空压站实时监测和节能联控需求，基于云计算技术设计了一套空压站智能监控系统，系统框架如图 2.33 所示。通过终端设备实时采集空压站的运行数据，并上传到云平台；利用云平台的服务器对关键数据进行存储，并实现面向用户的实时数据可视化；通过建立反向传播神经网络模型，确定相关因素和空压机组运行状态之间的函数关系，实现对空压站的智能联控。

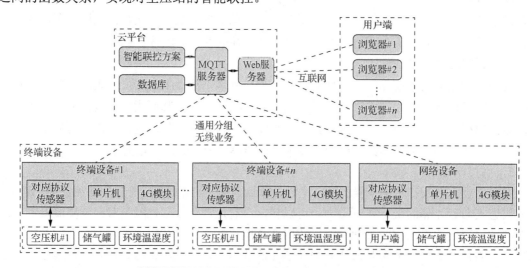

图 2.33　基于工业云的空压站智能监控系统整体框架

采用映云科技在阿里云主机上搭建基于消息队列遥感传输协议(Message Queuing Telemetry Transport,MQTT)的服务器,实现了终端设备与服务器双向通信;设计了数据库的 E-R 图并转换成数据库表,采用 MySQL 搭建数据库进行数据存储;采用 Nginx 搭建 Web 服务器,实现了实时监测、历史数据查询、实时参数可视化和云端控制功能,技术人员能够实时远程监控空压站。

在实际空压站环境中对系统进行了各项功能测试。结果表明:终端设备本身的功能、与服务器之间的通信以及采集数据准确性均能正常工作;云平台通过登录 Web 服务器验证用户登录、历史数据查询、参数可视化功能均能正常运行,侧面验证了 MQTT 服务器和数据库服务器工作正常;智能联控方案响应时间从停机到工况为用气压力 0.6MPa、用气量 1.5Nm³/min 情况响应时间最理想,与传统联控方案相比减少了约21.7%;运行 1h,储气罐压力稳定在0.62~0.66MPa,节约了 18.6%的电能。

# 2.6　深度学习技术

## 2.6.1　深度学习的内涵

### 1. 人工智能

人工智能(Artificial Intelligence,AI)是由斯坦福大学计算机系教授约翰·麦卡锡于 1956 年提出的概念,是计算机科学的一个分支,他企图了解智能的实质,并生产出一种新的能以人类智能相似的方式做出反应的智能机器,该领域的研究包括机器人、语言识别、图像识别、自然语言处理和专家系统等。

人工智能从诞生以来,理论和技术日益成熟,应用领域也不断扩大,可以设想,未来人工智能带来的科技产品将会是人类智慧的"容器"。人工智能可以对人的意识、思维的信息过程进行模拟。人工智能不是人的智能,但能像人一样感知、思考、学习、行动、自适应等,也可能超过人的智能。

### 2. 机器学习

机器学习(Machine Learning,ML)是指用某些算法指导计算机利用已知数据得出适当的模型,并利用此模型对新的情境给出判断的过程。

机器学习的思想并不复杂,仅是对人类生活中学习过程的一个模拟。而在这整个过程中,最关键的是数据。任何通过数据训练的学习算法的相关研究都属于机器学习,包括很多已经发展多年的技术,如线性回归(Linear Regression)、K 均值(K-means,基于原型的目标函数聚类方法)、决策树(Decision Trees,运用概率分析的一种图解法)、随机森林(Random Forest,运用概率分析的一种图解法)、主成分分析(Principal Component Analysis,PCA)、支持向量机以及人工神经网络(Artificial Neural Networks,ANN)。

### 3. 深度学习

深度学习(Deep Learning,DL)是机器学习领域中一个新的研究方向,它被引入机器学习,使机器学习更接近于最初的目标——人工智能。深度学习是学习样本数据的内在规律和表示层次，学习过程中获得的信息对诸如文字、图像和声音等数据的解释有很大的帮助。它的最终目标是使机器能够像人一样具有分析学习的能力，能够识别文字、图像和声音等数据。深度学习是一个复杂的机器学习算法，使机器能够模仿视听和思考等人类活动，解决了很多复杂的模式识别难题。

假设深度学习要处理的信息是"水流"，而处理数据的深度学习网络是一个由管道和阀门组成的巨大水管网络，如图 2.34 所示。网络的入口是若干管道开口，网络的出口也是若干管道开口。这个水管网络有许多层，每一层有许多可以控制水流流向与流量的调节阀。根据不同任务的需要，水管网络的层数、每层的调节阀数量可以有不同的变化组合。对复杂任务来说，调节阀的总数可以成千上万甚至更多。在水管网络中，每层的每个调节阀都通过水管与下一层的所有调节阀连接，组成一个从前到后、逐层完全连通的水流系统。

预先在水管网络的每个出口插入一块字牌，对应于每一个想让计算机认识的汉字，如图 2.35 所示。此时，因为输入的是"田"字，等水流流过整个水管网络，计算机就会跑到管道出口位置看一看，是不是标记"田"字的管道出口流出来的水流最多。如果是，则说明这个水管网络符合要求；如果不是，则调节水管网络中的每一个流量调节阀，让标记"田"字的管道出口流出来的水流最多。

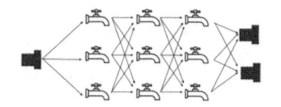

图 2.34　深度学习——类似水流系统

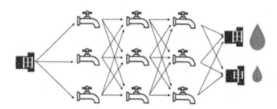

图 2.35　深度学习——识别"田"字

下一步，在学习"申"字时，利用类似的方法，把每一张写有"申"字的图片变成一大堆数字组成的水流，灌进水管网络，看一看，是不是写有"申"字的管道出口水流最多，如果不是，再调整所有阀门。这一次，既要保证刚才学过的"田"字不受影响，又要保证新的"申"字可以被正确处理，如图 2.36 所示。

如此反复，直到所有汉字对应的水流都可以按照期望的方式流过整个水管网络。此时，该水管网络是一个训练好的深度学习模型，例如，可以识别任意的"Q"字，如图 2.37 所示。在大量汉字被这个水管网络处理，所有阀门都调节到位后，整套水管网络就可以用来识别汉字。这时，可以把调节好的所有阀门都"焊死"，静候新的水流到来。

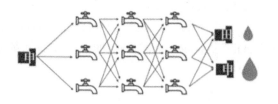

图 2.36　深度学习——识别"申"字

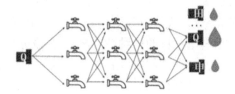

图 2.37　深度学习——识别任意"Q"字

深度学习就是一个用人类的数学知识与计算机算法构建起来的整体架构，再结合尽可能多的训练数据以及计算机的大规模运算能力去调节内部参数，尽可能逼近问题目标的半理论、半经验的建模方式。

人工智能、机器学习与深度学习之间的关系如图 2.38 所示。总的来说，机器学习是人工智能的一个子集，深度学习又是机器学习的一个子集。

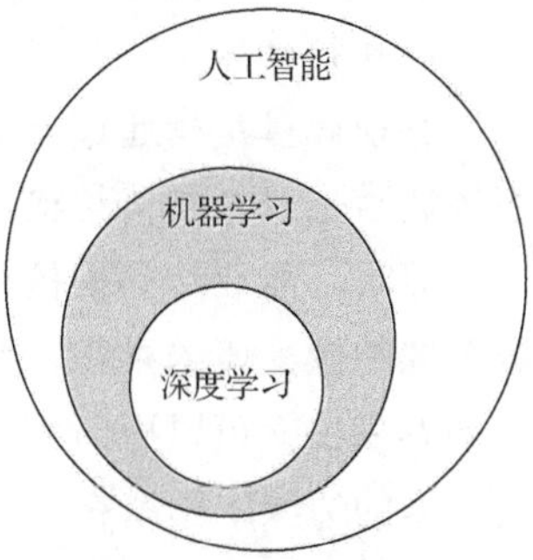

图 2.38　人工智能、机器学习与深度学习之间的关系

## 2.6.2　典型深度学习算法概述

卷积神经网络(Convolutional Neural Network，CNN)、循环神经网络(Recurrent Neural Network，RNN)、生成对抗网络(Generative Adversarial Networks，GAN)和深度强化学习(Deep Reinforcement Learning，DRL)是四种典型的深度学习算法。CNN 受到人类视觉神经系统的启发，最擅长的就是图片的处理。CNN 有两大特点：能够有效地将大数据量的图片降维成小数据量的图片；能够有效地保留图片特征，符合图片处理的原则。目前，CNN 已经得到了广泛的应用，如人脸识别、自动驾驶、美图秀秀、安防等。RNN 是一种能有效处理序列数据的算法，如文章内容、语音音频、股票价格走势等。RNN 之所以能处理序列数据，是因为在序列中前面的输入也会影响到后面的输出，相当于有了"记忆功能"。但是 RNN 存在严重的短期记忆问题，长期的数据影响很小(哪怕是重要的信息)。随后出现了门控循环单元(Gate Recurrent Unit，GRU)等变种算法，使长期信息可以有效地保留挑选的重要信息，不重要的信息会选择遗忘。RNN 的几个典型应用如下：文本生成、语音识别、机器翻译、生成图像描述、视频标记。GAN 是最近几年很热门的一种无监督算法，能生成非常逼真的照片、图像甚至视频。手机的照片处理软件中就会使用到 GAN。GAN 由两个重要的部分构成：生成器(Generator)，通过机器生成数据(大部分情况下是图像)，目的是"骗过"判别器；判别器(Discriminator)，判断这张图片是真实的还是机器生成的，目的是找出生成器做的"假数据"。DRL 算法的思路非常简单，以游戏为例，如果在游戏中采取某种策略可以取得较高的分数，那么就进一步「强化」这种策略，以期继续取得较好的结果。这种策略与日常生活中的各种「绩效奖励」非常类似。由于篇幅有限，本节仅介绍 CNN 的原理和使用方法。

CNN 是一种特殊的人工神经网络。它的本质是多层感知器，最主要的特点是卷积计算。现在，CNN 广泛用于解决图像分类、图像检索、目标跟踪、物体检测等计算机视觉相关问题。

## 2.6.3　卷积层和卷积计算

### 1)生物机理

CNN 的提出主要受到视觉皮层的生物学原理的启发。一个感觉神经元的感受野是指它感受到的空间的特定区域，即适当的刺激引起该神经元反应的区域。同时，通过实验验证大脑中的一些个体神经细胞只有在特定方向的边缘存在时才能做出反应。例如，一些神经元只对垂直边缘兴奋，另一些神经元只对水平(或对角)边缘兴奋。所有神经元都以柱状结构的形式排列，而且只有在一起工作时才能产生视觉感知。这种"一个系统中的特定组件有特定任务(视觉皮层的神经元细胞寻找特定特征)"的观点在机器学习中同样适用，构成了 CNN 的生物理论基础。

**2) 卷积计算**

卷积计算是指通过一个卷积核(又称滤波器)对图像中的每个像素点进行一系列操作。卷积核通常是一个网格结构,如像素区域,该区域的每个方格都有一个权重值。当使用卷积进行计算时,需要将卷积核的中心放置在要计算的像素上,依次计算卷积核中每个元素与其覆盖图像的像素值的乘积,并将乘积结果求和,得到的求和结果就是该位置的新像素值。不断移动卷积核就可以更新整个图像的像素值,卷积核每次移动的距离称为步长。有时也会在输入数据的边缘用零填充,零填充(Zero-padding)的尺寸是一个超参数。零填充可用于控制输出数据体的空间尺寸,使其与输入数据体的空间尺寸保持一致。

为了公式化卷积计算,本节用三维张量 $x^l \in \mathbf{R}^{H^l \times W^l \times D^l}$ 来表示卷积神经网络第 $l$ 层的输入,用三维组 $(i^l, j^l, d^l)$ 来表示该张量对应第 $i^l$ 行、第 $j^l$ 列、第 $d^l$ 通道(Channel)位置的元素,其中 $0 \le i^l \le H^l$、$0 \le j^l \le W^l$、$0 \le d^l \le D^l$,用 $y$ 表示第 $l$ 层对应的输出。一般在工程实践中采用 mini-batch 训练策略,此时网络第 $l$ 层的输入通常是一个四维张量,即 $x^l \in \mathbf{R}^{H^l \times W^l \times D^l \times N}$,其中 $N$ 为 mini-batch 每批的样本数。以 $N=1$ 为例,$x^l$ 经过第 $l$ 层操作处理后可得 $x^{l+1}$,则有 $y = x^{l+1} \in \mathbf{R}^{H^{l+1} \times W^{l+1} \times D^{l+1} \times 1}$。首先给出卷积计算的定义,假设 $(f \otimes g)(n)$ 为 $f$ 和 $g$ 的卷积,则其连续形式的定义为

$$(f \otimes g)(n) = \int_{-\infty}^{+\infty} f(\tau)g(n-\tau)\mathrm{d}\tau \tag{2-1}$$

其离散形式的定义为

$$(f \otimes g)(n) = \sum_{-\infty}^{+\infty} f(\tau)g(n-\tau) \tag{2-2}$$

接下来,举例说明在二维场景下的卷积计算。假设给定的输入数据是 5×5 的矩阵,定义一个卷积核为 3×3 的矩阵,步长为 1,则卷积过程可以由图 2.39 表示。在图 2.39(a)中,卷积核首先与输入图像左上角的 9 个像素位置重合,对每个位置进行单独的卷积计算并求和,得到卷积特征(Convolved Feature)的第 1 个值(1×1+1×0+1×1+0×0+1×1+1×0+0×1+0×0+1×1=4),随后卷积核按照步长为 1 向右移动(图 2.39(a)经过第 1 步,变为图 2.39(b)),依次计算出卷积特征第 1 行的 3 个值。然后,卷积核从第 2 行最左侧开始(图 2.39(c)),按照步长大小对输入图像从左至右、自上而下依次进行卷积计算,最终输出 3×3 的卷积特征,如图 2.39(d)中的右侧矩阵所示。

进一步考虑三维情形下的卷积计算。假设输入张量 $x^l \in \mathbf{R}^{H^l \times W^l \times D^l}$(此处不考虑批量处理),该层卷积核为 $f^l \in \mathbf{R}^{H \times W \times D^l}$。在三维输入时,卷积计算实际上仅将二维卷积扩展到对应位置的所有通道($D^l$),最终将一次卷积计算的 $H \times W \times D^l$ 个元素求和的结果作为该位置的卷积结果。如果有 $D$ 个类似 $f^l$ 的卷积核,则在同一个位置可得到 $1 \times 1 \times 1 \times D$ 的卷积输出,$D$ 是第 $l+1$ 层特征 $x^l$ 的通道数 $D^{l+1}$。形式化的卷积计算可表示为

$$y_{i^{l+1}, j^{l+1}, d} = \sum_{i=0}^{H} \sum_{j=0}^{W} \sum_{d^l}^{D^l} f_{i,j,d^l,d} \times x^l_{i^{l+1}+i, j^{l+1}+j, d^l} \tag{2-3}$$

式中,$y_{i^{l+1}, j^{l+1}, d}$ 为第 $d$ 个卷积核的卷积结果;$f_{i,j,d^l,d}$ 为当前计算的是第 $d$ 个卷积核的 $(i, j)$ 位置

与输入数据第 $d^l$ 层的对应元素；$(i^{l+1}, j^{l+1})$ 为卷积结果的位置坐标，满足下式：

$$0 \leqslant i^{l+1} \leqslant H^l - H + 1 = H^{l+1} \tag{2-4}$$

$$0 \leqslant j^{l+1} \leqslant W^l - W + 1 = W^{l+1} \tag{2-5}$$

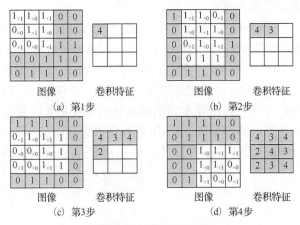

图 2.39　卷积过程示意图

在多层感知器模型中，每个隐含单元都与前一层中所有神经元进行全连接。而 CNN 采用局部连接的方式，即每个隐含单元仅连接输入数据的一个局部区域。采用这种局部连接的方式有两个方面优点：一方面，这种结构能降低需要学习的参数数量，例如，每幅 CIFAR-10 图像都是 32×32×3 的 RGB 图像，全连接网络隐含层的某个神经元需要与前一层的所有神经元 (32×32) 相连，而在卷积神经网络中，隐含层单元只需与前一层的局部区域相连。这个局部连接区域称为感受野，其尺寸等于卷积核的尺寸，连接数量相较于全连接方式稀疏了很多。另一方面，这种结构所具有的局部感受能力更符合人类视觉系统的认知方式。需要注意的是，CNN 在空间维度上 (宽和高) 的连接是局部的，其深度总是与输入数据的深度相同。

式 (2-3) 中的 $f_{i,j,d^l,d}$ 可视为学习到的权重 (Weight)，可以发现该权重对不同位置的所有输入都相同，这便是卷积层的权值共享 (Weight Sharing) 特性。采用权值共享，可以进一步减少参数数量。

## 2.6.4　池化层和池化计算

一个卷积神经网络通常由三部分组成——卷积层、池化层、全连接层。卷积层通过卷积计算产生一组线性激活响应，随后通过非线性的激活函数输入池化层。池化层 (又称下采样层) 通过池化函数进一步调整输出。常见的池化方法有最大池化 (Max Pooling)、平均池化 (Average Pooling)、求和池化 (Sum Pooling) 等。这三种池化方法的公式如下：

$$y_{i^{l+1}, j^{l+1}, d} = \max_{0 \leqslant i < H, 0 \leqslant j < W} x^l_{i^{l+1} \times H + i, j^{l+1} \times W + j, d^l} \tag{2-6}$$

$$y_{i^{l+1}, j^{l+1}, d} = \frac{1}{HW} \sum_{0 \leqslant i \leqslant H, 0 \leqslant j \leqslant W} x^l_{i^{l+1} \times H + i, j^{l+1} \times W + j, d^l} \tag{2-7}$$

$$y_{i^{l+1}, j^{l+1}, d} = \sum_{0 \leqslant i \leqslant H, 0 \leqslant j \leqslant W} x^l_{i^{l+1} \times H + i, j^{l+1} \times W + j, d^l} \tag{2-8}$$

式中，$0 \leqslant i^{l+1} \leqslant H^{l+1}$；$0 \leqslant j^{l+1} \leqslant W^{l+1}$；$0 \leqslant d \leqslant D^l$。

　　最大池化(式(2-6))在每次操作时，将池化核覆盖区域中所有值的最大值作为池化结果；平均池化(式(2-7))在每次操作时，将池化核覆盖区域中所有值的平均值作为池化结果；求和池化(式(2-8))在每次操作时，将池化核覆盖区域中所有值的和作为池化结果。本节将以最大池化为例，介绍池化运算的基本过程。

　　对于给定的卷积特征 $\boldsymbol{x}^l \in \mathbf{R}^{H^l \times W^l \times D^l}$，首先定义池化窗口的大小，即图 2.40(a) 所示的白色窗口的大小。在窗口内求所有响应值的最大值，可以得到池化特征(Pooled Feature)中的第一个响应值，即图 2.40(a) 右图中的"9"。随后，采用类似卷积计算中卷积核的移动方式，将池化窗口自左向右、自上向下移动，扫过卷积特征，如图 2.40(b)、(c) 所示。与卷积核的移动不同的是，在传统的池化方法中，池化窗口的移动轨迹没有重复区域，即移动步长等于窗口的大小。最终得到的池化后的特征如图 2.40(d) 右侧窗口区域所示。

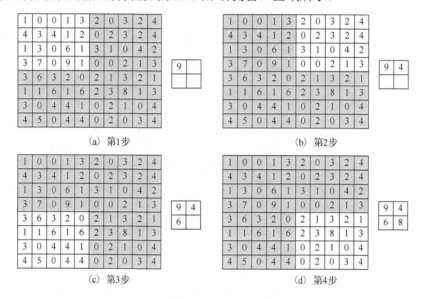

图 2.40　池化操作

　　池化函数使用某一位置相邻输出的整体统计特征来代替网络在该位置的输出，可以保证局部平移不变性。池化操作使模型更关注是否存在某些特征而不是特征具体的位置，这可以看作一种很强的先验知识，从而使特征学习过程拥有一定程度的自由度来容忍一些微小的位移。池化操作的这种局部平移不变性是一个非常有用的性质，特别是在一些仅关注特征是否出现而不关心其具体位置的任务中，例如，在人脸识别任务中，时常需要判断一幅给定的图像中是否包含人脸。此时，并不关注图像中五官的具体位置，只需要判断图像中是否包含五官就可以。而在有些任务中，特征出现的具体位置是与任务相关的，例如，在物体实例搜索任务中，对于一幅给定的、需要查询的物体图像(通常查询的是一个较小的物体)，检索目标是在数据库中找到包含这个物体的所有图像并标注它在图像中出现的具体位置，此时需要很好地保存图像中的一些边缘信息来判断物体的位置。此外，池化操作可以看作一种降维。由于降采样的作用，池化运算结果的一个元素对应于原输入数据的一个子区域，因此池化相当于在空间范围内做了降维，从而使模型可以抽取更广范围的特征。同时，减小了下一层输入的大小，进而减少了参数个数并降低了计算量，也能在一定程度上防止过拟合，更利于优化。

## 2.6.5　AlexNet 卷积神经网络

AlexNet 就是在 2012 年 ImageNet 挑战赛上提出的一个经典 CNN。相较于传统的前向神经网络，CNN 的连接和参数更少，因此更容易训练。但对于尺寸较大的高分辨率图像，运用 CNN 仍需付出高昂的代价。AlexNet 卷积神经网络的提出很好地解决了这个问题，并掀起了对神经网络的研究与应用热潮。本节将分别介绍 AlexNet 的网络结构、训练细节及其在分类任务上的表现。

AlexNet 的网络结构由 8 个可学习层(5 个卷积层、3 个全连接层)组成。在 5 个卷积层和 3 个全连接层之后，将最后一个全连接层的输出传递给一个 1000 维的 softmax 层，这个 softmax 层产生了一个对 1000 类标签的分布，并使用网络最大化多项逻辑回归结果，即最大化训练集预测正确的标签的对数概率。

首先，介绍两种逻辑回归模型。它是如下的条件概率分布：

$$P(Y=1\,|\,x) = \frac{\exp(w \cdot x + b)}{1 + \exp(w \cdot x + b)} \tag{2-9}$$

$$P(Y=0\,|\,x) = \frac{1}{1 + \exp(w \cdot x + b)} \tag{2-10}$$

式中，$x \in \mathbf{R}^n$，为输入；$Y \in \{0,1\}$，为输出；$w \in \mathbf{R}^n$，为权值向量；$b \in \mathbf{R}$，为偏置；$w \cdot x$ 为 $w$ 和 $x$ 的内积。

对于给定的输入 $x$，按照式(2-9)和式(2-10)可以求得 $P(Y=1\,|\,x)$ 和 $P(Y=0\,|\,x)$，逻辑回归将比较两个条件概率值的大小，然后将 $x$ 分到概率值较大的一类。

有时为了方便，将权值向量和输入向量进行扩充，仍记作 $w$、$x$，即 $w = \left[w^{(1)}, w^{(2)}, \cdots, w^{(n)}, b\right]^{\mathrm{T}}$、$x = \left[x^{(1)}, x^{(2)}, \cdots, x^{(n)}, 1\right]^{\mathrm{T}}$，此时逻辑回归模型为

$$P(Y=1\,|\,x) = \frac{\exp(w \cdot x)}{1 + \exp(w \cdot x)} \tag{2-11}$$

$$P(Y=0\,|\,x) = \frac{1}{1 + \exp(w \cdot x)} \tag{2-12}$$

定义一个事件的概率为该事件发生的概率与该事件不发生的概率的比值。如果事件发生的概率为 $p$，那么该事件的概率为 $\dfrac{p}{1-p}$，该事件的对数概率(Log Odds)函数为

$$\log \mathrm{it}(p) = \log \frac{p}{1-p} \tag{2-13}$$

结合式(2-11)和式(2-12)，可得

$$\log \frac{P(Y=1\,|\,x)}{1 - P(Y=1\,|\,x)} = w \cdot x \tag{2-14}$$

也就是说，在逻辑回归模型中，输出 $y=1$ 的对数概率是输入 $x$ 的线性函数；或者说，输出 $Y=1$ 的对数概率是由输入 $x$ 的线性函数表示的模型，即逻辑回归模型。因此，通过逻辑回归模型可以将线性函数 $w \cdot x$ 转换为概率。此时，线性函数的值越接近正无穷，概率值就越接近 1；线性函数的值越接近负无穷，概率值就越接近 0。这样的模型就是逻辑回归模型。

接下来，考虑多项逻辑回归。假设离散型随机变量 $Y$ 的取值集合是 $\{1,2,3,\cdots,k\}$ ，则多项逻辑回归模型为

$$P(Y=k\,|\,x)=\frac{\exp(w_k\cdot x)}{1+\sum\limits_{k=1}^{K-1}\exp(w_k\cdot x)},\quad \left(k=1,2,\cdots,K-1\right) \tag{2-15}$$

$$P(Y=K\,|\,x)=\frac{\exp(w_k\cdot x)}{1+\sum\limits_{k=1}^{K-1}\exp(w_k\cdot x)},\quad \left(k=1,2,\cdots,K-1\right) \tag{2-16}$$

式中，$x,w_k\in\mathbf{R}^{n+1}$ 。

AlexNet 将修正线性单元(Rectified Linear Unit，ReLU)作为激活函数。对于一个神经元的输入 $x$ ，应为其选择合适的激活函数来增强网络的表达能力。如图 2.41 所示，由于 sigmoid 函数 ($f(x)=(1+\mathrm{e}^{-x})^{-1}$) 和 tanh 函数 ($f(x)=\tanh(x)$) 都是饱和的非线性函数，它们在饱和区域非常平缓，梯度接近 0，因此在深层网络中会出现梯度消失的问题，进而影响网络的收敛速度，甚至影响网络的收敛结果。而修正线性单元 ($f(x)=\max(0,x)$) 是不饱和的非线性函数，在 $x>0$ 的区域导数恒为 1。在同样的情况下，使用 ReLU 函数比使用 tanh 函数更容易收敛，因此 AlexNet 选择将 ReLU 函数作为激活函数。

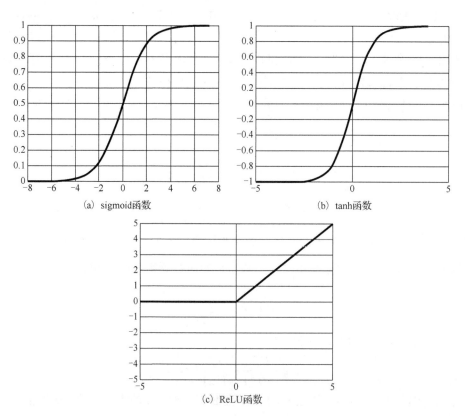

(a) sigmoid函数　　　　　　　　　　　(b) tanh函数

(c) ReLU函数

图 2.41　sigmoid、tanh、ReLU 函数分布示意图

AlexNet 在第 1、2 层卷积层之后应用响应归一化层，最大池化层在响应归一化层和第 5 层卷积层之后，ReLU 非线性变换应用于每层卷积层和全连接层的输出。AlexNet 使用响应归一化层将 top-1 和 top-5 的错误率分别降低了 1.4%和 1.2%，这里 top-1 和 top-5 分别表示概率最大的预测结果和概率前五的预测结果不在正确标签中的概率。在 CIFAR-10 数据集上也验证了该方案的有效性，即一个四层的 CNN 在未归一化的情况下错误率是 13%，归一化后是 11%。

在 AlexNet，第 2、4、5 层卷积层的卷积核只与同一个 GPU(Graphic Process Unit，图形处理器)上前层的核特征图相连，第 3 层卷积层与第 2 层的所有特征图相连，全连接层中的神经元与前一层中的所有神经元相连。由图 2.42 可知两个 GPU 的职责，即一个 GPU 负责运行图上方的层。另一个 GPU 负责运行图下方的层。两个 GPU 只在特定的层通信，网络的输入是 10528 维的，网络剩余层中的神经元数目分别是 253440、186624、64896、64896、43264、4096、4096、1000。

AlexNet 的第 1 层卷积层使用了 96 个大小为 11×11×3 的卷积核，对大小为 224×224×3 的输入图像以 4 像素为步长(这是核特征图中相邻神经元感受野中心之间的距离)进行滤波；第 2 层卷积层将第 1 层卷积层的输出(经过响应归一化层和池化层)作为输入，并使用 256 个大小为 5×5×48 的卷积核对其进行滤波；第 3~5 层卷积层在没有任何池化层(或者响应归一化层介于其中)的情况下相互连接，第 3 层卷积层有 384 个大小为 3×3×256 的卷积核与第 2 层卷积层的输出(已归一化和池化)相连，第 4 层卷积层有 384 个大小为 3×3×192 的卷积核，第 5 层卷积层有 256 个大小为 3×3×192 的卷积核，每个全连接层有 4096 个神经元。

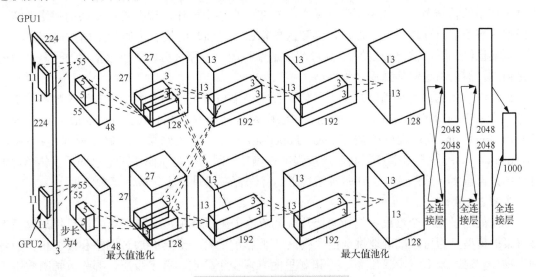

图 2.42　AlexNet 卷积神经网络

## 2.6.6　深度学习的关键技术

### 1. 有监督学习

有监督学习就是指用已知某种或某些特性的样本作为训练集，建立一个数学模型(如模式识别中的判别模型、人工神经网络中的权重模型等)，再用已建立的数学模型来预测未知样本。想象一下，可以训练一个网格，让其从所有衣服商品图片库中找出某种品牌或者某种风格的

T 恤衫，下面就是在这个假设场景中所采取的步骤。

与机器学习方法一样，深度学习方法也分为有监督学习、无监督学习以及半监督学习等。不同的学习框架下建立的学习模型不同，例如，卷积神经网络就是一种深度的有监督学习下的机器学习模型，而深度置信网络是一种无监督学习下的机器学习模型。此外，为改进深度学习过程中的不足，人们提出了增强学习、迁移学习、对偶学习等各具特色的学习方法。

### 步骤 1：数据集的创建和分类

首先，浏览照片(数据集)，确定所有需要的 T 恤衫图片，并对其进行标注。然后，把所有照片分成两堆。使用第一堆来训练网络(训练数据)，而使用第二堆来查看模型在寻找该 T 恤衫图片操作上的准确程度(验证数据)。

等到数据集准备就绪后，将照片供给模型。在数学上，目标是在深度网络中找到一个函数，该函数的输入是一张照片，当所需要寻找的 T 恤衫不在该图片中时，其输出为 0，否则输出为 1。

此步骤通常称为分类任务，在这种情况下，进行的通常是一个结果为"是"或"否"的训练，但事实是，有监督学习也可以用于输出一组值，而不仅是 0 或 1。例如。可以训练一个网络，用它来输出一个人偿还信用卡贷款的概率，那么在这种情况下，输出值就是 0~100 之间的任意值，这种任务称为回归。

### 步骤 2：训练

为了继续该过程，模型可通过以下规则(激活函数)对每张照片进行预测，从而决定是否点亮工作中的特定节点。该模型每次从左到右在一个层上操作，现在将更复杂的网络忽略。在网络为每个节点计算好这一点后，将到达亮起(或未亮起)的最右边的节点(输出节点)。

既然已经知道所需要查找的 T 恤衫图片是哪些图片，那么可以告诉模型它的预测是对的还是错的，然后将这些信息反馈给网络。

该算法使用的这种反馈就是一个量化"真实答案与模型预测有多少偏差"函数的结果。这个函数称为成本函数(Cost Function)，也称为目标函数(Objective Function)、效用函数(Utility Function)或适应度函数(Fitness Function)。该函数的结果用于修改反向传播(Back Propagation，BP)过程中节点之间的连接强度和偏差，因为信息从结果节点"向后"传播。为每个图片再重复一遍此操作，在每种情况下，算法都在尽量最小化成本函数。

### 步骤 3：验证

一旦处理了第一个堆栈中的所有照片，就应该去测试该模型。使用第二堆照片来验证训练有素的模型是否可以准确地挑选出含有该 T 恤衫的照片。通常会通过调整和模型相关的各种事物(超参数)来重复步骤 2 和 3，诸如里面有多少个节点、有多少层、哪些数学函数用于决定节点是否亮起、如何在反向传播阶段积极有效地训练权值等。可以通过浏览 Quora 上的相关介绍来理解这一点，它会给出一个很好的解释。

### 步骤 4：应用部署

一旦有了一个准确的模型，就可以将该模型部署到应用程序中。可以将模型定义为 API 调用，如 ParentsInPicture(photo)，并且可以从软件中调用该方法，从而使模型进行推理并给出相应的结果。

得到一个标注好的数据集可能很难，因此需要确保预测的价值能够证明获得标记数据的成本是值得的，并且首先要对模型进行训练。例如，获得可能患有癌症的人的标签 X 射线是非常难的，但是获得产生少量假阳性和少量假阴性准确模型的值的可能性显然是非常大的。

## 2. 无监督学习

无监督学习也称为非监督学习，实现没有标记的、已经分类好的样本，需要直接对输入数据集进行建模，如聚类，最直接的例子就是人们常说的"人以群分，物以类聚"。只需要把相似度高的东西放在一起，对于新来的样本，计算相似度后，按照相似程度进行归类即可。至于那一类究竟是什么，人们并不关心。

常用的无监督学习主要有主成分分析方法、等距映射方法、局部线性嵌入方法等。无监督学习适用于具有数据集但无标签的情况。无监督学习采用输入集，并尝试查找数据中的模式，如组织成群(聚类)或查找异常值(异常检测)。

如果你是一个 T 恤衫制造商，拥有一堆人的身体测量值，那么你可能会想要一个聚类分析方法，以便将这些测量值组合成一组集群，从而决定要生产的 XS、S、M、L 和 XL 号 T 恤衫该有多大。

## 3. 半监督学习

有监督学习和无监督学习的中间带就是半监督学习(Semi-Supervised Learning，SSL)。对于半监督学习，其训练数据的一部分是有标签的，另一部分是没有标签的，而没有标签数据的数量常常远大于有标签数据的数量(这也是符合现实情况的)。隐藏在半监督学习下的基本规律为：数据的分布必然不是完全随机的，通过一些有标签数据的局部特征，以及更多没有标签数据的整体分布，就可以得到可以接受的，甚至是非常好的分类结果。

从不同的学习场景看，半监督学习可分为以下四大类。

(1)半监督分类。在无类标签样例的帮助下训练有类标签的样本，获得比只用有类标签的样本训练得到的分类器性能更优的分类器，弥补有类标签样本不足的缺陷，其中无类标签仅取有限离散值。

(2)半监督回归。在无输出的输入的帮助下训练有输出的输入，获得比只用有输出的输入训练得到的回归器性能更好的回归器，其中输出取连续值。

(3)半监督聚类。在有类标签样本的信息帮助下获得比只用无类标签的样例得到的结果更好的簇，提高聚类分析方法的精度。

(4)半监督降维。在有类标签样本的信息帮助下找到高维输入数据的低维结构，同时保持原始高维数据和成对约束的结构不变，即在高维空间中满足正约束的样例在低维空间中相距很近，在高维空间中满足负约束的样例在低维空间中距离很远。

常见的半监督学习包含生成模型、低密度分离、基于图形的方法、联合训练等。

## 4. 增强学习

增强学习(Reinforcement Learning，RL)又称为强化学习。增强学习就是将情况映射为行为，也就是去最大化收益。学习者并不是被告知哪种行为将要执行，而是通过尝试学习最大增益的行为并付诸行动，也就是说增强学习关注的是智能体如何在环境中采取一系列行为，从而获得最大的累积回报，通过增强学习，一个智能体知道在什么状态下应该采取什么行为。可以用增强学习让计算机自己去学着做事情，例如，当计算机做得好时，给它一定的奖励，当计算机做得不好时，就给它一定的惩罚，在该算法框架下，计算机可以做得越来越好，甚至超过人类的水平。

### 2.6.7　深度学习技术的应用场景

深度学习技术具有独特优势，在智能装配、智能运输与路径规划、智能过程控制、智能调度、智能检测等方面拥有较大的应用空间。CNN 作为深度学习常用的技术之一，在机器视觉中显示出了各种应用潜力，如图像分类、目标检测和图像分割等，常用于农业的各种检测任务中，如田间虫检测、茶叶品质鉴定、水稻产量预测等。

华中农业大学联合国家柑橘保险技术研发专业中心等针对产线分拣缺陷柑橘费时费力等问题，以柑橘加工生产线输送机上随机旋转的柑橘果实为研究对象，开发了一种基于卷积神经网络(CNN)的检测算法 Mobile-Citrus，用于检测和暂时分类缺陷果实，如图 2.43 所示。采用 Tracker-Citrus 跟踪算法记录路径上的分类信息，通过跟踪的历史信息识别柑橘的真实类别。结果显示，跟踪精度达到 98.4%，分类精度达到 92.8%。同时还应用基于 Transformer 的轨迹预测算法对果实的未来路径进行了预测，平均轨迹预测误差最低达到 2.96 个像素，可用于指导机器人手臂分选缺陷柑橘。试验结果表明，所提出的基于 CNN-Transformer 的缺陷柑橘视觉分选系统，可直接应用在柑橘加工生产线上实现快速在线分选。

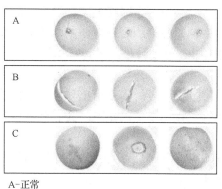

A-正常
B-机械损伤柑橘
C-表皮病变柑橘

(a) 3类柑橘示意图

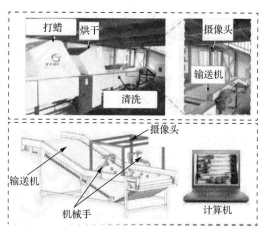

(b) 基于深度学习技术的分拣平台

图 2.43　基于深度学习的农产品缺陷检测和分拣

## 2.7　智能传感技术

### 2.7.1　智能传感技术的特点

智能传感器(Intelligent Sensor)是具有信息处理功能的传感器。智能传感器带有微处理机，具有采集、处理、交换信息的能力，是传感器集成化与微处理机相结合的产物。与一般传感

智能传感
技术

器相比，智能传感器具有以下三个优点：①通过软件技术可实现高精度的信息采集，而且成本低；②具有一定的编程自动化能力；③功能多样化。

　　智能传感器首先借助其传感单元感知待测量，并将之转换成相应的电信号。该信号通过放大、滤波等处理后，经过 A/D 转换，接着基于应用算法进行信号处理，获得待测量大小等相关信息。然后，将分析结果保存起来，通过接口将它们交给现场用户或借助通信将之告知系统或上位机等。由此可知，智能传感器主要完成信号感知与调理、信号处理和通信三大功能。

　　与传统传感器相比，智能传感器具有以下特点。

　　(1) 灵敏度和测量精度高。智能传感器有多项功能来保证它的高精度，例如，通过自动校零去除零点；与标准参考基准实时对比，以自动进行整体系统标定；自动进行整体系统的非线性等系统误差的校正；通过对采集的大量数据的统计处理来消除偶然误差的影响等，保证了智能传感器有较高的灵敏度和测量精度，可进行微弱信号的测量，并能进行各种校正和补偿。

　　(2) 宽量程。智能传感器的测量范围很宽，具有很强的过载能力。例如，美国 ADI 公司推出的 ADXRS300 型单片偏航角速度陀螺仪，能精确测量转动物体的偏航角速度，测量范围是 $\pm 300°/s$，用户只需并联一只合适的设定电阻，即可将测量范围扩展到 $\pm 1200°/s$。该传感器还能承受 $1000g$ 的运动加速度或 $2000g$ 的静力加速度。

　　(3) 可靠性与稳定性高。智能传感器能自动补偿因工作条件与环境参数发生变化引起的系统特性的漂移，如温度变化产生的零点和灵敏度的漂移；当被测参数发生变化时，能自动改变量程；能实时自动进行系统的自我检验，分析、判断所采集到的数据的合理性，并给出异常情况的应急处理(报警或故障提示)。因此，有多项功能保证了智能传感器的高可靠性与高稳定性。美国 Atemel 公司推出的 FCD4814、AT77C101B 型单片硅晶体指纹传感器集成电路，其抗磨损能力强，在指纹传感器的表面有专门的保护层，手指接触磨损的次数可超百万次。

　　(4) 信噪比与分辨力高。智能传感器具有数据存储、记忆与信息处理功能，通过软件进行数字滤波、相关分析等处理，可以去除输入数据中的噪声，将有用信号提取出来；通过数据融合、神经网络技术，可以消除多参数状态下交叉灵敏度的影响，从而保证在多参数状态下对特定参数测量的分辨能力，因此智能传感器具有较高的信噪比与分辨力。

　　(5) 自适应性强。智能传感器具有很强的自适应能力，美国 Microsemi 公司相继推出能实现人眼仿真的集成化可见光亮度传感器，能代替人眼去感受环境亮度的明暗程度，自动控制液晶显示器背光源的亮度，以充分满足用户在不同时间、不同环境中对显示器亮度的需要。

　　(6) 性能价格比高。智能传感器所具有的上述高性能，不像传统传感器技术追求传感器本身的完善，对传感器的各个环节进行精心设计与调试，进行"手工艺品"式的精雕细琢来获得，而是通过与微处理器/微计算机相结合，采用廉价的集成电路工艺和芯片及强大的软件来实现的，所以具有高的性能价格比。

　　传统传感器按照被测的类型通常可分为物理量、化学量和生物量，如温度、流量、液位、压力、位置、速度、加速度、pH、$CO_2$ 等传感器。

　　智能传感器可从集成化程度、信号处理硬件、应用领域等方面来分类，如图 2.44 所示。

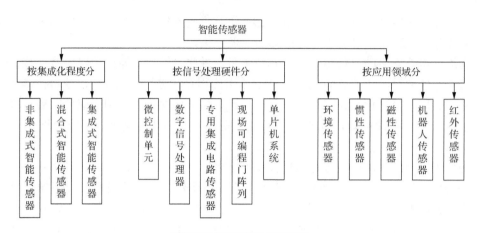

图 2.44　智能传感器的分类

## 2.7.2　智能传感关键技术

### 1. 信号感知与调理技术

智能传感器一般通过信号感知模块中的敏感元件将待测量最终转换成模拟电压信号。目前,能感知的量很多,有物体位移、速度、加速度等运动量,温度、湿度、压力等过程量,光强、波长、偏振度等光的特性量,流量、浓度、pH 等液体特性量,成分、浓度等气体特性量,葡萄糖、尿素、维生素等化学成分。智能传感器中的敏感元件有些与传统传感器一样是单个方式存在的,有些借助微机械技术、硅集成技术等以阵列方式存在,以提高测试精度与可靠性,有些将多种敏感元件以一定的方式复合分布在感知模块中以感知多种待测量。

### 2. 信号处理技术

就本质而言,智能传感器的信号处理主要完成感知和认知两个方面的功能。感知就是通过对来自调理电路信号的分析,获得待测物理量或待测参数、性能的大小,本书称为粗信号处理。认知是指智能传感器通过信号处理,获取关于其自身状态、测试状态等方面的信息,称为微细信号处理。

#### 1) 粗信号处理

有些待测量可根据其定义利用单个调理信号直接获得,如温度、位移、交流电流有效值等,也可称为单信号测量法;有些待测量则需要多种调理信号,如交流电的视在功率、有功功率等性能指标;还有些待测量只能通过与之相关的各物理量的综合分析才能便捷、可靠地测出,如混合气体的成分和各成分的浓度、人脑眩晕等。研究表明,利用单个调理信号可获得的很多待测量,借助数字信号处理技术也可以获知,如交流电的电压/电流有效值、交流电的功率等,也可称为多信号综合测量法。

#### 2) 微细信号处理

粗信号处理的精度与稳定性常受到如偏移误差、增益误差、非线性误差以及环境等方面的影响,智能传感器需通过微细信号处理来认识其健康状态,弥补其分析偏差,确保测试的可靠性、精确性。微细信号处理通常包括自诊断、自校正、自补偿。

微细信号处理一般在通用微处理器上借助软件予以实现,也可利用专用集成电路或数字信号处理器等硬件予以实现,或部分功能通过软件实现,部分功能通过硬件实现。

### 3．通信技术

IEEE1451 系列标准是智能传感器通用通信标准，该标准支持多种现场总线、以太网等现有的各种网络技术。

IEEE1451 第七部分则规定了智能传感器与目前正蓬勃发展的物联网间的通信接口标准。人们在这方面开展了大量工作并取得了丰硕成果。例如，人们研究出一种基于 IEEE1451 标准的智能传感器结构，提出了即插即用 Web 智能传感器的一种基于 Web 的服务方法，实现了一种基于控制器局域网协议的温度智能传感器，探索出一种智能传感器无线网络组织结构协议和一种基于 ZigBee 无线通信技术的智能传感器无线接口设计方案等。通信模块以软件硬件方式实现，一般与智能传感器的信号处理模块集成在一起。

## 2.7.3　智能传感技术应用场景

图 2.45 为 DTP 型智能压力传感器的原理图。该智能传感器的基本构成如下：主传感器（压力传感器）、辅助传感器（温度、环境、压力传感器）、通用异步接收发送设备（Universal Asynchronous Receiver/Transmitter，UART）、微处理器、只读存储器（Read-Only Memory，ROM）、随机存储器（Random Access Memory，RAM）、地址/数据总线、滤波放大器（Precision Filter Amplifier，PFA）、A/D 转换器、D/A 转换器、可调节激励源、电源。

该压力传感器由惠斯顿电桥形式组成，可输出与压力成正比的低电平信号，然后由滤波放大器进行放大。压力传感器内有一个固态温度传感器，它测量压力传感器敏感元件的温度变化，以便修正与补偿由温度变化给测量带来的误差影响。该传感器内还有一个气压传感器，用于测量环境气压的变化，以便修正气压变化对测量的影响。

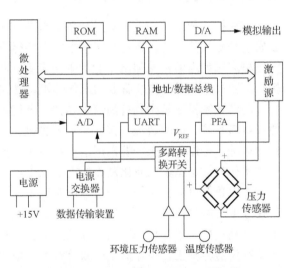

图 2.45　DTP 型智能压力传感器的原理图

# 习题与思考

2-1　简述信息物理系统的核心技术要素和层次体系？

2-2　工业物联网感知系统常用的识别技术有哪些？

2-3　增强现实技术与虚拟现实技术的区别是什么？

2-4　思考皮尔逊相关系数、卡方检验和单因素方差分析的异同点？

2-5　简述工业云怎么分类？各自适用于哪些场景？

2-6　简述深度学习、机器学习和人工智能的关系？

2-7　简述智能决策在智能制造中的主要作用，其关键技术是什么？

2-8　与传统传感器相比，智能传感器具有哪些特点？

# 第3章 高端数控机床装备

⚙ **本章重点**：本章首先介绍高端数控机床装备的产业链和发展趋势，紧接着重点介绍高端数控金属切削机床、金属成型机床和数控特种机床产品等内容。

## 3.1 高端数控机床产业链

### 3.1.1 高端数控机床的发展

数控机床和基础制造装备是装备制造业的工作母机，一个国家的机床行业技术水平和产品质量是衡量其装备制造业发展水平的重要标志。

机床作为当前机械加工产业的主要设备，其技术发展已经成为国内机械加工产业的发展标志。数控机床是制造装备业的工作母机，是先进生产技术和军工现代化的战略装备。

高端数控机床是指具有高速、精密、智能、复合、多轴联动、网络通信等功能的数字化数控机床系统。高端数控机床作为世界先进机床设备的代表，其发展象征着国家目前的机床制造业处于全世界机床产业发展的先进阶段，因此国际上把五轴联动数控机床等高端数控机床技术作为一个国家工业化发展的重要标志。

高端数控机床在传统数控机床的基础上，能达到完成一个自动化生产线的工作效率，是科技速度发展的产物，而对国家来讲，这是机床制造行业本质上的一种进步。高端数控机床集多种高端技术于一体，应用于复杂的曲面和自动化加工，与航空航天、船舶、机械制造、高精密仪器、军工、医疗器械产业等多个领域的设备制造业有着非常紧密的关系。

《中国制造 2025》将数控机床和基础制造装备列为"加快突破的战略必争领域"，提出要加强前瞻部署和关键技术突破，积极谋划抢占未来科技和产业竞争制高点，提高国际分工层次和话语权。

#### 1. 国外高端数控机床发展现状

全球高端数控机床领域，美国、德国、日本三国是当今世界上在数控机床科研设计、制造和使用上技术最先进、经验最丰富的国家。

美国机床制造业在高效自动化机床、自动生产线、数控(Numerical Control)机床、柔性制造系统(Flexible Manufacturing System)等机床技术及工业生产上仍处于世界领先地位，主要分布于中西部和东北部各州，主要消费用户是汽车制造业、航空工业、建筑业和医疗设备制造业等。知名的数控机床制造商主要包括马格(MAG)、哈斯(Hass)、格里森(Gleason)、哈挺(Hardinge)、赫克(Hurco)及福禄(Flow International)等。其中，马格作为杰出的供应商，以完美的工艺技术及在此基础上量身定做的生产解决方案而闻名，广泛服务于航空航天、汽车、重型机械、油田、轨道交通、太阳能、风机生产及通用加工等行业；格里森则是齿轮技术的全球领航者，其生产的数控磨齿机如图 3.1 所示。哈斯是全球最大的数控机床制造商，在北美洲的市场占有率约为 40%，所有机床完全在美国加利福尼亚州工厂生产，拥有近百个型号的数控立式和卧式加工中心、数控车床、转台和分度器。该公司生产的具有代表性的高端立式数控加工中心如图 3.2 所示。

图 3.1　美国格里森生产的数控磨齿机

图 3.2　美国哈斯生产的高端立式数控加工中心

德国数控机床在传统设计制造技术和先进工艺的基础上，不断采用先进电子信息技术，在加强科研的基础上自行创新开发。德国的数控机床质量及性能极为出色且先进实用，享誉世界，特别是在大型、重型、精密数控机床方面。德国特别重视数控机床主机及其配套件的先进实用，其机、电、液、气、光、刀具、测量、数控系统、各种功能部件，无论是在质量上还是在性能上均居世界领先水平，如闻名遐迩的西门子数控系统，成为大部分用户配套的不二选择。知名的机床制造商包括吉特迈(Gildemeister)、通快(Trumpf)、舒勒(Schuler)、埃马格(Emag)及巨浪(Chiron)等，其中通快为全球工业用激光及激光系统领域的领导者，其生产的激光加工中心如图 3.3 所示，舒勒是全球铸造技术及金属成型业的领导者。

日本机床素以精密闻名世界。日本政府对机床工业的发展异常重视，一方面通过规划和制定法规，如著名的《机振法》、《机电法》、《机信法》等大力引导产业发展；另一方面提供充足的研发经费鼓励科研机构和企业大力发展数控机床。尤其在重视人才及机床元部件配套上学习德国，在质量管理及数控机床技术上学习美国，并将两国经验结合，形成了自己独具一格的特色且后来居上。知名的数控机床制造商包括马扎克(Yamazaki Mazak)、天田(Amada)、大隈(Okuma)、森精机(MoriSeiki)及牧野(Makino)等。其中，天田在钣金事业中已成为首屈一指的世界一流品牌，在日本、美国和欧洲等发达国家和地区享有极高的知名度。据不完全统计，近年来，其在国际同类产品市场占有率位居第一，曾经接近 70%，日本大隈株式会社是世界领先企业，日本第一大机床生产商，世界第一大龙门加工中心生产商。日本大隈株式会社是日本及世界上最大的数控机床制造厂，至今已有 100 多年历史。其产品以刚性好、切削效率高、精度高、寿命长、操作方便而著称。日本马扎克生产的卧式数控加工中心，如图 3.4 所示。

除了上述三个国家外，瑞士、意大利、奥地利、韩国、捷克、西班牙及瑞典等国家都在高端数控机床领域拥有自己的特色产品和世界知名的机床制造商，如瑞士的 GF、意大利的帕玛(Pama)、韩国的斗山机床、奥地利的 HEFEL、捷克的捷克斯柯达(Skoda)、西班牙的尼古拉斯·克雷亚等。

图 3.3　德国通快激光加工中心

图 3.4　日本马扎克卧式数控加工中心

### 2. 国内高端数控机床发展现状

当前我国正处于由制造大国向制造强国转型的重要阶段，在新一轮的产业升级中，高端制造业会逐步取代简单制造业，制造业也将从劳动密集型产业逐渐转变为技术密集型产业。随着中国制造业的加速转型，精密模具、新能源、航空航天、轨道交通、3D 打印、生物医药等新兴产业迅速崛起，其生产制造过程高度依赖数控机床等智能制造装备，这将成为数控机床行业新的增长点。

国产数控机床产业经过几十年的发展，不断自主研发和汲取国外经验，数控机床从产品种类、技术水平、质量和产量上都取得了很大的发展，在一些关键技术方面也取得了重大突破。据统计，目前我国可供市场的数控机床有 1500 种，几乎覆盖了整个金属切削机床的品种

图 3.5　海天精工生产的龙门五面加工中心

类别和主要的锻压机械。这标志着国内数控机床已进入快速发展时期。产生了如北一机床、沈阳机床、秦川机床、济二机床、武汉重型等体量巨大、规模位于世界前列的老牌企业，也出现了如海天精工、日发精机、纽威数控等一批具有核心设计技术和制造工艺，能够针对自身专注的应用领域和产品类型提供高性能、高品质的高度定制化产品，具有广泛的市场影响力和较高的品牌价值，发展迅速，具有活力的新型中高端机床厂商。图 3.5 为海天精工生产的龙门五面加工中心。

国内产品与国外产品在结构上的差别并不大，采用的新技术也相差无几，但在先进技术应用和制造工艺水平上与世界先进国家还有一定的差距，新产品开发能力和制造周期还不能满足国内用户的需要，零部件制造精度和整机精度保持性、可靠性尚需很大的提高，尤其是在与大型机床配套的数控系统、功能部件，如刀库、机械手和两坐标铣头等部件，还需要境外厂家配套满足。机床的复合性能以及数控系统与国外相比差距较大，另外基础技术和关键技术的研究还很薄弱，基础开发理论研究、基础工艺研究和应用软件开发还不能满足数控技术快速发展的要求。

## 3.1.2　高端数控机床产业链的构成

高端数控机床产业链上游主要是零部件，包括关键零部件和普通零部件。中游主要是整机制造，主要包括数控金属切削机床、数控金属成型机床、数控特种加工中心及其他数控设

备。其下游主要是应用，由汽车零配件、航空航天、轨道交通、石油化工、模具、工程机械、电子与通信设备等组成，如图 3.6 所示。

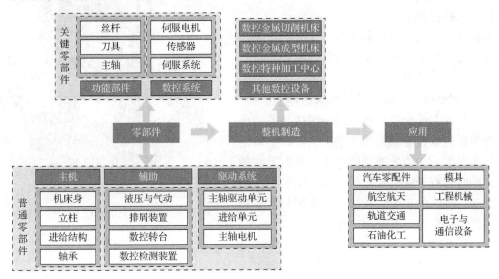

图 3.6　高端数控机床装备产业链图

关键零部件作为数控机床的基本组成部分，其品质是数控机床等智能制造装备产品性能和质量的重要保障。我国功能部件行业的发展相对缓慢，产业化和专业化程度低，电主轴、滚珠丝杠、数控刀架、数控系统、伺服系统、传感器等虽已形成一定的生产规模，但受技术限制，仅能满足中低端数控机床的配套需要，国产中高端数控机床采用的功能部件仍严重依赖进口。

# 3.2　高端数控金属切削机床结构

高端数控金属切削机床是利用刀具去除材料的加工方法来加工各种金属工件，使之获得所要求的几何形状、尺寸精度和表面质量的机床，具有高速、精密、智能、复合、多轴联动、网络通信等特点，是一个国家和地区装备制造业发展水平的重要标志，是航空航天、军工、汽车、电子信息等精密装备赖以发展的制造母机。高端数控金属切削机床可利用自动交换加工刀具的功能，在具有不同用途刀具的刀库内自由调动更换刀具，可以实现车削、铣削、钻削、镗削及攻螺纹等多种加工功能。

我国处于产业结构的调整升级阶段，先进制造业将逐步替代传统制造业，作为工作母机的高性能数控机床的更新需求将会大大增加。随着下游产业的不断升级发展，对机床加工精度和精度稳定性等的要求越来越高，中高端产品的需求日益凸显，更新升级需求大。中国机床市场结构升级将向自动化成套、客户化订制和普遍的换档升级方向发展，产品由普通机床向数控机床、由低端数控机床向中高端数控机床升级。

### 3.2.1　机床总体结构

**1. 机床主体部分**

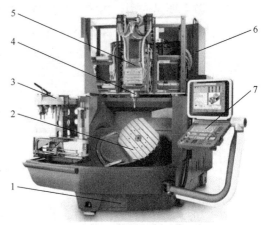

机床总体
结构

如图 3.7 所示，机床从主体上主要由以下几个部分组成：基础部件、主轴部件、数控系统、刀库系统和辅助装置。

1-床身；2-工作台；3-刀库；4-主轴；
5-主轴箱；6-电气控制柜；7-操作面板

**图 3.7　机床总体结构**

（1）基础部件。基础部件是机床的基础结构，主要由床身、工作台、立柱三部分组成，各部分的功能主要是承担静载荷和切削加工时产生的动载荷，所以加工中心的基础部件必须具有足够的刚度，同时具有一定的轻量化结构，实现机床的高速运动。机床的床身、立柱一般采用铸造件和大理石件，工作台一般采用铸件。

（2）主轴部件。主轴部件是由主轴箱、主轴电动机和主轴等零部件组成的。主轴是机床加工功率的输出部件，它的起动、停止、变速、变向等动作均由数控系统控制。主轴的回转精度和定位准确性，会直接影响到加工中心的加工精度。

（3）数控系统。数控系统由 CNC 装置、可编程控制器、伺服驱动系统以及面板操作系统组成，是执行逻辑控制动作和加工过程的控制中心。其中，CNC 装置是一种位置控制系统，其控制过程是根据输入的信息进行数据处理、插补运算来获得理想的运动轨迹信息，然后输出到执行部件，加工出所需要的工件。

（4）刀库系统。刀库系统主要是由自动换刀机构和可以存放多把刀具的刀库组成。当需要更换刀具时，数控系统发出指令，由自动换刀机构从刀库中取出相应的刀具装入主轴孔内，然后把主轴上的刀具送回刀库，至此完成整个换刀动作。

（5）辅助装置。辅助装置主要由润滑、冷却、排屑、防护、液压、气动和检测系统等组成。辅助装置虽不直接参与切削运动，但也是加工中心不可缺少的部分。辅助装置对加工中心的工作效率、加工精度和可靠性起保障作用。

**2. 机床关键零部件的组成**

高端数控金属切削机床的关键零部件主要包含：主轴、滚珠丝杠、直线导轨、刀库、数控系统、数控回转工作台、自动交换工作台、多功能附件铣头等。

### 3.2.2　主轴

高端数控金属切削机床的主轴一般采用高速精密主轴，主轴转速达到 10000r/min 以上，与传统主轴相比，具有高转速、高效率、高精度等优点，能够在很短的时间内实现速度的提升，并在指定位置快速准确地停止工作。高速精密主轴的典型结构是采用内藏式电机直接驱动主轴，相较于传统的皮带式、直连式和齿轮式等间接传动方式的机械主轴，减少了转动惯量，避免了在高速下发生打滑、振动和噪声等问题，将机床主传动链的长度缩短为零，实现了机床的"零传动"，大大简化了机床主轴系统的传动与结构，提高了主轴运动的灵敏度、精度和工作可靠性。同时，这种传动形式可使主轴部件从机床传动系统和整体结构中独立出来，可作为主轴单元，一般称为电主轴。

　　电主轴结构图如图 3.8 所示，主要由刀具前轴承组、转轴、转子、定子、后轴承组和其他辅件组成。其他辅件主要包括：润滑系统、刀具夹持机构、打刀机构、冷却系统、传感器、气动系统等，帮助实现电主轴的精确控制。转轴是高速电主轴的主要旋转体，借助刀具夹持机构带动刀具旋转，其制造精度直接影响电主轴的工作精度，转轴的前后两端通过前轴承组和后轴承组支撑，电动机的定子通过一个冷却套筒安装在电主轴的壳体中。电动机的转子利用过盈配合的方法安装在转轴上，处于前轴承组和后轴承组之间，通过过盈配合产生的摩擦力来传递动力。主轴在高速运行时，偏心质量引起的振动会影响其动力性能，一般需要对转轴及安装在其上的一些零部件进行动平衡测试。

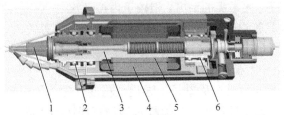

1-刀具；2-前轴承组；3-转轴；4-转子；5-定子；6-后轴承组

图 3.8　电主轴结构图

　　高速电主轴在运转过程中，转速很高，会产生大量的热量，如果不加以控制，会导致主轴本身产生轴向伸长，同时主轴前后支承的中心位置必将在径向发生变化，使主轴的工作端产生径向位移，造成加工精度降低，还会造成轴承和永磁电机的永久损坏，通常采用油冷或者水冷系统形成循环冷却系统，冷却液沿着主轴冷却套里的槽循环流动，保持主轴运转的正常温度。

　　高速电主轴通常在转轴末端增加编码器，用于主轴转速的反馈控制，将主轴的位置信息反馈给数控系统，由此形成全闭环控制，提高主轴的定位精度。

　　高速电主轴前端一般采用气幕保护结构对主轴轴承进行防护，气幕保护俗称气密封，能够防止外部的切削液、灰尘、水汽、铁屑、油污等进入主轴轴承，对主轴轴承造成损坏，从而确保主轴的精度，并延长主轴使用的寿命。

### 3.2.3　滚珠丝杠

　　滚珠丝杠是将回转运动转化为直线运动，或将直线运动转化为回转运动的理想产品。滚珠丝杠是工具机械和精密机械上最常使用的传动元件，主要功能是将旋转运动转换成线性运动，或将扭矩转换成轴向反复作用力，同时兼具高精度、可逆性和高效率的特点。由于具有很小的摩擦阻力，滚珠丝杠广泛应用于各种工业设备和精密仪器。

#### 1. 滚珠丝杠的结构原理

　　滚珠丝杠的结构原理如图 3.9 所示，主要由丝杠、滚珠、滚道、密封圈和螺母等组成。它是以滚珠的滚动代替丝杆螺母副中的滑动，摩擦力小，具有良好的传动性能。在丝杆和螺母上加工有弧形螺旋槽，它们套装在一起便形成螺旋滚道，螺母上还设置有反向滚道，与螺旋滚道组成封闭的循环滚道，并在滚道内装满滚珠，滚珠则沿滚道做周而复始的循环运动。

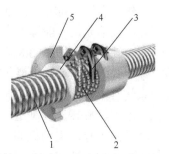

1-丝杠；2-滚珠；3-滚道；4-密封圈；5-螺母

图3.9　滚珠丝杠的结构原理

### 2．滚珠丝杠的分类

按制造方法分类，滚珠丝杠可分为转造级滚珠丝杠和研磨级滚珠丝杠。转造级滚珠丝杠通过滚压方式来生产丝杠，而研磨级滚珠丝杠通过研磨方式来生产丝杠。通常研磨级滚珠丝杠精度更高、运行更平稳，但是成本更高。

按循环方式分类，可分为内循环滚珠丝杠和外循环滚珠丝杠。内循环滚珠丝杠的滚珠始终保持与丝杆接触，而外循环滚珠丝杠的滚珠与丝杆是脱离接触的。内循环滚珠丝杠整体体积小，适合对安装尺寸要求高的地方，相较于内循环滚珠丝杠，外循环滚珠丝杠管道螺母突出体外，所以尺寸也相对较大，但是这种外循环滚珠丝杠结构制造工艺简单很多，用得也较多。

### 3．滚珠丝杠的主要技术参数

滚珠丝杠的主要技术参数有公称直径、导程、精度、预压等级等。技术参数需要根据进给传动的实际要求选择，减小导程可减少丝杠每转的直线运动距离、提高直线轴的定位精度，但同时必须减小滚珠直径、降低额定动载荷。

（1）公称直径。公称直径指的是丝杆的轴径，常见的规格有（单位：mm）：12、14、16、20、25、32、40、50、63、80、100 等，丝杆的轴径和丝杠可以承受的负载直接相关，一般轴径越大，能承受的负载越大。

（2）导程。导程指的是丝杆旋转一周，螺母直线运动的距离。常见的导程有（单位：mm）：2、4、5、6、8、10、16、20、25、32、40，导程参数与螺母运动速度和滚珠丝杆可提供的推力有关，导程越大，相同转速情况下，直线运动的速度越快，而提供的推力越小。

（3）精度。按国内分类，滚珠丝杆的精度等级分为 P1、P2、P3、P4、P5、P7、P10 等，以 P1 最高。一般来说，普通数控机床采用 P3、P4 级精度，而高精度数控机床一般采用滚珠丝杆 P2、P3 级精度。

（4）预压等级。预压等级也称为预紧，预压等级越高，螺母与螺杆配合越紧；反之，预压等级越低，螺母与螺杆配合越松。针对需要采用大直径、双螺母、高精度、驱动力矩较大的丝杆，预压等级一般选得高一点，反之选得低一点。

## 3.2.4　直线导轨

直线滚动导轨简称直线导轨或滚动导轨、线轨，是数控机床直线运动的常用导向部件。直线导轨不但具有灵敏性好、精度高、安装调整方便等一系列优点，而且对导轨安装面的加工精度要求较低，用户使用时只需要直接进行固定，因此可大幅度降低数控机床生产厂家的加工成本、缩短生产周期，是目前数控机床最为常用的直线进给轴导向部件。

如图3.10 所示，从外形上看，直线导轨实际上就是由能相对运动的导轨与滑块两大部分组成。其内部结构如图3.10(a)所示，主要由导轨、保持器、滚动体、滑块、端盖、密封垫片和润滑油嘴等组成。直线导轨的滚动体既有采用圆形滚珠作为承载元件的，也有采用圆形滚柱作为承载元件的，如图 3.11 所示。滚珠直线导轨和滚柱直线导轨相比，滚珠直线导轨的移动速度更快、导向精度更高，而滚柱直线导轨的承载力更强。

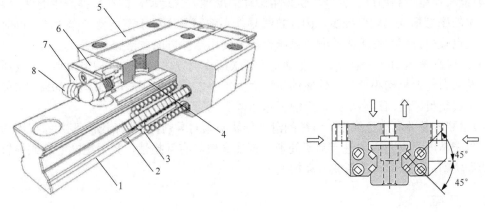

(a) 直线导轨内部结构　　　　　　　　　　　　　(b) 直线导轨截面结构

1-导轨；2-保持器；3-滚动体；4-保持器；5-滑块；6-端盖；7-密封垫片；8-润滑油嘴

图 3.10　直线导轨结构示意图

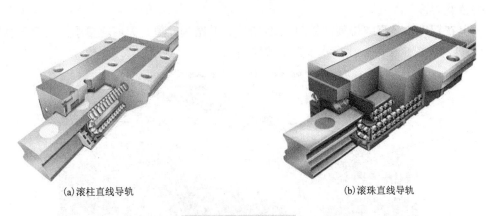

(a) 滚柱直线导轨　　　　　　　　　　　　　(b) 滚珠直线导轨

图 3.11　直线导轨分类

直线导轨的特点如下所述。

(1) 定位精度高。直线导轨的运动借助滚动体滚动实现，导轨副摩擦阻力小，低速时不易产生爬行，定位精度和重复定位精度高，适合作为频繁启动或换向的运动部件。同时根据需要，可适当增加预载荷，确保钢球不发生滑动，实现平稳运动，减小了运动的冲击和振动。

(2) 运动精度高。由于导轨本身具有较高的刚度，即使将其安装在较粗糙的安装面上，钢球的弹性变形仍然能部分吸收安装面的平面度误差，获得较高的运动精度，以此作为导向部件，它能为各种执行机构提供高精度的导向功能。

根据各种不同使用场合的需要，直线导轨机构设计有不同的精度等级供用户选择，精度等级越高，成本越高，价格也相应越高。

(3) 承载能力强。直线导轨内部圆弧沟槽的结构可提高导轨的承载能力，使得导轨能够承受来自上下、左右等不同方向的负载，包括由结构质量偏心引起的弯矩负载。同时，在制造过程中可施加一定的预紧力来进一步提高直线导轨的刚度以适应重负载的需要。所以，制造商根据用户的不同需要设计了各种不同的刚度规格，供用户根据不同使用条件进行选择。

(4)能长期维持高精度。直线导轨采用滚动的摩擦方式运动，滚动摩擦产生的摩擦力小，滚动产生的摩擦损耗也相应减少，因此直线导轨系统可长期处于高精度工作状态。同时，使用润滑油也较少，使得在机床的润滑系统设计及使用维护方面非常容易。

(5)适应高速运动且大幅降低了驱动功率。采用直线导轨的机床摩擦阻力小，可使所需的动力源及动力传递机构小型化，使驱动扭矩大大减小，使机床所需电力降低80%，节能效果明显。可实现机床的高速运动，机床的工作效率提高了20%～30%。

(6)组装容易并具有互换性。传统的滑动导轨必须对导轨面进行刮研，既费事又费时，而且一旦机床精度不良，必须进行刮研处理。直线导轨具有互换性，只要更换滑块或导轨或整个滚动导轨副，机床即可重新获得高精度。

### 3.2.5　刀库

刀库是用来贮存加工刀具及辅助工具的地方，并能通过程序的控制选择需要的刀具，将刀具移动至指定位置，然后进行刀具交换。针对不同的加工中心，刀库的容量和布局也有所不同，根据刀库的容量、外形和取刀方式，可大概分为以下几种。

**1) 直排刀库**

刀具在刀库中是直线排列，如图3.12所示。其结构简单，刀库容量小，一般可容纳8～12把刀具，故较少使用，此形式多见于数控钻床中。

图3.12　直排刀库

**2) 斗笠式刀库**

如图3.13所示，斗笠式刀库是一种非机械手换刀刀库，由于刀库形状类似斗笠，所以俗称斗笠式刀库。斗笠式刀库一般是24把刀左右，斗笠式刀库的换刀动作可直接通过刀库、主轴的移动实现，无需机械手。换刀前后，刀具在刀库中的安装位置不变，自动换刀装置的结构简单、控制容易、动作可靠。但是，斗笠式刀库换刀时，需要先取下主轴上原有刀具放回刀库，然后，通过回转刀库选择新刀具，并将其装入主轴，每把刀的换刀时间为3～7s，换刀速度较慢。此外，由于刀库必须与主轴平行安装，换刀时，整个刀库与刀具都需要移动，所以刀库容量不能过大、刀具长度和质量受限。因此，斗笠式刀库多用于对换刀速度要求不高的普通中小规格加工中心。

### 3）圆盘刀库

如图 3.14 所示，圆盘刀库的自动换刀装置采用的是机械手换刀，其刀库一般布置于机床的侧面，刀库上的刀具轴线和主轴轴线垂直，故刀库的容量可以较大，允许安装的刀具长度也较长。机械手换刀装置可实现刀具预选，在正式换刀前，将需要更换的下一把刀具提前移动到刀库的换刀位上，待加工结束，再开始换刀动作；自动换刀时只需要执行换刀位刀套翻转、机械手回转和伸缩等运动，就可一次性完成主轴和刀库侧的刀具交换，其换刀速度非常快。因此，机械手换刀是目前高速加工中心常用的自动换刀方式。

图 3.13　斗笠式刀库

图 3.14　圆盘刀库

机械手换刀装置的机械手运动，可通过机械凸轮或液压、气动系统控制。机械凸轮驱动的换刀装置结构紧凑、换刀快捷、控制容易，但它对机械部件的安装位置调整有较高的要求，故多用于中小规格加工中心。液压、气动系统控制的换刀装置，需要配套相应的液压或气动系统，其结构部件较多、生产制造成本较高，但其使用方便、动作可靠、调试容易，且可满足不同结构形式的加工中心的换刀要求，故多用于中、大型加工中心。

### 4）链式刀库

如图 3.15 所示，链式刀库的自动换刀装置同样需要采用机械手换刀，但其刀库为链式布置，刀具容量、刀具规格均比圆盘刀库更大，因此多用于卧式加工中心的自动换刀。链式刀库可采用刀具轴线和主轴轴线垂直或平行两种布置方式。当刀具轴线和主轴轴线垂直布置时，刀库刀具的装卸需要有刀套翻转动作；如果采用刀具轴线和主轴轴线平行布置的方式，则刀库刀具可直接通过机械手装卸，无须进行刀套翻转，换刀动作更快。

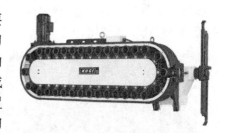

图 3.15　链式刀库

## 3.2.6　数控系统

经过持久研发和创新，德国、美国、日本等国已基本掌握了数控系统的领先技术。目前，在数控技术研究应用领域主要有两大阵营：一个是以发那科（FANUC）、西门子（Siemens）为代表的专业数控系统厂商；另一个是以马扎克（Yamazaki Mazak）、德玛吉（DMG）为代表的自主开发数控系统的大型机床制造商。

2015 年，FANUC 推出的 Series oi MODEL F 系列数控系统界面如图 3.16 所示。该系统推进了与高端机型 30i 系列的"无缝化"接轨，具备满足自动化需求的工件装卸控制新功能和最新的提高运转率技术，强化了循环时间缩短功能，并支持最新的 I/O 网络——I/O Link。

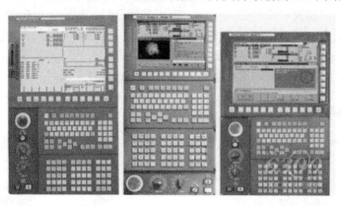

图 3.16　日本 FANUC 全新的 Series oi MODEL F 系列数控系统界面

Yamazaki Mazak 提出的全新制造理念——Smooth Technology，以基于 Smooth 技术的第七代数控系统 MAZATROL Smooth X 为枢纽，如图 3.17 所示，提供高品质、高性能的智能化产品和生产管理服务。MAZATROL Smooth X 数控系统搭配先进软硬件，在高进给速度下可进行多面高精度加工；图解界面和触屏操作使用户体验更佳，即使是复杂的五轴加工程序，通过简单的操作也可修改；内置的应用软件可以根据实际加工材料和加工要求快速地为操作者匹配设备参数。

德国 DMG 公司推出的 CELOS 数控系统界面如图 3.18 所示。该系统简化和加快了从构思到成品的进程，其应用程序(CELOSAPP)使用户能够对机床数据、工艺流程以及合同订单等进行操作显示、数字化管理和文档化，如同操作智能手机一样简便直观。CELOS 数控系统可以将车间与公司高层组织整合在一起，为持续数字化和无纸化生产奠定基础，实现了数控系统的网络化、智能化。

图 3.17　日本 MAZATROL Smooth X 数控系统界面　　　图 3.18　德国 DMG 公司的 CELOS 数控系统界面

华中数控是我国具有自主知识产权的高端数字控制技术，控制界面如图 3.19 所示。其主要特点包括基于通用工业微型计算机的开放式体系结构、先进的控制软件技术和独创的曲面插补算法等。

图 3.19    华中数控系统界面

## 3.2.7    数控回转工作台

数控回转工作台简称数控转台，数控转台的功能是为机床提供额外的回转轴，用来实现数控机床圆周进给运动的功能部件。数控转台不但可实现 360°任意位置的分度定位，而且可参与插补、实现圆柱面曲线和轮廓的铣削加工，从而扩大数控机床的加工范围，使机床能够完成复杂的曲面加工，它是数控镗铣类机床最常用的功能部件。常见的数控转台包括单轴数控转台和双轴数控转台等。

### 1. 单轴数控转台

单轴数控转台是指为机床提供一个额外的回转轴，使得加工零件能够绕铅垂轴旋转，也能够绕水平轴旋转，完成等分、不等分或者连续的回转运动。单轴数控转台根据数控转台的回转轴线和水平面的位置形式，可分为卧式数控转台和立式数控转台。

如图 3.20 所示，卧式数控转台的回转轴线与水平面平行，它是立式数控机床的常用附件。立式数控机床配套卧式数控转台后，可将工件的加工面由原来的上表面扩展到任意侧面，以实现箱体或回转体零件表面的轮廓加工。

如图 3.21 所示，立式数控转台的回转轴垂直于水平面，是卧式数控机床的常用附件。卧式数控机床配套立式数控转台后，可将加工面由原来的单侧面扩大到 360°范围内的任意侧面，以实现箱体类零件的多面加工。

图 3.20    卧式数控转台

图 3.21    立式数控转台

### 2. 双轴数控转台

如图 3.22 所示，双轴数控转台为机床提供两个额外的回转轴，使得加工零件能够进行回转和倾斜运动，配合加工中心，可以完成任意角度的孔、槽、曲面等复杂加工，并可达到较高的精度，是五轴加工中心的常用部件。利用双轴数控转台，可方便地在三轴数控机床上拓展五轴加工功能。使用双轴数控转台的五轴加工机床，不需要改变机床的主体结构，其结构简单、实现容易，机床刚性好、精度高，因此在五轴加工中心上应用较广。

图 3.22　双轴数控转台

### 3.2.8　多功能附件铣头

多功能附件铣头属于机床附件，主要装配在龙门加工中心及镗铣加工中心，用于扩展机床的加工范围，配合多功能附件头库，可实现附件铣头自动更换，使得机床能够经过一次装夹实现五面体加工，从而提高了加工质量和生产效率，具有广泛的多功能性，生产效率高，精度高，操作方便，能轻松完成钻孔、铣孔、镗孔、铣削各种平面的加工工艺。如图 3.23 所示，常见的附件铣头包括：标准附件铣头、加长附件铣头、直角铣头、万能铣头、平旋盘等，配合专用的附件头库，可实现附件铣头的自动更换。

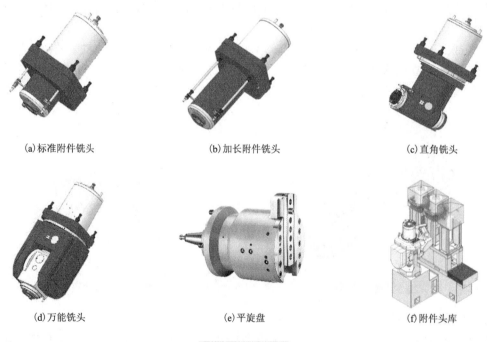

(a)标准附件铣头　　　　　　　　(b)加长附件铣头　　　　　　　　(c)直角铣头

(d)万能铣头　　　　　　　　(e)平旋盘　　　　　　　　(f)附件头库

图 3.23　附件铣头

### 1. 万能铣头

万能铣头又称万向铣头或万向角度头,是一种铣刀轴可在水平与垂直两个平面内回转的铣头,是机床常用的附件铣头,也是机床最核心、技术含量最高的部件之一。机床上使用万能铣头可实现刀具旋转中心线与主轴旋转中心线成任意角度,极大地扩展了机床的加工能力,可以完成任意角度斜面的铣削、钻孔、攻丝等多轴联动加工,广泛应用于航空、汽车、模具等机械加工的各个领域,如飞机发动机的叶片、核电泵叶片、火电汽轮机叶片、核潜艇螺旋桨等。

如图 3.24 所示,为某公司生产的双摆角万能铣头,其在较小空间内集成了 A 轴和 C 轴的分度、定位、锁紧和检测机构以及油路系统,并采用精密鼠牙盘和精密螺旋伞齿轮机构,可实现 A 轴、C 轴两轴分度转换,在每个轴上都有一个液压夹紧装置,从而提高和保证了万能铣头的加工精度和可靠性。

 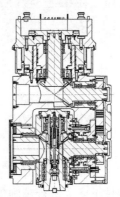

(a) 双摆角万能铣头外观　　　(b) 双摆角万能铣头内部结构

图 3.24　双摆角万能铣头

如图 3.25 所示,为某公司生产的数控万能铣头,A 轴和 C 轴的进给运动均采用定制开发的内转子式的大扭矩力矩电机,与传统的齿轮传动或蜗轮蜗杆传动方式相比,具有更高的动态特性和更好的精度保持性。结合全数字力矩电机伺服驱动器,以及编码器分辨率提升技术和误差校正技术,可以实现双摆角数控万能铣头连续分度,达到 5″ 的定位精度。

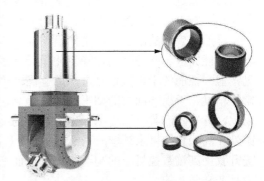

### 2. 平旋盘

平旋盘也称为 U 轴刀具,是为了实现径向进给镗头功能而设计制造的重切削加工附件头,使

图 3.25　数控万能铣头

得在加工中心等机床上也能完成过去只能由车床完成的加工。它只需一次刀具设置,就能够自动地进行多种复杂精密轮廓的加工,可用于内外轮廓加工、槽加工、圆柱螺纹和圆锥螺纹加工、端面加工、倒角加工、锪孔加工和盘类零件的最终加工等。

如图 3.26 所示,为数控平旋盘典型结构示意图,主体结构由连接法兰、平旋盘体、轴承、旋转体、滑块、伺服电机、限位开关、冷却液通道和外摆线齿轮等组成。平旋盘既要实现滑块与平旋盘体一起旋转，又有自己的径向进给运动。为了减小运动部件的惯性，结构中需设置旋转体和支撑体，将进给系统安装在相对固定的支撑体上，这样会带来旋转运动与径向进给的相互影响，当镗削大直径的孔时，进刀(径向进给)和镗削(旋转运动)是单独运动的，当切槽、平面加工、加工锥孔等时，径向进给和旋转运动又需要同时进行。

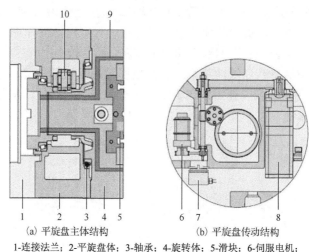

(a) 平旋盘主体结构　　　　　　　(b) 平旋盘传动结构

1-连接法兰；2-平旋盘体；3-轴承；4-旋转体；5-滑块；6-伺服电机；
7-限位开关；8-伺服电机；9-冷却液通道；10-外摆线齿轮

**图 3.26　数控平旋盘典型结构示意图**

平旋盘可以在多种机床上进行镗削加工，有多种规格，目前镗孔直径为 360~1600mm，可以采用手动、自动以及托盘系统安装到镗床、加工中心或专用设备上，通过与机床的数控轴连接并与机床的其他数控轴联动插补，完成镗圆柱孔及镗圆锥孔等的加工。数控平旋盘上刀架可以通过手动或自动换刀装置进行安装或拆卸。数控平旋盘的使用极大地提高了机床的柔性化，减少了刀具使用数量，理论上也减少了多轴机床的配置。

虽然平旋盘的用途和应用价值明显，有不少专家学者在结构优化、运动分析、有限元分析、功能完善、数控联动、轻量化设计等多方面做了研究，也有不少企业的机床上配有平旋盘，但高性能的平旋盘都是进口的。国产平旋盘在自动换刀、坐标轴联动、定位精度、重复定位精度、滑板移动时的动平衡调整、高速高精高效等方面和国际先进水平仍有明显差距。因此，开发生产具有当前国际先进水平的高精度平旋盘，解决相关的关键技术难题，对打破国外在高端数控机床领域的垄断地位，为我国大型设备制造企业提供先进的技术手段和设备，提升我国高端数控机床的制造水平，进而增强我国装备制造技术的能力，提高我国的综合国力是非常必要的。

# 3.3　精密加工中心

精密加工中心是一种带有刀库并能自动更换刀具，对工件一次装夹后进行多工序加工的数控机床。精密加工中心是高效、高精度数控机床，在加工过程中，数控系统能控制机床按不同工序自动选择、更换刀具，自动对刀、自动改变主轴转速、进给量等，连续地对工件各加工面自动地进行车削、铣削、钻削、镗削及攻螺纹等多工序加工。精密加工中心一般会在三轴加工中心的基础上增加一个或两个旋转轴，使得机床能够实现四轴或五轴联动加工的能力，解决三轴联动加工机床无法加工到或需要装夹时间过长的问题，提高了自由空间曲面的加工精度、质量和效率。

精密加工中心可以按照主轴在空间中所处的位置，分为卧式精密加工中心、立式精密加工中心和复合式精密加工中心等。

### 3.3.1　卧式精密加工中心

卧式精密加工中心是指主轴轴线与机床工作台平行的加工中心，此类加工中心主要加工箱体类零件，如减速器箱体、齿轮泵机座等。卧式精密加工中心具有分度转台或数控转台，可加工工件的各个侧面，也可联合多个坐标轴进行较复杂的空间曲面加工。

如图 3.27 所示，是某公司生产的 MCH63G 卧式精密加工中心，整个机床的主体结构如图 3.28 所示，主要由床身、立柱、主轴箱、主轴、工作台、自动托盘交换系统、排屑系统、刀库系统、冷却系统、润滑系统和防护系统等组成。

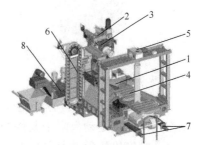

1-床身；2-立柱；3-主轴箱；4-工作台；5-交换工作台；
6-刀库；7-螺旋排屑器；8-链式排屑器

图 3.27　MCH63G 卧式精密加工中心　　　　图 3.28　卧式精密加工中心结构组成

(1)床身。如图 3.29 所示，该机床的床身采用正 T 形布局，箱形为封闭结构，床身一体化铸造而成。经过有限元软件进行分析优化，床身具有很强的刚性，如图 3.30 所示。床身上分布着 $X$ 轴方向和 $Z$ 轴方向直线导轨，直线导轨均采用高刚性、高精度、自润滑式的滚柱直线导轨。

图 3.29　床身结构示意图　　　　　　　　图 3.30　床身有限元分析

（2）立柱。如图 3.31 所示，该机床的立柱采用双柱封闭框架式结构，空腔内设置有较高的纵向和横向环形筋，使立柱具有较高的抗扭、抗弯刚性。立柱上分布着 $Y$ 轴方向直线导轨，导轨采用高刚性、高精度、自润滑式的滚柱直线导轨。

（3）主轴箱。如图 3.32 所示，该机床的主轴箱主轴部分采用高速精密电主轴，由 44kW 的内藏式电机直接驱动，可获得最高 12000r/min 的转速，最高 280N·m 的扭矩。同时，电主轴套筒配有恒温循环冷却系统，有效控制了主轴长时间或高速运转引发的温升，使机床主轴的长期运行得到保障。电主轴前端法兰盘处设有气幕保护装置，有效地阻止了外部灰尘及冷却液进入主轴单元内部。

图 3.31　立柱结构示意图　　　　　　　　　　　　图 3.32　主轴箱

（4）工作台。依据不同的功能需求，工作台可分为分度回转工作台和数控回转工作台。分度回转工作台的分度运动只限于某些规定的角度，不能实现 0°～360° 范围内任意角度的分度，常采用高精度鼠牙盘作为定位机构进行定位，能达到较高的分度定位精度，定位精度保持性好。如图 3.33 所示，数控回转工作台由交流数字伺服电机驱动，经过蜗轮蜗杆传动实现工作台回转。数控回转工作台可以实现任意角度的定位，常配置全闭环检测系统以实现高精度定位。

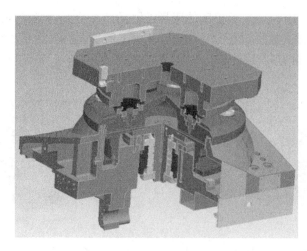

图 3.33　数控回转工作台结构示意图

　　(5) 自动托盘交换系统。如图 3.34 所示，自动托盘交换系统主要由工作台支架、交换支架、工作台、支架和凸轮分度箱组成。工作台交换是通过凸轮分度箱带动交换支架旋转实现的，工作台交换快速平稳。交换时，工作台到达交换位置后，位于加工区域的工作台锁紧油缸松开，交换支架通过油缸抬起，带动工作台一起抬升，然后凸轮分度箱带动交换支架旋转 180°，到达位置后，交换支架通过油缸落下，再通过工作台支架定位、锁紧工作台，工作台完成交换。

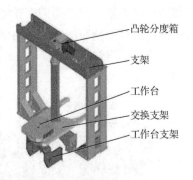

图 3.34　自动托盘交换系统示意图

　　如图 3.35 所示，卧式加工中心除了通过自动托盘交换系统配置成双托盘式卧式加工中心，还可通过自动物料搬运系统配置成多工位托盘池柔性制造单元。柔性制造单元广泛适用于箱体零件、壳体零件、盘类零件、异形零件的加工，可一次装夹 8 个工件并能够自动完成每个工件的 4 个面及圆周的铣、镗、钻、扩、铰、攻丝及空间曲面等多种工序加工，实现柔性加工。

　　如图 3.36 所示，凸轮分度箱主要由凸轮、入力轴、凸轮滚子、出力转塔和输出法兰组成。其工作原理是安装在入力轴中的转位凸轮与出力转塔连接，以径向嵌入在出力转塔圆周表面的凸轮滚子，与凸轮的锥度支撑肋在其相应的斜面进行线性接触。当入力轴旋转时，凸轮滚子沿凸轮的锥度支撑肋的斜面滚动，从而驱动出力转塔旋转。凸轮的锥度支撑肋的斜面分布要依据输出法兰的运动要求设计，锥度支撑肋通常与两个或三个凸轮滚子接触，以便入力轴的旋转可均匀地传送到出力轴。

图 3.35　多工位托盘池结构示意图

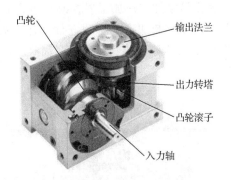

图 3.36　凸轮分度箱结构示意图

　　(6) 排屑系统。如图 3.37 所示，机床床身两侧设有排屑槽，可放置两套螺旋排屑器，将机床产生的废屑输送到机床后面的链式排屑器中，最后由链式排屑器排放到垃圾小车中。螺旋排屑器可实现长距离排屑、占地面积小、节省整机空间。使用过的切削液及润滑油回到冷却箱后，由油水分离机进行油水分离，过滤后再循环使用。

　　(7) 自动换刀系统。如图 3.38 所示，该机床刀库及自动交换系统能够与主轴松刀机构实现联动，换刀时间短、速度快、动作可靠。刀库采用链式结构，结构紧凑，刀座中镶有尼龙刀套，用以保护刀具锥柄不受损伤。刀具装入刀套，有四个钢球在弹簧力的作用下将刀柄尾部的拉钉夹紧，保证了刀库转动时刀具不会从刀座中掉出。机械手为可回转 180° 的单臂双手结构，具有三维空间运动，动作灵活、可靠、换刀迅速。机械手各个动作均由凸轮机构传动，工作平稳、操纵简单。

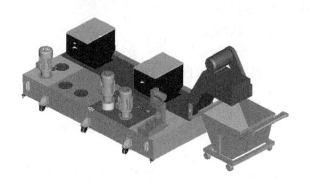

图 3.37　排屑系统结构示意图

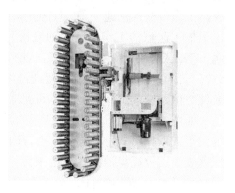

图 3.38　自动换刀系统

## 3.3.2　立式精密加工中心

立式精密加工中心是指主轴为垂直状态的加工中心，如图 3.39 和图 3.40 所示，按其结构主要分为定柱式立式精密加工中心(即工作台运动，立柱固定型结构)和动柱式立式精密加工中心(即工作台固定，立柱运动型结构)，其工作台多为长方形，无分度回转功能，与相应的卧式精密加工中心相比，结构简单，占地面积较小，价格较低，主要应用于加工板类零件、盘类零件或小型的壳体类零件，如法兰盘、导向套等。受立柱高度及换刀装置的限制，不能加工太高的零件，在加工型腔或下凹的型面时，切屑不易排出，严重时会损坏刀具，破坏已加工表面，影响加工的顺利进行。它一般具有三个直线运动坐标轴，根据工艺需求，可在工作台上安装单轴数控转台或双轴数控转台，用于加工螺旋线类零件，实现五轴联动加工的功能。

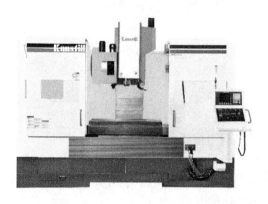

图 3.39　定柱式立式精密加工中心

图 3.40　动柱式立式精密加工中心

定柱式立式精密加工中心相较于动柱式立式精密加工中心，具有成本低，设计、制造比较容易，定柱式立式精密加工中心机床的立柱部件、主轴箱部件刚性好，在切削过程中主轴箱部件振动小等优点,应用广泛,属于传统的普及型立式精密加工中心。而动柱式立式精密加工中心常常将工作台做得很长,适用于各种长度的钢、铝、铜金属与非金属的钻孔、攻丝、铣削、倒角等轻型加工。虽然两种类型的立式精密加工中心在功能上存在差别,但结构基本相似。本节以定柱式立式精密加工中心为例,介绍其结构特点。

如图 3.41 所示,为某公司生产的 VMC850 立式精密加工中心结构示意图,整个机床主要由基础部件、自动换刀系统、防护系统和电气控制系统等组成。

基础部件主要由底座、立柱、机头、工作台、滑鞍、导轨和丝杠等构成,其中大型结构件均采用

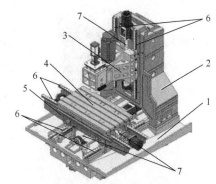

1-底座;2-立柱;3-机头;4-工作台;
5-滑鞍;6-导轨;7-丝杠

图 3.41　VMC850 立式精密加工中心结构示意图

高强度铸铁,内部金相组织稳定,主要承受机床的静载荷和切削负荷。如图 3.42 和图 3.43 所示,常借助现代化设计、分析软件对基础部件进行动、静态特性分析,保证了基础部件的高刚性。机床底座为箱体式结构,紧凑而合理的对称式筋结构保证了基础部件的高刚性和抗弯减振性能。立柱采用常规的“人”字形结构,与底座固定。工作台采用十字滑台结构实现 $X$ 轴、$Y$ 轴方向的移动,配合立柱上机头的 $Z$ 轴移动,实现了全部运动。

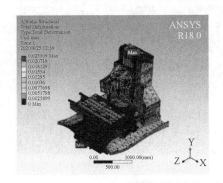

图 3.42　整机总体变形云图

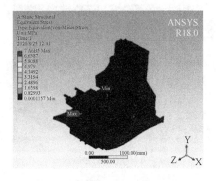

图 3.43　整机等效应力云图

$X$ 轴、$Y$ 轴、$Z$ 轴均采用直线滚动导轨,配以高精度滚珠丝杠副,滚珠丝杠经预拉伸后,大大增加了传动刚度并消除了快速运动时产生的热变形影响,因而确保了机床的定位精度和重复定位精度。滚珠丝杠采用中空冷却结构,在工作过程中,通入恒温循环冷却系统,减小了热量对丝杠变形的影响,使加工精度更加稳定。

如图 3.44 所示,机头部分主要由主轴箱、电机安装板、伺服电机、增压缸、同步带和主轴等组成,伺服电机的动力通过同步带传递到主轴上。在主轴工作前,通过调整电机安装板的前后位置来对同步带进行预紧,保证同步带的正常工作。在主轴工作时,通过增压缸活塞杆与主轴拉杆的相互作用,实现主轴对刀具的松开、夹紧控制,配合自动化换刀系统,实现机床的自动换刀功能。如图 3.45 所示,主轴箱作为主轴的主要承载部件,受力十分复杂,通常借助现代化分析软件对其进行分析,保证主轴箱有一定的强度和刚度。

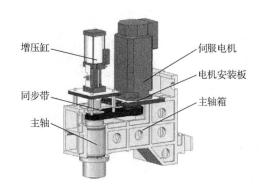

图 3.44　机头结构示意图

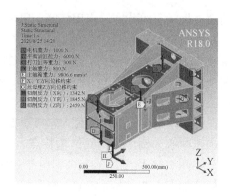

图 3.45　主轴箱边界载荷加载示意图

### 3.3.3　复合式精密加工中心

　　复合式精密加工中心是指通过主轴轴线与机床工作台之间角度的变化实现加工角度联动控制的加工中心。其采用"3+2"的结构，即由三个直线坐标轴 $X$ 轴、$Y$ 轴、$Z$ 轴和两个旋转坐标轴 $A$ 轴、$B$ 轴组成，可在数控系统的控制下，同时协调运动进行数控加工。如图 3.46 所示，根据两个旋转轴的组合形式不同来划分，五轴联动加工中心有双转台式、转台加摆头式和双摆头式三种形式，此类加工中心可加工复杂的空间曲面，如叶轮转子等。

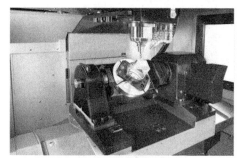

(a)双转台式

(b)转台加摆头式

(c)双摆头式

图 3.46　复合式精密加工中心

# 3.4　精密龙门加工中心

精密龙门
加工中心

## 3.4.1　精密龙门加工中心的组成和特点

精密龙门加工中心也称为精密龙门镗铣加工中心，它的工作台与主轴轴线是垂直分布的状态，如图 3.47 所示，精密龙门加工中心主要由床身、立柱、横梁、滑座、滑枕、主轴、工作台、刀库、附件头库、排屑器、操作箱、电气系统等部件组成，整体呈现门式框架结构，具有铣削、镗削、钻削(钻、扩、铰)、攻丝等多种加工功能。如图 3.48 所示，精密龙门加工中心常配置各种形式的附件铣头和自动分度回转工作台，工件经一次装夹就可以完成工件五面体的加工。

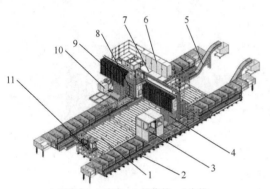

1-工作台；2-床身；3-操作箱；4-立柱；
5-排屑器；6-电气系统；7-维修平台；
8-滑座；9-横梁；10-刀库；11-附件头库

图 3.47　精密龙门加工中心结构示意图

图 3.48　精密龙门加工中心五面体加工示意图

精密龙门加工中心属于大型机床，是专门为了加工大型零件而设计的机床，主要应用于重工业，如飞机、汽车、船舶等行业中，主要加工大型复杂形状的工件，如加工飞机的梁、框以及大型机械上的某些零件等，如图 3.49（a）～（c）所示。

(a)汽车后挡泥板模具

(b)汽车发动机罩盖模具

(c) 大型汽车缸体

图 3.49　精密龙门加工中心典型零件

　　精密龙门加工中心可以实现高精加工，高精加工对机床结构的基本要求是"三高"，即静刚度高、动刚度高和热刚度高。如图 3.50 所示，在设计精密龙门加工中心时，通常借助有限元分析平台先对主要支承件进行动态性能研究、分析；再进行装配后的整机动态特性的分析，寻找整机结构动态特性的薄弱环节；最后对运动部件进行轻量化设计，尽量减小运动部件的惯量，提高系统比刚度。

　　如图 3.51 所示，精密龙门加工中心为保证上下移动横梁的运动精度，一般采用双伺服电机从立柱的两边同步驱动横梁上下运动，同时采用液压动平衡自动补偿技术，平衡动横梁及其上部件的重量，保证运行

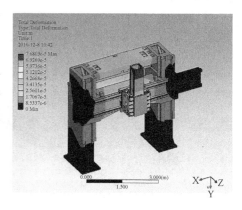

图 3.50　精密龙门加工中心整机结构分析

平稳。如图 3.52 所示，滑枕本身重量较重，在装载了附件铣头之后重量更重，常采用平衡油缸来平衡一部分重量，使得滑枕运行平稳，保证运动精度。

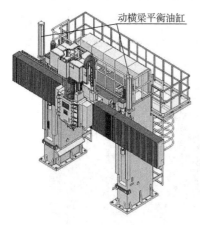

图 3.51　动横梁平衡

图 3.52　滑枕平衡

## 3.4.2　精密龙门加工中心的分类

根据龙门架的结构特点，可将精密龙门加工中心分为定梁式精密龙门加工中心、动梁式精密龙门加工中心、动柱式精密龙门加工中心和天车式精密龙门加工中心。

(1)定梁式精密龙门加工中心：指横梁固定，工作台移动的龙门加工中心。如图 3.53 所示，定梁式精密龙门加工中心具有传统龙门机床基础的框架高刚性、结构对称、稳定性强等很多优点，广泛应用于机械制造行业各种板类、箱体类、机架类等复杂零件的粗加工、精加工。

(2)动梁式精密龙门加工中心：指横梁上下移动，工作台移动的龙门加工中心。如图 3.54 所示，在保证机床加工刚性的前提下，可以有效增大机床的加工范围。同时，动横梁和滑枕的行程可以相互叠加，加工时可以有效避免主轴伸出过长而影响主轴的精度，工件加工时受力体系更合理，提高了加工刚性。

图 3.53　定梁式精密龙门加工中心

图 3.54　动梁式精密龙门加工中心

(3)动柱式精密龙门加工中心：指工作台固定，立柱移动的龙门加工中心。相较于其他形式的精密龙门加工中心，动柱式精密龙门加工中心可提供 $X$ 轴、$Y$ 轴、$Z$ 轴方向超大尺寸的加工空间，实现大型零件的精密加工。如图 3.55 所示，由立柱带动横梁前后运动，横梁上的主轴箱上下、左右运动，完成切削，动柱式精密龙门加工中心导轨在地面，可使用滑动导轨，立柱的移动需要大功率的电机带动，能耗较大，较为适合大型零件的重切削。

(4)天车式精密龙门加工中心：又称桥式精密龙门加工中心、高架式精密龙门加工中心，是指工作台固定，横梁移动的龙门加工中心。如图 3.56 所示，天车式精密龙门加工中心的结构较为紧凑，工作台面是固定的，节省了场地空间，不需要台面有非常大的功率电机来推动，所以能耗相对较低，通常情况下，使用直线电机直接驱动横梁移动，运行速度快、平稳，方便维修，而且维修成本低，比较适合大型零件的加工。

众所周知，高精密加工中心需要机床保持高精度，同时各轴响应要一致，因此各轴要有很好的伺服特性和惯量匹配，使得三个线性轴得到有效控制并能够响应旋转轴的速度和加速度。相较于精密加工中心的其他结构，工作台移动式精密龙门加工中心的移动重量是变化的，因此惯量和伺服特性是变化的，一般得不到高精度和低的表面粗糙度值；而移动式精密龙门加工中心，也因为龙门移动的重心高，在急加减速时会产生一个倾覆力矩，导致这种结构不能有快速响应，一旦快速响应就会导致精度变化及过切，所以这两种结构均不适合大型工件的高精度五轴加工的要求；而天车式精密龙门加工中心的结构运动质量可控且没有倾覆力矩，非常适合高速高精度加工，也是国际上普遍认可的大型高速铣和五轴龙门的结构形式。

图 3.55　动柱式精密龙门加工中心

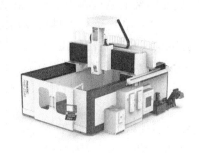

图 3.56　天车式精密龙门加工中心

# 3.5　精密镗铣加工中心

精密镗铣
加工中心

　　精密镗铣加工中心是用途较为广泛的重型机床，不仅具有很高的精度，能满足高精度镗削、铣削的加工，而且能满足大功率镗削、铣削的要求，适用于重型机械、工程机械、机车车辆、大型电机、水轮机、汽轮机、船舶、核电、大型环保设备等行业。精密镗铣加工中心与特定的附件铣头配合使用，可对工件进行五面体加工，以及对各种复杂型面进行三坐标加工，广泛适用于各机械加工领域，能在一次装夹内完成多种工序，是能源、军工、船舶、电力、核工业、交通、橡胶、矿业、冶金、重型机械等国家重点行业所需的关键设备。

　　精密镗铣加工中心按其结构和功能可分为卧式精密镗铣加工中心和落地式精密镗铣加工中心两大类。

## 3.5.1　卧式精密镗铣加工中心

　　如图 3.57 所示，为某公司生产的 TH6213 卧式精密镗铣加工中心，其结构组成如图 3.58 所示，主要包括：工作台、前床身、排屑器、刀库、冷却系统、主轴箱、立柱、液压系统、氮气平衡系统、电气控制系统和后床身等，整个机床主体以 T 形结构进行布局，采用分离式床身，该类型机床又称为刨台式结构，立柱沿 Z 轴方向在后床身上前后移动，工作台沿 X 轴方向在前床身上左右移动，主轴箱以正挂箱形式沿 Y 轴方向上下移动。主轴位于主轴箱的中心，主轴箱两侧对称，在机床运行过程中产生高温，温度会引起结构形变，影响主轴的稳定，使其发生位移，因此正挂箱式的结构能保证机床稳定，提高机床加工制造精度。

　　T 形刨台式结构较多应用在重型、大型机床上，可配置托盘自动交换系统，可以在加工的同时装夹待加工工件，提高机床的运行效率，该结构还可应用于柔性单元，配以自动线形成柔性加工制造系统，提高了机床综合加工效率。

　　机床工作台、前床身、后床身、立柱、主轴箱等是机床的重要支撑件，起到支撑各种加工零件的作用，它们结构的动态性能将直接影响到机床加工精度、机床稳定性和生产效率。为保证机床高速、高效、高精度的设计要求，通过对各支承件进行有限元分析计算，找出结构的薄弱环节，从而提前改进结构，进行优化，同时可以在生产制造环节进行适当的补偿，从而达到理想的效果。如图 3.59 所示，为通过有限元分析得到的机床立柱的六阶振型图，有效保证了机床立柱在设计阶段具有良好的动态特性。

图 3.57　TH6213 卧式精密镗铣加工中心

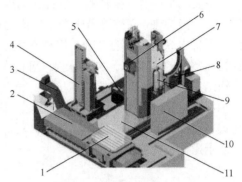

1-工作台；2-前床身；3-排屑器；4-刀库；
5-冷却系统；6-主轴箱；7-立柱；8-液压系统；
9-氮气平衡系统；10-电气控制系统；11-后床身

图 3.58　TH6213 卧式精密镗铣加工中心结构组成

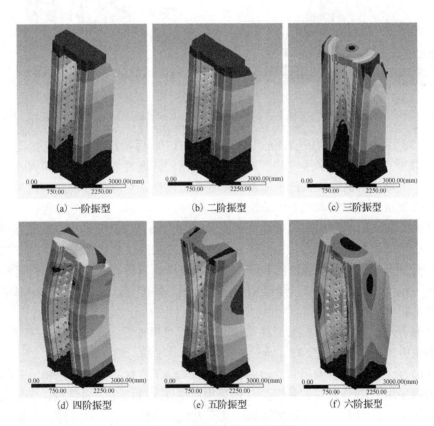

(a) 一阶振型　　　　　　(b) 二阶振型　　　　　　(c) 三阶振型

(d) 四阶振型　　　　　　(e) 五阶振型　　　　　　(f) 六阶振型

图 3.59　机床立柱的六阶振型图

## 3.5.2　落地式精密镗铣加工中心

如图 3.60 所示，为某公司生产的 TH6918 落地式精密镗铣加工中心，结构组成如图 3.61 所示，主要包括床身、操作箱、立柱、刀库、主轴箱、回转工作台等，整体采用分离式结构，共包含 5 个坐标轴：立柱等沿床身导轨横向移动的 $X$ 轴，主轴箱沿立柱导轨上下移动的 $Y$ 轴，镗杆在滑枕内纵向移动的 $Z$ 轴，滑枕在主轴箱内纵向移动的 $W$ 轴，独立的回转工作台 $B$ 轴。主轴箱以侧挂的方式位于立柱外侧，可以在导轨上呈上下运动状态，通常情况下运用封闭式矩形箱结构，该结构具有抗变、抗扭、抗弯等特性，可保证在机床加工过程中稳定运行。通常主轴部分可配置双摆角数控万能铣头、平旋盘等附件铣头，以扩大机床使用范围，增强了落地式精密镗铣加工中心的加工性能。机床主轴部分离地较高，通常会增加可升降式的操作箱，便于操作人员使用。

图 3.60　TH6918 落地式精密镗铣加工中心　　　图 3.61　TH6918 落地式精密镗铣加工中心结构组成

如图 3.62 所示，床身采用树脂砂造型的高强度 HT300 优质铸铁件，性能优良、质量稳定。筋板采用近似正方形截面轮廓尺寸的框架型封闭式结构，通过筋板的合理布置，并经过有限元分析计算，发现床身具有优良的机床基础刚性和抗震性。合理的导轨油回收沟槽，可使机床实现无污染使用，节省成本，工作场地环保。

如图 3.63 所示，立柱采用树脂砂造型的高强度 HT300 优质铸铁件，并经二次回火、振动时效处理，去除铸铁件内部应力，从而使机床具有良好的刚性和精度保持性。立柱采用中空箱式结构，在四周内壁上进行合理的补筋，从而使机床具有良好的抗扭曲和抗弯曲能力，同时具有良好的精度稳定性。导轨表面经中频淬火处理，硬度高，导轨采用双矩形窄式组合导向，受热变形影响小，导向性高。

如图 3.64 所示，滑座用于支撑立柱移动，并通过封闭式恒压静压导轨在床身上移动。滑座底部由多块等腔的导轨铜板支撑，承载能力强、移动平稳、精度高。

如图 3.65 所示，主轴箱为箱式导轨结构，里面安装了滑枕和主轴变速箱，采用恒压静压导轨。主轴箱采用 HT300 优质铸铁件，里面采用网格筋，强度高、质量轻。为了安装方便，采用分体式结构，既加工方便、安装简单，又不失整体刚性，工艺性能好。主轴箱内部安装驱动滑枕运动的精密滚珠丝杠与高精度光栅尺，使滑枕的伸缩形成伺服插补轴。

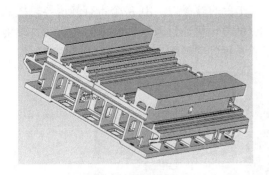

图 3.62　床身结构

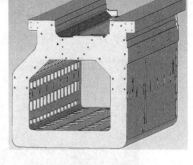

图 3.63　立柱结构

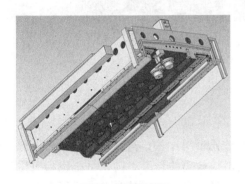

图 3.64　滑座结构

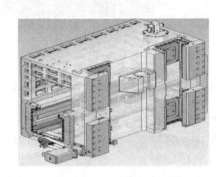

图 3.65　主轴箱结构

　　如图 3.66 和图 3.67 所示，主轴主要由主轴电机、减速箱、滑枕、镗杆等部分组成，主轴电机通过高精度齿轮减速箱将动力传递至镗杆上，同时采用大功率交流伺服主轴电机，可任意实现机床大功率切削和高精度小功率切削。滑枕采用全封闭式结构，四面为静压导轨，具有机械对称性和热对称性。镗杆采用 38CrMoAl 材料，经过多次特殊工艺热处理及表面氮化硬化处理，具有强度高、耐磨性好、抗震性强等特点。滑枕内部安装滑枕弯曲调整液压缸系统，液压油通过伺服比例阀控制，精确调整滑枕自身伸出时的挠度补偿，保证机床的加工精度。

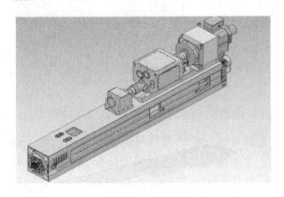

图 3.66　主轴结构

图 3.67　滑枕和镗杆伸出结构

如图 3.68 所示，回转工作台采用静压驱动转台，工作台 $B$ 轴旋转和 $V$ 轴移动均使用静压导轨，通过毛细管调节静压腔压力，稳定可靠。工作台的颠覆力矩由 8 个带有静压导轨板的压板承受，能够实现最大 80 吨的承重，承载力大。伺服电机通过双减速齿轮机构驱动 $B$ 轴旋转，实现无间隙传动，配合高精度光栅尺，保证了 $B$ 轴的回转精度。

(a) 工作台外观

(b) 毛细管分布

(c) 双减速齿轮消隙

图 3.68　回转工作台

### 3.5.3　精密镗铣加工中心关键技术

#### 1. 滑枕的挠度变形补偿技术

如图 3.69 所示，当滑枕从主轴箱内伸出时，形成悬臂梁结构，滑枕的自重较大，加上内部铣轴、镗轴的重量，滑枕会产生弯曲变形，而且滑枕伸出的长度不同，重心也相应移动，变形量也不同，使得机床产生非线性的变形误差，影响机床的加工精度。为了平衡滑枕的挠度变形，常采用机械-电气-液压一体化的滑枕自重变形补偿机构。如图 3.70 所示，在滑枕的上端对称安装两个拉紧杆，拉紧杆前端连接拉套，拉紧杆后端通过锁紧螺母连接液压油缸，通过液压油缸使拉紧杆对滑枕产生一个拉力，并且可以随着滑枕变形的大小自动调整液压油缸的油压，实现对滑枕伸出移动后低头的自动补偿。

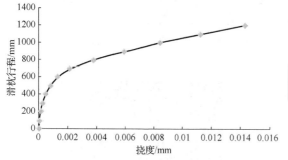

1-滑枕；2-滑枕盖板；3-锁紧螺母；4-液压油缸活塞；
5-拉紧缸体；6-拉紧杆；7-拉套

图 3.69　滑枕挠度随行程变化图　　　　图 3.70　滑枕挠曲变形补偿拉紧杆结构图

液压的控制来自滑枕伸出量的检测，将滑枕移动光栅尺的模拟信号转换为电压信号，输入到伺服比例阀中，再根据现场得到的经验值校正电压信号与伺服比例阀的关系，使伺服比例阀的输出完全模拟实际来控制伸缩油缸的伸缩。这样就实现了滑枕的挠度补偿，具体结构见图 3.71。

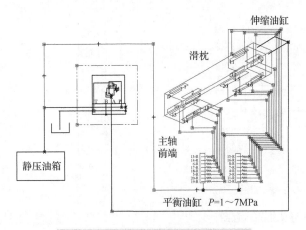

图 3.71　滑枕自动补偿结构液压示意图

### 2. 滑枕的热变形补偿技术

机床在设计时已充分考虑了机床少产生热量和带走机床各部件热量的方法及工艺,但机床在实际运行时难免会产生一些不正常的发热,造成机床局部温度场的不均匀,从而影响机床的精度。如图 3.72 所示,在机床的设计制造阶段,将滑枕的结构设计成热对称性结构,有效减小了温度变化引起的滑枕变形。在机床工作时,建立机床温度场,测量机床上各温度点在不同工况下的温度分布,同时利用主轴热变形分析仪检测机床的主轴热变形,根据测量结果调整机床数控系统的参数,以实现机床在加工时的精度补偿。

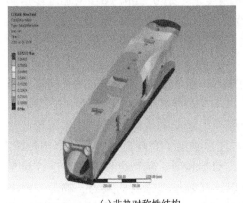

(a) 非热对称性结构

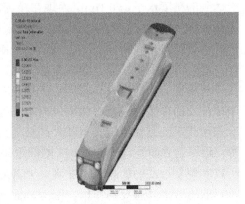

(b) 热对称性结构

图 3.72　非热对称性结构和热对称性结构热特性分析对比

### 3. 静压技术

如图 3.73 所示,机床导轨均采用集成闭式静压导轨,在向上的负载支撑面和向下的倾覆力矩支撑面上采用了静压板,左右导向面上采用塞铁和静压板,可以保证机床具有更高的刚性和精度保持性。静压技术使得导轨在油膜上移动,保证了导轨轻摩擦、无磨损,减少了机床因重量过大产生的爬行,使机床的进给系统具有良好的动态响应特性。如图 3.74 所示,为通过激光跟踪仪测量 $X$ 轴的定位精度和重复定位精度的结果图,从图中可以看出,$X$ 轴进给系统的跟踪误差较小,系统稳定,具有较好的精度。

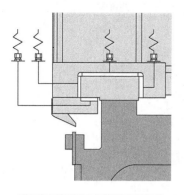

图 3.73　静压导轨结构示意图

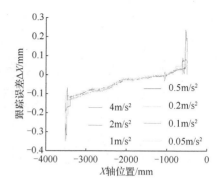

图 3.74　$X$ 轴精度测量

# 3.6　超精密智能机床产品

随着航空航天、高精密仪器仪表、惯导平台、光学和激光等技术的迅猛发展和多领域的广泛应用，对各种高精度复杂零件及光学零件加工需求的快速增长，促进了精密和智能加工技术水平的迅速发展。20 世纪 50 年代，精密加工能达到的精度水平是 3～5μm，超精密加工能达到的精度水平是 1μm。到 70 年代后期，精密加工能达到的精度水平是 1μm，超精密加工能达到的精度水平是 0.1μm，而现在精密加工能达到的精度水平是 0.1μm，超精密加工能达到的精度水平是 0.001～0.01μm。智能机床在机、电、液、气、光元件和控制系统方面；在加工工艺参数的自动收集、存储、调节、控制、优化方面；在智能化、网络化、集成化后的可靠性、稳定性、耐用性等方面都有很大的发展。

超精密机床的研发和制造是一项走在国际前沿的技术，引领装备制造业的发展向着人类未曾涉及的深度迈进。超精密机床也是德国、美国、日本等严格控制输出的设备，它是加工一些现代军工高性能超大型部件的必需设备，如超低噪声的潜艇螺旋桨、先进战机涡轮叶片等。除军工方面外，超精密机床的应用领域还有很多，几乎涵盖了高端机械制造的全部领域，可以实现复杂曲面的超精密加工，尤其对于航空航天、前端科研、精密器械和高精医疗设备等行业有着极其重要的作用。因此，面向国家重大需求，必须投入必要的人力、物力，自主发展精密和超精密加工机床，使我国的国防和科技发展不会受制于人。这方面也需要有更多的青年学子树立科技报国、实干兴邦的奋斗理念。

下面介绍国内外部分具有代表性的超精密智能机床产品。

## 3.6.1　德国纳米加工中心

德国科恩(Kern)精密技术公司生产的 Kern Pyramid Nano 是适用于中批量和大批量生产的金字塔式纳米加工中心(图 3.75)，其为 3～5 轴联动，定位精度为±0.3μm，加工表面粗糙度不大于 0.05μm。

科恩金字塔式纳米加工中心的主体结构是对称的金字塔龙门框架，采用科恩精密技术公司取得专利的 Armorith 人造花岗石材料铸造。这种复合材料的热传导率很低，可以保证机床的热均衡稳定性和刚性，与智能温度管理系统配合，能抵御各种温度变化对机床加工精度的影响，同时具有高结构强度与良好的减振阻尼性能。

从图 3.75 中可见，机床床身和龙门框架是由人造花岗石铸造的，工作台、主轴部件、电气控制柜和切屑收集系统则是金属构件。

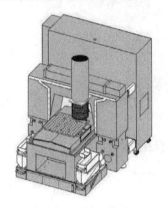

图 3.75　科恩金字塔式纳米加工中心

该机床具有智能化温度管理系统，独立的水冷却系统用于主轴、液压单元、电气控制柜以及冷却装置本身的冷却。循环的液压油在床身、静压导轨和各运动轴的驱动装置中持续流动，进行冷却。温度管理系统使中央冷却箱的温度控制在 ±0.25℃，降低了对环境温度控制的要求。

科恩金字塔式纳米加工中心的三个直线驱动轴皆采用静压导轨和静压丝杠，具有接近零摩擦、无磨损、无噪声、高动态刚性、低能耗和高阻尼等一系列优点；可以实现高加速度和最小为 0.1μm 的微量直线移动；保证在很小的进给速度时也没有爬行现象。此外，液压驱动系统的温度对切削力的大小不敏感。

在机床左侧配置自动工件交换装置。机床配备非接触式激光测量装置，用以在主轴旋转时测量刀具的长度、直径和同心度。测量数据自动传输到海德汉数控系统，必要时可进行补偿或更换备用刀具。

## 3.6.2　美国超精密车床

美国摩尔纳米技术系统(Technological System)公司的 Moore450UPL 型超精密车床，是最早商品化的超精密加工机床，其外观如图 3.76 所示。机床底座结构采用内置冷却槽的整体复合式聚合物花岗岩结构，主轴部分采用抗冲击多孔石墨空气轴承工作主轴，在全部转速范围内主轴移动误差小于 12.5nm，$C$ 轴分辨率为 0.01rad/s。机床采用闭环控制冷水机，冷水机带有控制精度为 ±0.5° 的内置 PID 控制器，可提供循环冷却水，通过环绕在空气轴承主轴的马达和轴颈管道进行冷却，以维持主轴的热稳定和刀具的重复性。

机床采用单晶金刚石车削工艺，其中单晶金刚石刀具是采用单晶金刚石制造的尺寸很小的切削刀具，其刀尖半径可以小于 0.1μm，工件加工后的表面粗糙度可达纳米级，因此能在硬材料上直接切削出具有极光洁的表面和超高精度的微小三维特征，适用于塑料镜头注塑模模芯、铝合金反射镜以及有机玻璃透镜等复杂形状零件的加工。

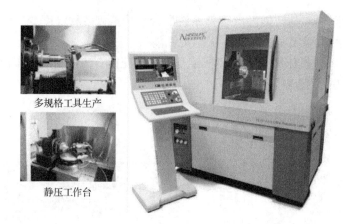

图 3.76　Moore450UPL 型超精密车床

### 3.6.3　英国模辊切削机床

英国克兰菲尔德大学 ECORl664 系统模辊切削机床总体布局如图 3.77 所示，该机床与上述设备采用了不同的布局形式，主要体现在导轨和拖板的布局上。

英国克兰菲尔德大学 ECORl664 系统模辊切削机床传统的模辊超精密机床的直线轴 X 轴和 Z 轴如图 3.78(a)所示，支撑位置较低，机床变形、振动等因素对刀尖与模辊之间的距离有显著影响；而采用改进的布局结构，如图 3.78(b)所示，提高了支撑位置，偏移量大大降低，从而减小了切削区域对机床变形、振动的敏感性，降低了机床几何误差，提高了切削稳定性。德国库格勒公司的 DrumLatheTDM 系列机床导轨也采用了类似的斜体式布局。

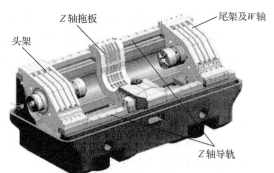

图 3.77　英国克兰菲尔德大学
ECORl664 系统模辊切削机床总体布局

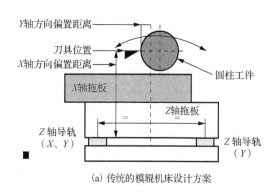

(a) 传统的模辊机床设计方案

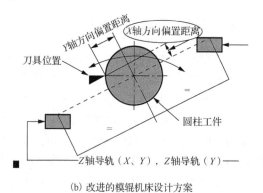

(b) 改进的模辊机床设计方案

图 3.78　模辊超精密机床布局结构改进

### 3.6.4　中国弧面凸轮五轴磨削中心

我国广州敏嘉制造技术有限公司生产的 AMT406 弧面凸轮五轴磨削中心（图 3.79）是国家"高档数控机床与基础制造装备"科技专项的最新产品，该产品主要用于刀库换刀机构弧面凸轮加工工艺，是具有自主知识产权的弧面凸轮制造专用设备，满足了功能部件企业的需求，提升了国产刀库的设计制造水平。

五轴磨削中心

AMT406 弧面凸轮五轴磨削中心的刀具主轴功率为 16kW，$A/B$ 轴定位精度为 $\pm 0.0005°$，刀具主轴最高转速为 12000r/min，加工凸轮的最大直径为 400mm，$A$ 轴行程为 $N \times 360°$（其中 $N$ 为圈数），加工凸轮最小头数 4 个，$B$ 轴行程为 $\pm 72°$。该产品采用卧式结构，具有五个坐标轴，分别为三个直线轴 $X$、$Z$、$W$ 和两个回转轴 $A$、$B$，其中 $A$、$B$ 采用无间隙电主轴直接进行驱动。机床磨削主轴为内装式电主轴，砂轮成型磨削，采用可变径技术，提高了磨削的精度并解决了砂轮磨损的补偿问题。在对弧面凸轮进行加工时，先将 $Z$ 轴方向滑板和 $W$ 轴方向滑板移动到适宜的位置固定不动，以保证弧面凸轮的弧面圆心落到回转台的旋转中心轴线上。砂轮可以绕磨削主轴的轴线做旋转的同时随着回转台的回转而绕回转台的中心轴线来回摆动。砂轮相当于弧面凸轮从动盘的滚子，模拟弧面凸轮工作状态进行加工，加工效率高，加工精度好。

(a) 外观图　　　　　　　　　　　　　　(b) 内部结构图

(c) 弧面凸轮零件

图 3.79　AMT406 弧面凸轮五轴磨削中心

## 3.7　高端数控金属成型机床分类

金属成型机床也称为锻压机床，是通过压力或剪切成型对金属或其他材料的坯料或工件进行加工，使之获得所要求的几何形状、尺寸精度和表面质量的机器。随着数控、伺服控制等技术的不断进步和成熟，金属成型机床发展成高端数控金属成型机床，主要包括：伺服压力机、智能压铸装备、智能数控折弯机床等产品及其自动化单元、自动化加工中心、自动化生产线等。

高端数控金属成型机床是高端数控装备的重要组成部分，在航空航天、汽车制造、交通运输、冶金化工等重要工业部门得到了广泛应用。当前我国汽车制造、交通运输、国防军工、航空航天、清洁能源、油气开采输送、工程机械、农业机械蓬勃发展，使得金属成型机床的需求量不断增加。同时，随着社会发展水平和生活水平的提高，用户对产品的外观、质量等方面精细化程度的要求越来越高，对金属成型机床的精度和自动化程度的要求也越来越高，从而推动了金属成型机床技术水平的高速发展。

# 3.8　伺服压力机

伺服压力机又称为智能压力机，是一种新型冲压装备，其传动原理如图 3.80 所示。与传统压力机相比，伺服压力机在摒弃传统机械压力机飞轮和离合器等耗能部件的基础上，采用计算机控制的交流伺服电动机直接作为压力机的动力源，通过螺旋、曲柄连杆、曲柄肘杆等执行机构将电动机的旋转运动转化为滑块的直线运动，在不改变机械结构的前提下，利用伺服控制技术任意更改滑块的运动特性曲线，对滑块的位移和速度进行全闭环控制，实现了滑块运动特性可控，工作性能和工艺适应性大大提高，更好地满足了冲压加工柔性化、智能化的需求。此外，伺服压力机还有以下突出优点：①滑块的位置精度可以准确控制到 0.01mm，保证下死点的精度，提高了零件的加工精度；②可以根据工艺需要随意调节压力机的工作行程，工作频率高于普通机械压力机，且简化了传动环节，减少了维修次数，节省了能量，大大提高了压力机的工作效率；③通过降低滑块与板料的接触速度，可大幅减小噪声和振动，延长了模具的寿命。

## 3.8.1　伺服压力机的分类

按照增力机构的结构分类，伺服压力机主要分为伺服曲柄压力机、伺服螺旋压力机、混合型伺服压力机和伺服液压机等。

**1) 伺服曲柄压力机**

一般的机械式曲柄压力机的传动原理如图 3.80 所示，电动机通过小齿轮、大齿轮（飞轮）和离合器带动曲轴旋转，再通过连杆使滑块在机身的导轨中做往复运动，滑块运行至下止点前达到最大公称吨位，行程固定不可调节。与机械式曲柄压力机不同的是，伺服曲柄压力机采用交流伺服电机取代了普通电动机，取消了飞轮、离合器，同时安装了大电容来储存电能，简化了中间的传动环节，提高了压力机的工作效率。

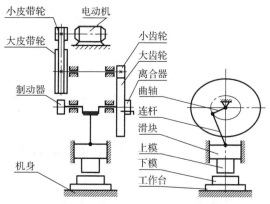

图 3.80　机械式曲柄压力机的传动原理

**2) 伺服螺旋压力机**

如图 3.81 所示，一般的螺旋压力机是采用螺杆、螺母作为传动机构，并靠螺旋传动将飞轮的正反向回转运动转变为滑块的上下往复运动的锻压机械。在工作时，电动机使飞轮加速旋转以储存能量，同时通过螺杆、螺母推动滑块向下运动。当滑块接触工件时，飞轮被迫减速至完全停止，储存的旋转动能转化为冲击能，通过滑块打击工件，使之变形。打击结束后，电动机使飞轮反转，带动滑块上升，回到原始位置。而伺服螺旋压力机通过同步带传动将伺服电机的动力传递到螺杆上，从而将旋转运动转变为直

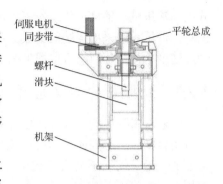

图 3.81　伺服螺旋压力机传动结构图

线运动，其运动特性类似于液压机，在全行程均可获得额定压力。由于螺杆承载能力有限，滑动螺旋效率低，压力机吨位不能太大。伺服螺旋压力机在启动后，只要失去控制电压，电机立即停转，所以在压力机实施打击动作以外的时间耗电量几乎可以忽略不计，比摩擦压力机省电约 60%，而且由于伺服电机的优越性能，伺服螺旋压力机运行更为平稳、精确，可实现超短行程内的快速打击。

**3) 混合型伺服压力机**

混合型伺服压力机是指将连杆和螺旋传动等机构组合成新型的传动机构，驱动滑块上下运动。如图 3.82 所示，日本网野公司(AMINO)机械连杆式伺服压力机就是一种混合型伺服压力机，伺服电机通过齿轮减速机将动力传递到螺杆上，再通过螺杆驱动左右对称的肘杆机构带动滑块上下运动，采用这种传动方式，可以获得较大的增力比，制造更大吨位的压力机。但是该压力机只能在下死点附件产生大的增力效果，不适用于全程需要较大压力输出的应用场合；另外工作时螺杆需要频繁正反转，工作频率不能太高。

**4) 伺服液压机**

伺服液压机采用伺服电机驱动主传动油泵，形成一种新的泵控伺服液压系统，不仅可以提高系统的工作性能，简化系统结构，而且可以实现高效的容积调速，减少甚至完全消除待机、保压时的能量消耗，从而大大减少了设备的耗能，适用于冲压、模锻、压装、校直等工艺。与普通液压机相比，伺服液压机系统总体控制中不含比例伺服阀或比例泵环节，伺服液压机具有节能、噪声低、温升小、柔性好、效率高、维修方便等优点，可以取代现有的大多数普通液压机，具有广阔的市场前景。如图 3.83 所示，为扬力公司生产的 GMK 系列伺服门式

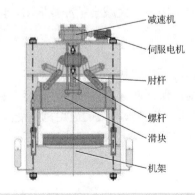

图 3.82　日本网野公司机械连杆式伺服压力机原理图　　图 3.83　扬力公司 GMK 系列伺服门式高速液压机

式高速液压机，整机较传统液压机可实现节能 20%～50%、噪声小于 75dB、温升小于 22℃，同时，液压系统采用插装阀集成系统，动作可靠，使用寿命长，液压冲击小，滑块的工作压力、速度、行程范围均可根据工艺需要进行调整。

## 3.8.2　伺服压力机的应用

随着材料强度的增大及冲压件复杂度的提高，传统压力机需在速度、冲压能力及灵活性上有所牺牲。一台好的压力机可优化既有的冲压过程，使冲压工厂得以用更少的设备来获得更多的产量。伺服压力机可运用于各类型的冲压加工方法及多种产业，满足不同的需求和应用。

如图 3.84 所示，伺服压力机通过其强大的伺服马达和控制系统，根据不同的加工目的，可调配出最适合的冲压曲线，精确控制滑块的运动，达到产能提升与质量改善的目的。通过人性化的操作面板，可轻松设定各种冲压曲线参数，使冲压加工更智能。

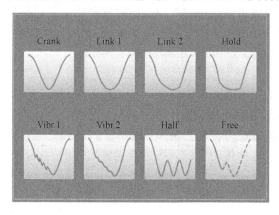

图 3.84　可编程及优化冲压曲线

**1）静音冲裁**

制造业中有 60%以上的压力机是用于下料和冲孔等冲裁加工的，在压力机上进行冲裁工作时，材料断裂的瞬间工作负荷突然消失，积聚在机身和传动机构中的弹性变形势能会在很短时间内释放，产生剧烈的振动和巨大的噪声，不仅损坏设备和模具，而且恶化生产环境、危害工人健康。精确控制滑块的运动，可有效降低压力机弹性变形势能的释放速度，使所储存的弹性变形势能在材料完全断裂之前就基本释放完毕，大大减小了冲裁振动，降低了噪声。

**2）精密冲裁**

精密冲裁是指缩小冲头与冲模的间隙，利用压板和反压约束材料进行塑性加工的方法，精密冲裁的意义就是减少或消除冲裁工件断口处的毛刺，保证冲裁质量和尺寸精度。目前，传统精密冲裁中需要采用高成本的高精度模具或级进模具，使精密冲裁的应用范围受到限制。而在伺服压力机上，只要通过精确控制滑块的运动过程，就可以实现精密冲裁加工，采用了精密冲裁加工后，零件可免去后加工处理。

# 3.9　智能压铸装备

　　智能压铸装备是一种利用高压强制将金属熔液压入形状复杂的金属模具内而成型的智能化精密铸造装备，这种装备生产的零件称为压铸件。如图 3.85 所示，大多数压铸件都是不含铁的，如锌、铜、铝、镁、铅、锡以及它们的合金，广泛应用于玩具、家用工具、建材五金、工业零件、通信、汽车零件、电子产品、灯具、电动工具、饰品等行业和领域。

(a) 铝合金压铸件

(b) 镁合金压铸件

(c) 铜合金压铸件

(d) 铅合金压铸件

图 3.85　典型压铸件

　　压铸装备操作过程简单，生产效率高，易实现智能化生产。压铸件的尺寸精度和表面质量都非常高，在大多数情况下，压铸件不需再切削加工即可装配应用。压铸件的表层金属组织致密，拥有很高的强度和耐磨性。将压铸件的配合零件放入压铸模具内，使得压铸件和配合零件一起压铸成型，可代替部分装配工作量，提高了生产效率。然而压铸生产也有一定的局限性，一方面，压铸件因压铸时速度过快，模具腔内气体很难排尽，易出现气孔和缩松等铸造缺陷问题，影响压铸件的使用。另一方面，压铸需要的压铸装备、压铸模具等工艺装备结构复杂，成本较高，不适合小批量生产。

## 3.9.1　智能压铸装备的组成

　　如图 3.86 所示，智能压铸装备的基本结构主要由以下几部分组成：机座、压射装置、合模装置、电气控制柜、取料机械手及合金熔炉等。另外，还需配置保温炉等辅助装置。

　　(1) 机座：作为整个装备的主要承载部件，受力十分复杂，常采用铸件或者焊接件，整体结构需有较好的刚度和强度。

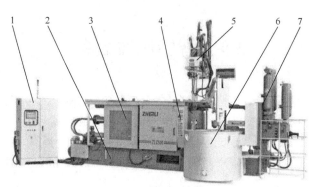

1-电气控制柜；2-机座；3-合模装置；4-控制面板；5-取料机械手；6-合金熔炉；7-压射装置

图 3.86　智能压铸装备结构组成

(2)压射装置：是用于把液态金属推入模具型腔并充满至成型的装置。如图 3.87 所示，压射装置主要由射料室、射料冲头、增压活塞杆、快压射蓄能器和增压蓄能器等部件构成。在压铸过程中，通过智能化的电气控制系统，可精确控制压射过程中的压射速度、压射力等参数，以达到压铸工艺的要求，保证金属液高速、高压填充入模具型腔，直至最后压铸件的成型。

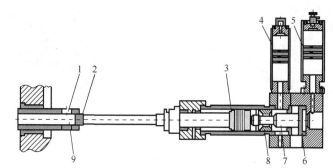

1-浇料口；2-射料冲头；3-活塞；4-快压射蓄能器；5-增压蓄能器；6-增压活塞；
7-增压活塞杆；8-浮动活塞；9-射料室

图 3.87　压射装置结构图

(3)合模装置：主要功能是完成模具的开启、合拢及压铸件的顶出等工作。如图 3.88 所示，合模装置主要由固定模板、活动模板、拉杆、油缸、连杆、模具调整机构、制品顶出机构等组成。合模装置的性能将直接影响到压铸装备的工作性能，良好的合模装置有助于改善压铸装备的工作精度、模具的使用寿命以及操作安全性等，包括压铸模具的装卸和清理，压铸件的取出，尤其在模具合拢后，必须提供足够的压力将模具锁紧，确保在压射填充的过程中模具分型面不会张开。

(4)液压系统：作为压铸机的动力来源，驱动各个运

图 3.88　合模装置

动机构的正常运行。智能压铸装备借助可编程控制系统控制各种新型的液压元件和电气元件，实现液压系统的高效运转，满足装备多样化的工艺需求。

(5) 电气控制系统：给机器提供动力并保证机器按预定的压力、速度、温度和时间工作，主要由电动机、PLC 控制系统及各种电器元件、电器线路组成。

(6) 辅助装置。压铸装备常配置金属液自动浇注装置、自动取料机械手以及为方便装模而设置的合模部分拉杆与定模板自动分离操纵机构等辅助装置，提升了压铸装备的自动化水平，减少了人工操作。

## 3.9.2　智能压铸装备的分类

压铸装备按压室浇注方式一般分为热压室及冷压室两种，按压室结构和布置方式又可分为卧式、立式两种。卧式结构主要是指压射装置和合模装置呈水平分布，立式结构主要是指压射装置呈垂直分布、合模装置呈水平分布，全立式结构是指压射装置和合模装置呈垂直分布。

智能压铸装备

### 1) 热压室压铸

如图 3.89 所示，热压室压铸装备的加料系统包括金属熔炼、保温部分与压射装置，其中，压射装置直接浸没于金属池中，金属池内是熔融状态的液态、半液态金属，这些金属在压力作用下填充模具。热压室压铸装备的金属熔化过程简便，整个系统循环时间短。但是，热压室长期处于高温金属池中，不仅会缩短压射装置的寿命，而且会增加压铸合金的杂质，降低压铸件的性能。因而，通常来说热压室压铸机用于锌、锡以及铅等低熔点合金，而且多用于压铸小型铸件。

### 2) 冷压室压铸

冷压室压铸装备不带金属熔炼和保温装置，机床上常配有自动加料装置。如图 3.90 所示，在这种工艺中，需要在一个独立的坩埚中先把金属熔化掉，然后将熔融金属转移到未被加热的注射室或注射嘴中，最后通过压力将熔融金属注入模具中。由于熔融金属经过多道工序才能到达模具内，循环时间较长，效率低于热压室压铸工艺，但是，冷压室压铸装备可用于铝合金、镁合金、铜合金及黑色金属的压铸成型，同时在采用卧式结构时，可根据压铸工艺的要求，配置大吨位的卧式压射缸，用于大型压铸件的加工。

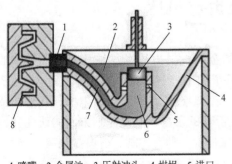

1-喷嘴；2-金属池；3-压射冲头；4-坩埚；5-进口；6-压室；7-通道(鹅颈管)；8-压铸模具

图 3.89　热压室压铸原理

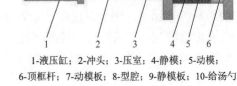

1-液压缸；2-冲头；3-压室；4-静模；5-动模；6-顶框杆；7-动模板；8-型腔；9-静模板；10-给汤勺

图 3.90　冷压室压铸原理

### 3.9.3　智能化压铸单元

随着科技的发展以及市场上对大型压铸件与日俱增的需求，我国压铸装备的技术水平也在不断提高，逐步向智能化压铸单元发展，为压铸企业技术升级提供了强有力的装备支持。压铸技术的发展，将有助于压铸机械设备水平的提高，从而提高铸件的品质和技术水平，促进了铸件业的发展。图 3.91 为力劲集团生产的大型智能化压铸单元。

图 3.91　力劲集团生产的大型智能化压铸单元

该智能化压铸单元具有以下特色。

(1) 智能压射单元。先进的实时闭环控制技术和灵活多样的十段压射设定，可实现无冲击启动、多段匀加速、快速增速和减速功能，压射过程的稳定性极高，满足高品质压铸的工艺需求。

(2) 智能品质监控系统。实现低速、高速、料饼厚度、高速切换点、铸造压力、建压时间、循环周期等多个关键产品品质参数的在线监控；强大的参数存储能力，关键特征参数可存储万余条；机器人可通过检测数据实现对不良产品的分检功能；系统自动对生产关键参数进行变更记录，实现优良生产规范。

(3) 智能无飞边控制技术。压射末端刹车功能，解决了生产过程中速度冲击引起的产品飞边及飞料，降低了对模具型腔的冲击，延长了模具的使用寿命，减少了铸件后的处理工作量，有效提高了产品质量。

(4) 智能调模系统。实时监控锁模力，只需设定目标锁模力启动智能调模，机器便能自动调整至设定值，缩短了换模时间。及时掌控模板、哥林柱等核心零件的受力情况，可发现和判断是否存在超负荷使用，有效避免了设备发生重大的机械故障。

(5) 控制曲线。功能强大清晰准确的压射曲线显示：曲线缩放、移动和精确测量功能，历史曲线的存储、查询，帮助客户进行品质分析。可以查看压射锤头位置、速度、铸造压力、出口压力、入口压力、控制曲线、阀芯反馈等 7 条曲线，快速排除压射过程中的各种故障。

## 3.10　智能数控折弯机床

数控折弯机床是利用所配备的模具将冷态下的金属板材折弯成各种几何截面形状的工件，它是为冷轧钣金加工设计的板材成型机械，在整个加工链中紧随切削工序之后。如图 3.92 所示，数控折弯机床广泛应用于汽车、飞机制造、轻工、造船、集装箱、电梯、铁道车辆等行业的板材折弯加工。随着科技的不断发展，数控折弯机床在智能化控制方面的研究和应用正沿着自适应控制、模糊控制、神经网络控制、专家控制、学习控制、前馈控制等方向发展。

如图 3.93 所示，数控折弯机床主要由机架部分、滑块部分、后挡料机构、折弯模具和电气控制系统等组成，数控折弯机床一般采用折弯机床专用数控系统，可由数控系统自动实现滑块运行深度控制、滑块左右倾斜调节、后挡料器前后调节、左右调节、压力吨位调节及滑块趋近工作速度调节等，使得折弯机床方便地实现滑块向下、点动、连续、保压、返程和中途停止等动作，一次上料完成相同角度或不同角度的多弯头折弯。

(a) 支架类折弯件　　　　　　　　　　　(b) 护罩类折弯件

图 3.92　典型折弯件

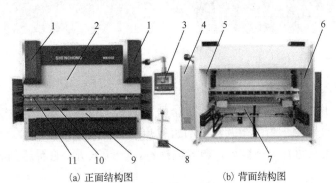

(a) 正面结构图　　　　　　　　(b) 背面结构图

1-Y1、Y2 轴油缸；2-滑块；3-操作面板；4-电器柜；5-左侧板；6-右侧板；
7-后挡料机构；8-脚踏装置；9-工作台；10-折弯模具；11-快夹装置

图 3.93　数控折弯机床组成

### 1) 机架部分

机架通常为钢板焊接结构，包括左侧板、右侧板、工作台、夹紧器座及油箱，机架两侧各安装一只液压油缸及滑块导轨支座，该导轨支座是一个能够操纵刀片间隙的推位机构。夹紧器上的液压缸可紧紧地压紧被剪切板材。

### 2) 滑块部分

滑块部分由滑块、导轨座及机械挡块微调结构等组成。滑块采用整体面板结构，左右油缸固定在机架上，滑块的导向是通过滑块的导轨面与导轨支座的主导轨面组成滑动配合来实现的，通过液压缸的活塞(杆)带动滑块上下运动。滑块左侧安装有操纵滑块上死点的接近开关，右侧装有下死点安全限位开关，确保滑块安全运行。

### 3) 后挡料机构

后挡料机构是数控折弯机床必不可少的机构，一般布置在折弯机床刀架后侧。后挡料机构的功能有两个：一是板材在折弯前准确定位；二是在折弯过程中限制因板材受力产生的位移，所以折弯机床的后挡料机构既是定位机构，又是夹紧机构。如图 3.94 所示，伺服电机通过同步带传动，将动力传递到与后挡料机构相连的高精度滚珠丝杠上，通过工作台前的操作面板，控制后挡料架前后移动，并由显示器显示移动的距离，其最小读数为 0.10mm。

**4) 折弯模具**

如图 3.95 所示,折弯模具是用于钣金冲压成型和分离的工具,在折弯机床压力的作用下,使钣金成为有指定形状和尺寸的零件。折弯模具一般包括上模具、下模具、中间板、下模座、垫块等。折弯模具的安装、拆卸必须遵照安全使用规范,选择时需要依据机床和模具的参数,保证两者相互匹配。

图 3.94　后挡料机构

图 3.95　折弯模具

**5) 折弯工件精度补偿机构**

微调机构设于上模具,用于上模具的上下补偿微调,以保证折弯工件的精度。有时折弯工件在全长角度稍有偏差,为了得到较好的折弯角度的一致性,可略松开模具紧螺钉,左右移动斜楔块,对上模具进行上下微调,再紧固螺钉,重新试折,直至达到满意要求为止。

# 3.11　数控特种加工中心特点

数控特种加工中心是指直接利用电能、热能、声能、光能、化学能和电化学能,有时也结合机械能对工件进行加工的机床。特种加工机床与使用传统加工工艺范畴的加工机床有很大的不同,它不需要使用刀具、磨具等,直接利用机械能去除多余材料。特种加工是近几十年发展起来的新工艺,是传统加工工艺的重要补充与发展,仍在继续研究开发和改进中。特种加工中以采用电能为主的电火花加工和电解加工应用较广,泛称为电加工。

数控特种加工的特点如下:

(1) "以柔克刚",特种加工的工具与被加工零件基本不接触,加工时不受工件强度和硬度的制约,故可加工超硬脆材料和精密微细零件,甚至工具材料的硬度可低于工件材料的硬度。

(2) 加工时主要用电、化学、电化学、声、光、热等能量去除多余材料,而不是主要靠机械能量去除多余材料。

(3) 加工机理不同于一般金属切削加工,不产生宏观切屑,不产生强烈的弹塑性变形,故可获得很低的表面粗糙度,其残余应力、冷作硬化、热影响度等也远比一般金属切削加工小。

(4) 加工能量易于控制和转换,故加工范围广,适应性强。

# 3.12　数控电火花加工机床

## 3.12.1　电火花加工的原理

电火花加工又称为放电加工(Electrical Discharge Machining，EDM)或电蚀加工。20 世纪早期，苏联科学家在研究时发现电火花的瞬时高温会使局部金属熔化、气化而被蚀除，从而开创和发明了电火花加工方法，并逐步应用于生产中。如图 3.96 所示，与金属切削加工的原理完全不同，电火花加工时工具与工件并不接触，而是利用浸在工作液中的工具和工件(正、负电极)之间脉冲性火花放电时产生的局部、瞬时高温来蚀除多余的金属，以达到对零件的尺寸、形状及表面质量预定的加工要求。由于在放电过程中有可见火花产生，所以称为电火花加工。目前，电火花加工技术已广泛用于加工各种高熔点、高强度、高韧性材料，如淬火钢、不锈钢、模具钢、硬质合金等，以及用于加工模具等具有复杂表面和特殊要求的零件。

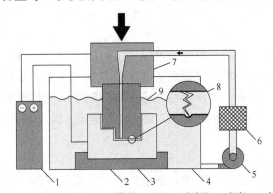

1-脉冲发生器；2-工件；3-夹具；4-工作液；5-泵；6-过滤器；7-机架；8-火花；9-主轴

图 3.96　电火花加工原理

## 3.12.2　数控电火花加工机床的组成

数控电火花加工机床是一种利用电火花放电对金属表面进行电蚀的原理来加工金属零件的数控机床设备。由于电火花加工原理和普通金属切削原理不同，所以电火花加工机床与普通金属切削机床在结构上有所不同。如图 3.97 所示，以沙迪克 AD35L 电火花加工机床为例，机床主要由主机部分、主轴、自动换刀系统、工作液槽与工作液循环过滤系统和脉冲电源等部分组成。

**1)主机部分**

主机部分主要包含床身、滑座、立柱、主轴箱、工作台和伺服进给机构等，滑座在床身上沿 $X$ 轴方向左右运动，立柱在滑座上沿 $Y$ 轴方向前后运动，主轴箱在立柱上沿 $Z$ 轴方向上下运动，共同构成三轴联动加工机构。主机部分是基础结构，由它确保工具电极与工件之间的相互位置，对加工有直接的影响。主机部分还要求有足够的刚度，以防在加工过程中，机床本身的变形造成放电间隙的改变，使加工无法进行。因此，主机部分的结构应该合理，有较高的刚度，能承受主轴负重和运动部件突然加速运动的惯性力，还应能减小温度变化引起的变形，经过时效处理消除内应力，使其长时间不会变形。

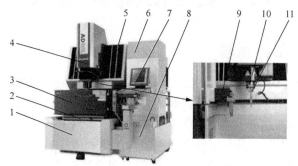

1-床身；2-工作台；3-工作液槽；4-主轴；5-导轨护罩；6-电源箱；7-控制面板；
8-工作液箱；9-自动换刀系统；10-主轴；11-工具电极

图 3.97　数控电火花加工机床组成

工作台采用固定式工作台，主要作用是支撑和装夹工件，工作台上设置有工作液槽，用来容纳工作液，使电极和工件放电加工部位浸在工作液中，起到冷却、排屑作用。

电火花加工与切削加工不同，属于不接触加工，因此伺服进给机构与传统机床的要求也不同。在正常进行电火花加工时，需要保证工具电机和工件之间保持一定的放电间隙，间隙既不能太大也不能太小，间隙过大，脉冲电压击不穿间隙间的绝缘工作液，间隙过小，存在短路的风险。因此，随着工件不断被蚀除，要及时根据加工情况对进给机构的速度进行补偿，调节好放电间隙。

**2）主轴**

主轴是电火花成型加工数控机床的关键部件，一方面在下部对工具电极进行固紧、安装和按要求进行找正；另一方面还能满足电火花成型加工工艺的要求，能够随着工具电极的进给进行旋转运动。

**3）自动换刀系统**

机床可根据需要配置工具电极库，可装载多把工具电极刀具。在机床加工过程中，根据加工需要，通过自动换刀系统自动进行工具电极刀具的更换。

**4）工作液槽与工作液循环过滤系统**

在电火花加工过程中，工具电极和工件都是被浸在工作液中的。工作液的主要作用就是在放电时压缩火花通道，使电流能集中在局部的小部位。在放电后能及时消除电离，恢复绝缘状态，以防产生电弧，工作液还可对工具和工件进行冷却。为了把电蚀产物及时从电极间隙排出去，电火花加工机床还装备了工作液循环过滤系统。工作液循环过滤系统采用电机直接驱动离心泵，将工作液强制循环过滤后供给工作液槽。

**5）脉冲电源**

脉冲电源的作用是将工频交流电转变成频率较高的直流脉冲电流，以供给工具电极与工件之间的间隙在电火花加工时所需要的能量。工作时，脉冲电源产生的脉冲电流加在放电间隙上。在充满工作液的工具电极与工件之间的间隙中加以脉冲电压，电流产生后，在其间产生很强的磁场，在此区域，介质被电离形成通道，产生火花放电，使金属熔化、蒸发。

电火花成型机床所使用的脉冲电源种类较多。按工作原理可分为独立式脉冲电源和非独立式脉冲电源。前者能独立形成和发生脉冲，不受放电间隙大小和两极间物理状态的影响，又可分为电子管式、闸流管式、晶闸管式和晶体管式等。非独立式脉冲电源又称为弛张式脉冲电源，应用最早，结构简单、频率高，在小功率时脉冲宽度小，成本低，适用于精加工，但其加工欠稳定，能量利用率较低，电极损耗大，现在多被独立式脉冲电源取代。

### 3.12.3　数控电火花加工机床的应用

电火花加工机床种类繁多，按工艺过程中工具与工件相对运动的特点和用途不同，可分为电火花成型加工机床、电火花线切割加工机床、电火花磨削加工机床、电火花表面处理机床等。目前，市场上使用比较广泛的主要是电火花成型加工机床、电火花线切割加工机床。

#### 1. 电火花成型加工机床

电火花成型加工机床是通过工具电极相对于工件做进给运动，将电极的形状和尺寸复制在工件上，从而加工出所需要的零件。工具电极通常为一个紫铜或石墨成型电极，可根据型腔的外形特征制造出各种形状。电火花成型加工机床包括电火花型腔加工机床和电火花穿孔加工机床两种。

图 3.98　电火花型腔加工模具

如图 3.98 所示，电火花型腔加工包括锻模、压铸模、挤压模、胶木模和塑料模等型腔模具加工。电火花型腔加工比较困难，主要因为：首先是不通孔加工，金属蚀除量大，工作液循环和电蚀产物排屑条件差，工具电极损耗后无法依靠进给补偿；其次是加工面积变化大，并且型腔复杂，工具电极损耗不均匀，对加工精度影响很大。因此，电火花型腔加工生产率低，质量难以保证。

如图 3.99 所示，电火花穿孔加工机床是利用电极管(通常是黄铜)在导电表面上进行钻孔加工，钻头通过在工件和电极管之间产生火花来工作，钻头产生的火花会产生大量热量并穿过两者之间的间隙腐蚀工件。如图 3.100 所示，电火花穿孔加工主要用于加工各种冲模、挤压模、粉末冶金模、各种异形孔及微孔等，穿孔的尺寸精度主要由工具电极的尺寸和火花放电的间隙来保证，电极的截面轮廓尺寸要比预定加工的型孔尺寸均匀缩小一个加工间隙，其尺寸精度一般比工件高一级。

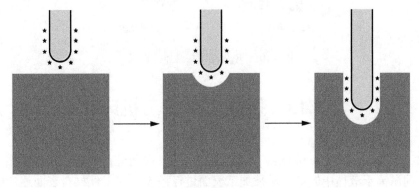

图 3.99　电火花穿孔加工过程

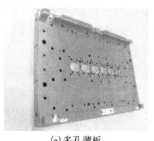

(a) 多孔薄板　　　　　　　　　　　(b) 花洒

图 3.100　电火花穿孔加工典型零件

## 2. 电火花线切割加工机床

电火花线切割加工(Wire-cut Electrical Discharge Machining, WEDM), 有时又称为线切割。如图 3.101 所示, 其基本工作原理是利用连续移动的细金属丝(称为电极丝)作电极, 按预定的轨迹运动, 利用脉冲火花放电产生的能量对工件进行去除材料、切割成型。按金属丝电极移动的速度可分为慢走丝线切割、中走丝线切割和快走丝线切割。目前, 电火花线切割加工广泛用于各种冲裁模具(冲孔和落料用)、样板, 以及各种形状的复杂型孔、型面和窄缝等零件的加工。

与传统加工相比, 电火花线切割加工具有一定的优势。电火花线切割加工精度较高, 在切割过程中, 电火花线切割加工利用电介质流体对切口进行冲洗, 可起到带走微粒和控制火花的作用。同时, 细金属丝可实现精确的切割, 具有较窄的切口; 电火花线切割机床通过自穿线技术, 可保证加工过程持续进行, 减少配置固定电极的磨损; 电火花线切割加工设备可通过多轴联动结构, 解决了传统的电火花加工不能产生紧角或不能加工非常复杂图案的难题。

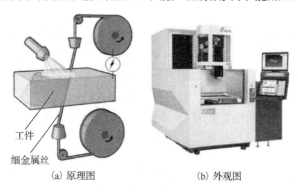

工件
细金属丝

(a) 原理图　　　　　　　　　(b) 外观图

图 3.101　电火花线切割加工机床

# 3.13　智能超声加工机床

超声加工(Ultrasonic Machining, USM)是利用工具端面进行小振幅超声频振动, 并通过其与工件之间游离于液体中的磨料对被加工表面进行捶击, 使工件材料表面逐步破碎的特种加工。超声加工已经逐步成为提高机械加工能效的一种重要手段。从应用行业上看, 目前超声加工主要应用于计算机、通信和消费电子产品、航空航天、国防军工、5G 新材料、新能源等行业。

### 3.13.1　超声加工的原理与特点

超声加工原理图如图 3.102 所示，超声波发生器将工频交流电能转变为有一定功率输出的超声频电振荡，换能器将超声频电振荡转变为超声机械振动，通过变幅杆振幅扩大，使固定在变幅杆端部的工具产生超声波振动，含有磨料的工作液不断喷到工具上，迫使磨料悬浮液在高速状态下不断撞击、抛磨被加工表面，去除材料，直到工件成型。随着科技的发展，在传统超声加工的基础上发展了旋转超声加工，即工具在不断振动的同时还以一定的速度旋转，旋转超声加工采用固结磨粒的刀具对加工工件进行高频、断续加工，是超声加工和磨削加工的复合加工方式，材料去除率较普通磨削和超声加工有显著提升。超声加工应用广泛，具有如下特点。

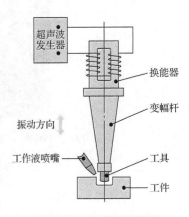

图 3.102　超声加工原理图

(1)加工范围广。超声加工可以加工导电和非导电等各种硬脆性难加工材料，如陶瓷、蓝宝石、碳化硅等非金属材料；同时适用于加工低塑性和硬度高于 HRC40 的金属材料，如淬火钢、硬质合金、钛合金等金属材料；也适用于加工不能承受较大机械应力的薄壁、窄缝、低刚度的零件。

(2)加工光洁度、精度高。超声加工去除加工材料是依靠磨料瞬时局部的冲击作用，加工时工具和工件接触轻，切削力小，不会发生烧伤、变形、残余应力等缺陷，且可以每秒不小于 20000 次的频次微量去除材料，切削速度快，因此能获得很高的光洁度和精度。超声加工的尺寸精度可达 ±0.01mm，表面粗糙度 $Ra$ 可达 0.08～0.63μm。

(3)通用性强。随着超声加工技术的不断发展，目前超声系统可实现小型化、模块化设计。超声加工机床的结构简单，工具与工件之间的相对运动简单，只需一个方向轻压进给，因此机床结构简单，便于实际操作，工艺适应性强，而且易于维护。

(4)易于加工各种复杂形状的型腔和型面。工具可用较软的材料做成较复杂的形状，不需要工具和工件做比较复杂的相对运动，即可加工各种复杂的型腔和型面。

(5)可与其他加工方法组合成复合加工。可与电火花加工、电解加工、切削加工、磨削加工等结合，形成复合加工。复合加工方法能改善电加工或切削加工的条件，提升加工的效率和质量。

### 3.13.2　智能超声加工机床的组成

超声加工设备又称为超声加工装置，虽然它们的功率大小和结构形式多种多样，但结构组成基本相似，通过智能控制系统，可实现加工过程的自动化。如图 3.103 所示，为德玛吉公司生产的 Ultrasonic 50 超声加工机床，该机床主要由底座、主轴箱、超声振动系统和工装夹具等组成。

1-底座；2-摇篮转台；3-主轴箱；4-横梁；5-超声振动系统；6-工具；7-工件；8-工装夹具

图 3.103　Ultrasonic 50 超声加工机床组成

### 1. 超声波发生器

超声波发生器，又称为超声发生器或超声波电源，其作用是将工频交流电(工作电压：220V 或 380V，电压频率：50Hz 或 60Hz)转换成与超声波换能器相匹配的高频交流电信号，驱动超声波换能器工作，产生超声频电振荡，为工具端面往复振动和去除被加工材料提供能量。为使发生器始终工作在最佳状态，一般要求超声波发生器满足如下条件：

(1)恒定振幅功能，保持恒定的电压输出，保证超声波换能器的振幅和功率输出稳定；

(2)频率范围可调，输出功率尽可能具有较大的连续可调范围，以适应不同工件的加工；

(3)频率跟踪功能，控制超声波发生器的频率在一定范围内与超声波换能器的谐振频率相适应。

### 2. 超声振动系统

超声振动系统主要包括超声波换能器、超声变幅杆和工具。其作用是将由超声波发生器输出的高频电信号转变为机械振动能，并通过超声变幅杆使工具端面做小幅度的高频振动，以进行超声加工。

#### 1)超声波换能器

超声波换能器的作用是把超声波发生器供给的电能转化为机械振动能，是超声加工机床的重要部件。目前，根据其转换原理的不同，分为磁致伸缩式和压电式两种。

(1)磁致伸缩式超声波换能器。

铁、钴、镍及其合金等材料的长度在受到磁场作用时会产生膨胀和收缩现象，磁场消失，材料恢复正常，这种现象称为磁致伸缩效应。磁致伸缩式超声波换能器的工作原理正是利用这种现象，将上述金属制成芯状，包裹在铜线中，在电流通过铜线时，金属芯会膨胀并延长，像压电换能器一样，会产生谐振效果。

(2)压电式超声波换能器。

石英晶体、钛酸钡以及锆钛酸铅等材料在受到机械压缩或拉伸变形时，材料的两端会产生电荷并形成一定的电势差。反之，在材料两端加载电压时，材料会发生压缩或拉伸变形现象，这种现象称为压电效应。压电式超声波换能器正是利用上述材料的压电效应，在材料两端面加载高频交变电压，该物质会产生高频的压缩或拉伸变形，使周围的介质做超声振动。

**2）超声变幅杆**

换能器产生的振动幅度是很小的，无法直接用于加工。超声变幅杆的作用就是放大换能器所获得的超声振动幅度，以满足超声加工的需要。常用的超声变幅杆有阶梯形、圆锥形、指数形、悬链形等。超声变幅杆沿长度上的截面变化是不同的，但杆上每一截面的振动能量是不变的。截面越小，能量密度越大，振动的幅值也就越大，所以各种超声变幅杆的放大倍数都不同。

**3）工具**

超声波的机械振动经超声变幅杆放大后传给工具，使磨粒和工作液以一定的能量冲击工件，并加工出一定的尺寸和形状。

**3．机床本体**

超声加工机床本体结构与普通数控机床结构类似，可根据超声加工工艺进行布置。如图 3.103 所示，一般本体结构以三轴数控机床为基础，包括底座、横梁、主轴箱，再根据加工需求，可集成单轴数控转台或双轴数控转台，形成四轴或五轴联动加工机床，实现多轴联动复杂加工。超声加工的切削力小，切削速度快，机床整体的结构刚度和强度要求低，因此机床本体结构一般采用轻量化设计，实现机床高速化运转，提高机床的工作效率。

**4．磨料悬浮液循环系统**

超声加工机床在加工时，通过循环冷却系统将磨料悬浮液持续送入加工区域，一方面是满足成型工艺的需求，另一方面可带走切削废料，对工件和工具进行降温。磨料悬浮液是含有工作液和磨料的混合液，其中工作液一般是水、煤油或机油，而磨料常用颗粒状的碳化硼、碳化硅或氧化铅等。在磨料悬浮液循环冷却过程中，增加过滤装置，保证磨料悬浮液的洁净。

## 3.13.3　超声加工的应用

超声加工效率虽然比电火花加工、电解加工等加工方法低，但其加工精度和表面粗糙精度都比较高。通过超声加工与其他加工方法相结合，进行优势互补，逐渐形成了多种超声加工方法，在生产中获得了广泛应用。随着超声加工技术研究的不断深入，其应用范围还将继续扩大。

**1）超声成型加工**

如图 3.104 所示，超声加工可应用于各种硬脆材料的圆孔、型孔、型腔、沟槽、异形贯通孔、弯曲孔、微细孔、套料等。某些模具经过电火花加工、电解加工及激光加工后，可使用超声加工对模具表面进行研磨抛光，以提高工件表面质量。

(a) 花洒　　　　　　　(b) 相机外壳　　　　　　　(c) 刹车盘

图 3.104　超声成型加工典型零件

## 2) 超声切割加工

如图 3.105 所示，超声切割加工使用范围非常广，解决了玻璃、陶瓷、蓝宝石、碳化硅、石英和金刚石等硬脆性材料的加工难题。近年来，在纺织和食品行业也获得了广泛应用，超声切割加工可精确切割纺织品、橡胶、热塑性薄膜、针织与非针织材料以及各种食品。相较于传统切割加工，具有切片薄、切口窄、精度高、生产率高、经济性好等优点。

(a) 微晶玻璃　　　　　　　　　(b) 食品　　　　　　　　　(c) 无纺布

图 3.105　超声切割加工件

## 3) 超声振动时效加工

超声振动时效加工主要用于碳素结构钢、低合金钢、不锈钢、铸铁、有色金属等材质的铸件、锻件、焊接件、模具、结构件、各种机械加工件等应力的消除，不仅消除了工件的残余应力，防止工件变形，而且可以对已经变形的回转体工件进行预制压应力处理。

## 4) 超声波焊接加工

超声波焊接加工包括超声波金属焊接和超声波塑料焊接。

(1) 超声波金属焊接是针对金属施加超声波振动，除去金属表面形成的氧化膜，让表面层的杂质飞散，塑性变形使金属之间紧密接触，在高速振动的撞击下，摩擦生热，黏接在一起。如图 3.106 所示，超声波金属焊接能对铜、银、铝、镍等有色金属的细丝或薄片材料进行单点焊接、多点焊接和短条状焊接，广泛应用于可控硅引线、熔断器片、电器引线、锂电池极片与极耳的焊接。

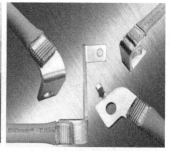

(a) 电池模组焊接　　　　　　　(b) 动力电池焊接　　　　　　　(c) 电线端子焊接

图 3.106　超声波金属焊接加工件

(2) 超声波塑料焊接是将超声波能转化为热能，使塑料局部熔化黏接在一起的一种焊接方法。超声波塑料焊接具有焊接速度快、焊接强度高、密封性好等优点，焊接过程清洁无污染且不会损伤工件，可取代传统的焊接工艺，广泛应用于塑料件的焊接，如图 3.107 所示。

(a)传感器和开关焊接

(b)电子仪器焊接

(c)电缆和插头焊接

图 3.107　超声波塑料焊接加工件

# 3.14　高能束加工机床

高能束加工机床是指利用能量密度很高的激光束、电子束或离子束等高能束施加在工件被加工的部位，从而使材料被去除、累加、变形或改变性能的特种加工方法的机床总称，主要包括激光加工机床、电子束加工机床和离子束加工机床。

高能束加工始于 20 世纪 60～70 年代，最初主要用于解决复杂形状、薄壁、小孔、窄缝等特殊加工问题以及高强度、高硬度、高韧性和高脆性材料的加工难题，经过多年的发展，高能束加工技术已经应用于焊接、表面工程和快速制造等方面，在航空、航天、船舶、兵器、交通、医疗等诸多领域发挥了重要作用。与传统加工方法相比，高能束加工方法具有很多优点：①加工过程为无接触加工，不存在刀具变形和损耗问题，工件的加工变形和加工应力小；②高能束流能够聚焦且有极高的能量密度，可加工坚硬、难熔的材料；③加工速度快，整体发热少、热变形小；④高能束加工机床结构简单，控制方便，易实现智能化生产。

## 3.14.1　激光加工机床

### 1. 激光加工机床的原理

激光加工是一种重要的高能束加工方法，如图 3.108 所示，其基本原理是利用激光高强度、高亮度、方向性好、单色性好等特点，通过一系列的光学仪器处理，聚焦成具有极高能量密度的微细光束照射到材料的加工部位，材料在接收激光照射能量后，在极短的时间内 $(10^{-11}\text{s})$ 便开始将光能转化为热能，被照射部位迅速升温，使材料发生气化、熔化、金相组织变化以及产生相当大的热应力等现象，从而达到工件材料被去除、连接、改性和分离等目的。

### 2. 激光加工的应用

#### 1）激光切割

激光切割是利用激光器所发出的激光束，经

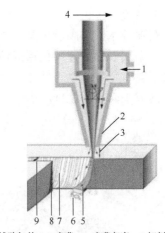

1-辅助气体；2-喷嘴；3-喷嘴高度；4-切割速度；
5-熔融物；6-废渣；7-粗糙度；8-热影响区域；9-割缝宽度

图 3.108　激光加工原理图

透镜聚焦，在焦点处聚成一个极小的光斑，光斑照射在材料上时，使材料很快被加热至汽化温度，蒸发形成孔洞，随着光束对材料的移动，并配合辅助气体吹走熔化的废渣，使孔洞连续形成宽度很窄的切缝，完成对材料的切割。激光切割机以其高速率、高精度切割金属材料的优势，已经成为不少行业不可缺少的金属加工设备，如图 3.109 所示。

(a)钣金件切割

(b)型材切割

图 3.109　激光切割金属件

激光切割成型技术在非金属材料领域也有着较为广泛的应用，不仅可以切割硬度高、脆性大的材料，如氮化硅、陶瓷、石英等，还能切割加工柔性材料，如布料、纸张、塑料板、橡胶等。

**2）激光焊接**

激光焊接是利用激光辐射加热工件表面，产生的能量通过热传导向材料内部扩散，将材料熔化后形成特定熔池，从而达到焊接的效果。由于其独特的优点，已成功应用于电池行业、IT 行业、电子器件行业、光通信行业、传感器行业、五金行业、汽车配件行业、首饰行业、眼镜行业、太阳能行业、精密零件行业等，可实现点焊、对焊、叠焊、密封焊等焊接工艺，如图 3.110 所示。

**3）激光熔覆**

激光熔覆技术采用高能量激光作为热源，金属合金粉末作为焊材，通过激光与合金粉末同步作用于金属表面快速熔化形成熔池，再快速凝固形成致密、均匀且厚度可控的冶金结合层，熔覆层具有特殊的物理性能、化学性能或力学性能，从而达到修复工件表面尺寸、延长使用寿命的效果，如图 3.111 所示。

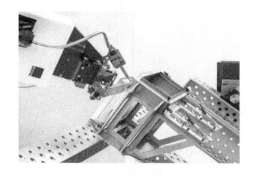

图 3.110　激光焊接金属件

图 3.111　激光熔覆加工

**4) 激光清洗**

物体表面污染物吸收激光能量后气化挥发，瞬间受热膨胀而克服机体表面对污染物粒子的吸附力，使其脱离物体表面，能够去掉物体表面的树脂油污、污渍、污垢、锈蚀、镀层、涂层、油漆等。

## 3.14.2　电子束加工机床

### 1. 电子束加工机床的组成及原理

如图 3.112 所示，电子束加工机床主要由电子枪系统、抽真空系统、电源及控制系统等组成。其工作原理是：在真空条件下，利用电子枪中产生的电子经加速、聚焦后，能量密度为 $106 \sim 109 W/cm^2$ 的极细束流高速冲击到工件表面极小的面积上，在极短的时间内（几分之一微秒），电子的动能大部分转化为热能，形成"小孔"效应，使被冲击部位的工件材料达到几千摄氏度以上的高温，致使材料局部熔化或蒸发，达到去除材料的目的。

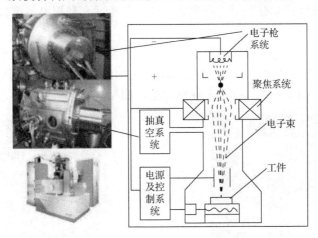

图 3.112　电子束加工机床组成

电子枪是获得电子束的装置，包括电子发射阴极、控制栅极和加速阳极等。其中，电子发射阴极经电流加热发射电子，带负电荷的电子高速飞向带高电位的阳极，在飞向阳极的过程中，经过加速，又通过电磁镜把电子束聚焦成很小的束流。电子发射阴极一般用纯钨或钽做成，大功率时用钽做成块状阴极。在电子束打孔装置中，电子发射阴极在工作过程中受到损耗，因此每 $10 \sim 30h$ 进行定期更换。控制栅极为中间有孔的圆筒形，其上加负的偏压，既能控制电子束的强弱，又有初步的聚集作用。加速阳极通常接地，而在电子发射阴极加以很高的负电压以驱使电子加速。

### 2. 电子束加工的应用

电子束加工的特点是功率密度大，能在瞬间将能量传给工件，而且电子束的能量和位置可以利用电磁场精确、迅速调节，实现计算机控制。通过控制电子束能量密度的大小和能量注入时间，可获得不同的电子束加工技术，广泛应用于制造加工的许多领域，如航空、航天、电子、汽车、核工业等，是一种重要的加工方法。

**1) 电子束焊接**

在真空环境下，利用汇聚的高速电子流轰击工件接缝处所产生的热能，使被焊工件熔化实现焊接。电子束焊接因具有能量密度高、不用焊条、不易氧化、热输入量低、接头力学性能好、工艺重复性好、热影响区小及热变形量小等优点而广泛应用于航空、航天、原子能、国防及军工、汽车和电气电工仪表等众多行业，如图 3.113 所示。

**2）高速打孔、切割加工**

提高电子束能量密度，使材料熔化和气化，就可进行打孔、切割等加工，可对不锈钢、耐热钢、蓝宝石、陶瓷、玻璃等各种材料上的小孔、深孔进行加工。电子束打孔加工速度非常快，当需要大量可在线进行打孔加工时，使用电子束加工更为合适，其最小加工直径可达 0.003mm，最大深径比可达 10。如图 3.114 所示，如机翼吸附屏的孔、发动机叶片上的冷却孔，此类孔数量巨大，且孔径微小，密度连续分布而孔径也有变化，非常适合利用电子束打孔。

图 3.113　"奋斗者"号载人舱电子束焊接加工

**3）电子光刻加工**

当使用低能量密度的电子束照射高分子材料时，将使材料分子链被切断或重新组合，引起分子量的变化（即产生潜像），再将其浸入溶剂中将潜像显影出来。利用这种方法，可实现在金属掩膜或材料表面上刻槽，即电子光刻加工，如图 3.115 所示。

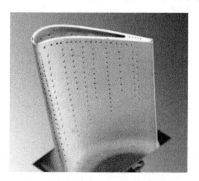

图 3.114　喷气发动机套上的冷却孔

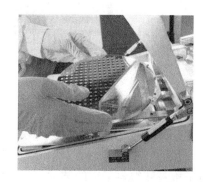

图 3.115　晶圆电子光刻加工

## 3.14.3　离子束加工机床

### 1. 离子束加工原理

离子束加工原理与电子束加工原理基本类似，也是在真空条件下，先由电子枪产生电子束，再将其引入已抽成真空且充满 Ar、Kr、Xe 等惰性气体的电离室中，使惰性气体离子化。由阴极引出阳离子经加速、集束、聚焦等处理，获得一定速度后，撞击到工件表面，产生溅射效应和注入效应，使材料变形、分离、破坏，以达到加工目的。与电子束加工不同的是，离子带正电荷，其质量比电子大数千倍、数万倍，如最小的 H 离子，其质量是电子质量的 1840 倍，Ar 离子的质量是电子质量的 7.2 万倍，所以在同样的速度下，离子束比电子束具有更大的动能，离子束撞击工件将引起变形、分离、破坏等机械作用，而不像电子束是通过热效应进行加工的。

离子束加工具有以下特点:

(1) 离子束加工属于精密微细加工,加工的精度非常高。离子束可以聚焦到光板直径 1μm 以内进行加工,且离子束流密度和离子的能量可以精确控制,因此能精确控制加工效果。

(2) 在真空环境中进行加工,污染少,材料加工表面不发生氧化,特别适合加工易氧化的金属、合金和半导体材料等。

(3) 离子束加工属于非接触加工,宏观作用力很小,不会使工件产生应力和变形,对脆性、半导体、高分子等材料都可以进行加工。

离子束加工机床主要包括离子源(离子枪)、主机部分、真空系统、控制系统和电源系统。对于不同的用途,离子束加工机床的主机部分结构不同,但离子源是各种设备所需的关键部分,离子源主要用于产生离子束流。根据离子束流产生的方式和用途不同,离子源有很多形式,常用的有考夫曼型离子源、高频放电离子源、霍尔离子源及双等离子管型离子源等。

**2. 离子束加工机床的应用**

**1) 离子束蚀刻**

离子束蚀刻也称为离子铣,当所带能量为 0.1~5keV、直径为十分之几纳米的氩离子轰击工件表面,高能离子所传递的能量超过工件表面原子(或分子)间键合力时,材料表面的原子(或分子)被移开或从表面被除掉,从而达到加工的目的。离子束蚀刻可用于加工陀螺仪空气轴承的沟槽、打孔、极薄材料及超高精度非球面透镜,还可用于蚀刻高精度图形,如集成电路、光电器件和光集成器件等电子学构件,如图 3.116 所示。

 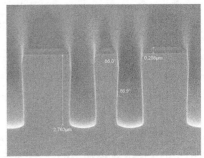

(a) 结构放大图　　　　　　　　　　　　　　　　　　(b) 截面放大图

图 3.116　微电子学器件蚀刻亚微米图形

**2) 离子束镀膜**

离子束镀膜一方面是把靶材射出的原子向工件表面沉积,另一方面还有高速中性粒子打击工件表面,以增强镀层与基材之间的结合力(可达 10~20MPa),该方法适应性强、膜层均匀致密、韧性好、沉积速度快,目前已获得广泛应用。离子束镀膜的可镀材料范围广泛,金属、非金属表面上均可镀制金属或非金属薄膜,各种合金、化合物或某些合成材料、半导体材料、高熔点材料亦可镀膜。

**3) 离子束注入**

离子束注入加工是一种材料表面改性的加工方法,离子束注入时的能量比镀膜时大得多,采用 5~500keV 能量的离子束,直接轰击工件表面,在巨大的能量驱动下,离子钻进被加工工件材料的表面层,离子束与材料中的原子或分子发生一系列物理的和化学的相互作用,并引起材料表面成分、结构和性能发生变化，从而优化材料表面性能或获得某些新的优异性能。离子注入应用非常广泛，不仅可用于半导体等非金属材料的离子注入，还能用于金属材料表面改性和制膜等，广泛应用于大规模集成电路、功率元器件、光伏储能电池、有源矩阵有机发光二极体显示面板等产品的制造流程中，如图 3.117 所示。

(a) 逻辑芯片　　　　　　(b) 存储芯片　　　　　(c) 绝缘栅双极型晶体管器件

(d) 射频器件　　　　　　(e) 图像传感器　　　　　(f) AMOLED 显示面板

图 3.117　离子束注入的应用

# 习题与思考

3-1　简述机床的总体结构包括哪几部分。

3-2　机床关键零部件主要包含哪些？

3-3　简述卧式加工中心、立式加工中心、龙门加工中心、镗铣加工中心各有什么特点。

3-4　高端数控金属成型机床主要包括哪几种？

3-5　简述数控特种加工的主要特点。

3-6　简述数控电火花加工机床的主要组成。

# 第4章 增材制造装备

🔧 **本章重点**：本章介绍增材制造装备领域的关键技术，阐述增材制造装备产业链、增材制造装备分类及其应用，使读者能够掌握不同增材制造装备的工作原理，并能将相关技术在工程领域进行应用。

## 4.1 增材制造装备产业链

增材制造装备产业链上游主要是原料及零部件，包括原材料、核心硬件、辅助运行设备。其中，原材料包括金属粉末、光敏树脂、陶瓷材料、生物材料、工程塑料等；核心硬件由数字光处理的光引擎、振镜系统、激光器组成；辅助运行设备包括扫描仪、软件。产业链中游的增材设备主要包括光固化成型(Stereo Lithography Apparatus，SLA)、熔融沉积成型(Fused Deposition Modeling，FDM)、激光选区熔化(Selective Laser Melting，SLM)、激光近净成型(Laser Engineered Near-Net Shape，LENS)、电子束熔融(Electron Beam Melting，EBM)、数字光处理、激光熔覆成型、三维打印快速成型和生物打印。下游的服务和应用范围主要涉及航空航天、汽车、医疗、教育、文化创意以及其他特殊应用、服务平台。增材制造装备产业链图谱如图4.1所示。

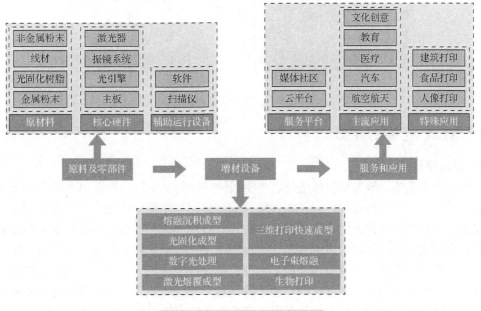

图4.1 增材制造装备产业链图谱

加强先进主流增材制造技术的攻关,提高集成创新水平,重点突破增材制造装备、核心零部件及专用软件的质量、性能和稳定性问题,加快推进增材制造装备用光电子器件和集成电路等核心电子器件的开发和应用,提高供给水平和能力。其中包含:提升高光束质量激光器及光束整形系统、高品质电子枪及高速扫描系统;大功率激光扫描振镜、动态聚焦镜等精密光学器件、高精度阵列式喷嘴打印头/喷头;处理器、存储器、工业控制器、高精度传感器、D/A 转换器等器件质量性能;突破数据设计软件、数据处理软件、工艺库、工艺分析及工艺智能规划软件、在线检测与监测系统及成型过程智能控制软件等增材制造核心支撑软件。

# 4.2　光固化成型装备

光固化成型装备

光固化成型(SLA)3D 打印技术利用紫外激光或紫外灯照射薄层液态光敏树脂,成型任意复杂结构的三维实体模型。成型材料为液态树脂,可采用非常薄的成型层,SLA 工艺拥有较其他 3D 打印工艺更高的成型精度,成型精细结构具有一定的技术优势。但是光敏树脂材料价格高,导致光固化成型不适用于大尺寸成型。在实际应用中,SLA 可在较短周期内打印具有装配精度的手机外壳等精细零件或者结构特别复杂且精度要求较高的铸造熔模。图 4.2 为中瑞智创三维科技研制的 SLA 装备。

图 4.2　中瑞智创三维科技研制的 SLA 装备

## 4.2.1　SLA 装备的组成与特点

### 1. 基本组成

光固化成型装备一般包括机械主体、光学系统、控制系统等,如图 4.3 所示。光固化快速成型工艺基于分层制造原理,以液态光敏树脂为原料。主液槽中盛满液态光敏树脂,在计算机控制下特定波长的激光沿分层截面逐点扫描,聚焦光斑扫描处的液态树脂吸收能量,发生光聚合反应而固化,从而形成制件的一个截面薄层。一层固化完毕后,工作台下降一层高度,然后刮板将黏度较大的树脂液面刮平,使先固化好的树脂表面覆盖一层新的树脂薄层,再进行下一层的扫描固化,新固化的一层牢固地黏结在上一层上。如此依次逐层堆积,最后形成物理原型。除去支撑,进行后处理即可获得所需的实体原型,其工艺原理如图 4.4 所示。

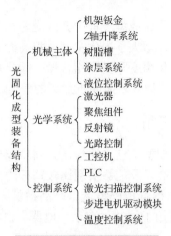

图 4.3　光固化成型装备结构

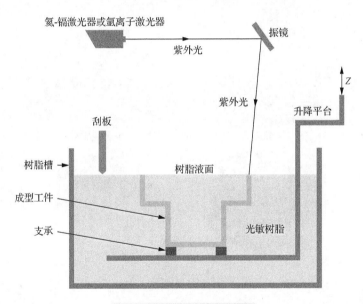

图 4.4　光固化成型工艺原理

### 2. 装备特点

光固化成型工艺是最早出现的快速原型制造工艺,成熟度高,由 CAD 数字模型直接制成原型,加工速度快,产品生产周期短,不需要切削工具与模具,可以加工结构外形复杂或使用传统手段难以成型的原型和模具,使 CAD 数字模型直观化,降低了错误修复的成本。为实验提供试样,可以对计算机仿真计算的结果进行验证与校核。可联机操作,可远程控制,有利于生产自动化。但 SLA 系统造价高,使用和维护成本过高。SLA 系统是对液体进行操作的精密设备,对工作环境要求苛刻。成型工件多为树脂类,强度、刚度、耐热性有限,不利于长时间保存。预处理软件与驱动软件运算量大,与加工效果关联性太强。软件系统操作复杂,入门困难。

光固化成型工艺的特点是利用某一特定波长的光源诱导光引发剂引发光敏树脂体系的交联固化,在此成型过程中必须考虑单层固化的宽度($x$-$y$ 平面)及固化深度($z$ 轴方向)。固化成型时所用的光源呈高斯分布，在固化成型过程中会因光源本身特性造成固化的不均匀性，材料折射率同样会造成光线的散射，增大了固化宽度，将会影响固化单元的重复叠加行为，进而降低成型部件的尺寸精度。固化深度除受固相含量、曝光功率、曝光时间的影响外，还与材料本身的折射率及材料本身和分散介质之间折射率的差值相关。

## 4.2.2　SLA 装备的典型应用

在当前应用较多的几种快速成型工艺方法中，光固化成型具有成型过程自动化程度高、制作原型表面质量好、尺寸精度高以及能够实现比较精细的尺寸成型等特点，得到了广泛应用。以概念设计的交流、单件小批量精密铸造、产品模型、快速工模具及直接面向产品的模具等诸多方面的便利优势，应用于航空、汽车、电器、消费品以及医疗等行业，如图 4.5 所示。

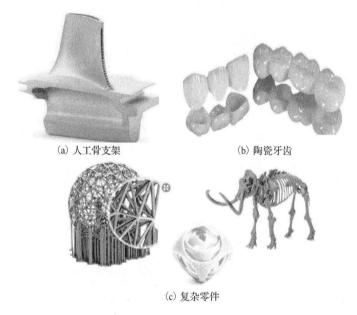

(a) 人工骨支架　　　　　　　　(b) 陶瓷牙齿

(c) 复杂零件

图 4.5　光固化成型典型应用

### 1. SLA 在航空航天领域中的应用

在航空航天领域，SLA 可直接用于风洞试验，进行可制造性、可装配性检验。航空航天零件往往是在有限空间内运行的复杂系统，在采用光固化成型工艺后，不但可以基于 SLA 原型进行装配干涉检查，还可以进行可制造性讨论评估，确定最佳的合理制造工艺。通过快速熔模铸造、快速翻砂铸造等辅助技术进行特殊复杂零件(如涡轮、叶片、叶轮等)的单件、小批量生产，并进行发动机等部件的试制和试验。

### 2. SLA 在生物医学领域中的应用

光固化成型工艺为不能制作或难以用传统方法制作的人体器官模型提供了一种新的方法，基于计算机断层扫描(Computed Tomography，CT)图像的光固化成型工艺是应用于假体制作、复杂外科手术的规划、口腔颌面修复的有效方法。在生命科学研究的前沿领域出现的一门新的交叉学科——组织工程是光固化成型工艺非常有前景的一个应用领域。基于 SLA 技术可以制作具有生物活性的人工骨支架,该支架具有很好的机械性能和与细胞的生物相容性,且有利于成骨细胞的黏附和生长。在用 SLA 技术制作的组织工程支架中植入老鼠的预成骨细胞,细胞的植入和黏附效果都很好。

### 3. SLA 在汽车塑料件制造中的应用

光固化成型工艺应用于汽车零部件的制造,尤其是塑料件的制造,具有很广阔的前景。随着汽车市场的竞争越来越激烈,缩短研发周期、低成本、轻量化的要求也不断提高,汽车零件结构越来越复杂,尺寸、形状极限要求越来越突出,导致传统的模具制造等的工艺难度越来越大。传统的制造工艺对汽车零件性能的优化是目前大部分汽车企业遇到的难题,寻求新的解决方案是在激烈的竞争中站稳脚跟的关键。而光固化成型工艺因其自身的优势,将是对传统制造工艺很好的优化和补充。

# 4.3　熔融沉积成型装备

熔融沉积成型(FDM)是一种将各种热熔性的丝状材料(蜡、热塑性高分子结构材料(ABS)和尼龙等)加热熔化成型的方法,是应用广泛、普及率较高的 3D 打印技术,可用来概念建模、制造零件、整修加工,广泛应用在文创、消费、教育、娱乐、医疗、电子、汽车、建筑等行业中。FDM 又称为熔丝成型(Fused Filament Modeling,FFM)或熔丝制造(Fused Filament Fabrication,FFF),热熔性材料的温度始终稍高于固化温度,而成型的部分温度稍低于固化温度。熔融沉积成型常用的成型材料有 ABS、尼龙、聚碳酸酯、聚苯砜、聚乳酸、聚醚酰亚胺等热塑性树脂以及蜡、低熔点金属等。热熔性材料挤喷出喷嘴后,随即与前一个层面熔结在一起。一个层面沉积完成后,工作台按预定的增量下降一个层的厚度,再继续熔喷沉积,直至完成整个实体零件。其典型熔融沉积成型设备如图 4.6 所示。

(a) 颗粒熔融沉积成型设备　　　　(b) ABS/聚氨酯(TPU)熔融沉积成型设备

图 4.6　典型熔融沉积成型设备

## 4.3.1　FDM 装备的组成与特点

### 1. 基本组成

熔融沉积打印设备主要由送料辊、导向套和喷头三个部分组成。当熔融沉积成型的工作开始时,热熔丝状材料通过送料辊,在从动辊与主动辊的共同运作下进入导向套,导向套的摩擦系数较低，使热熔丝状材料准确、连续地进入喷嘴。在计算机程序的控制下，喷头按照预定轨迹运动，热熔丝状材料在喷头中被加热熔融，其温度略高于熔点，由喷嘴挤出熔丝，完成一个层面沉积，材料被挤出喷嘴后温度下降，开始固化，在此层面上方喷嘴快速沉积下一个层面，后一层面与前一层面相熔结，经反复熔喷层叠堆积，最终按照预设图形完成三维打印。其工艺原理如图 4.7 所示。

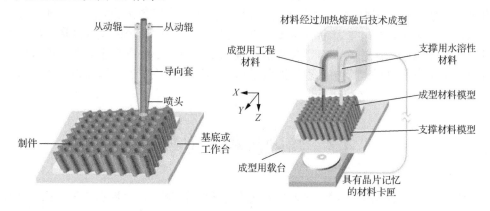

图 4.7　FDM 成型工艺原理

### 2. 装备特点

熔融沉积成型技术已经基本成熟，大多数 FDM 设备具备以下特点：

(1) 以数控方式工作，刚性好，运行平稳；

(2) $X$、$Y$ 轴采用精密伺服电机驱动，精密滚珠丝杠传动；

(3) 实体内部以网格路径填充，使原型表面质量更高；

(4) 可以对 STL 格式文件实现自动检验和修补；

(5) 丝材宽度自动补偿，保证零件精度；

(6) 挤压喷射喷头无流涎、高响应；

(7) 精密微泵增压系统控制远程送丝机构，确保送丝过程持续和稳定。

熔融沉积成型技术不采用激光，因而使用、维护比较便捷，成本不高。用蜡成型的零件模型，能够用于石蜡铸造；利用聚乳酸(PLA)、ABS 成型的模型具有较高的强度，可以直接用于产品的测试和评估等。近年来，又开发出聚丙烯短纤维(PPSF)、聚碳酸酯(PC)等高强度的材料，可以利用上述材料制造出功能性零件或产品。鉴于 FDM 技术特点，其优缺点如表 4.1 所示。

表 4.1　熔融沉积成型技术优缺点

| 优点 | 缺点 |
| --- | --- |
| 系统构造和原理简单，运行维护成本低(无激光器)； | 成型表面有较明显的条纹； |
| 原材料无毒，事宜在办公环境下安装； | 需要设计与制作支撑结构； |
| 可以成型任意复杂程度的零件； | 需要对整个截面进行扫描涂覆，成型时间较长； |
| 原材料利用率高，且材料寿命长； | 沿成型轴垂直方向的强度较弱； |
| 支撑去除简单，无须化学清洗，分解容易； | 原材料昂贵 |
| 可直接制作彩色模型 | |

## 4.3.2 FDM 对材料的要求

熔融沉积成型技术的关键在于热熔喷头，良好的热熔喷头温度能使材料挤出时既保持一定的形状，又具有良好的黏结性能，但是成型材料的相关特性(如材料的黏度、熔融温度、黏结性以及收缩率等)也会大大影响整个制造过程。一般来说，熔融沉积成型工艺使用的材料分别为成型材料和支撑材料。

### 1. 对成型材料的要求

FDM 工艺对成型材料的要求是黏度低、熔融温度低、黏结性好、收缩率小。

(1)材料的黏度要低。低黏度的材料流动性好，阻力小，有利于材料的挤出。若材料的黏度过高，流动性差，将会增大送丝压力，并使喷头的启停响应时间增加，影响成型精度。

(2)材料的熔融温度要低。低熔融温度的材料可使其在较低温度下挤出，减小材料在挤出前后的温差和热应力，从而提高原型的精度，延长喷头和整个机械系统的使用寿命。

(3)材料的黏结性要好。黏结性的好坏将直接决定层与层之间黏结的强度，进而影响零件成型以后的强度，若黏结性过低，则在成型过程中很容易造成层与层之间的开裂。

(4)材料的收缩率要小。在挤出材料时，喷头需要对材料施加一定的压力，若材料收缩率对压力较敏感，会造成喷头挤出的材料丝直径与喷嘴的直径相差太大，影响材料的成型精度，导致零件翘曲、开裂。

### 2. 对支撑材料的要求

FDM 工艺对支撑材料的要求是能够承受一定的高温、与成型材料不浸润、具有水溶性或者酸溶性、具有较低的熔融温度、流动性要特别好。

(1)能承受一定的高温。支撑材料与成型材料需要在支撑面上接触，故支撑材料需要在成型材料的高温下不产生分解与熔化。

(2)与成型材料不浸润。加工完毕后支撑材料必须去除，故支撑材料与成型材料的亲和性不应太好。

(3)具有水溶性或者酸溶性。为了更快地对复杂的内腔、孔等原型进行后处理，需要支撑材料能在某种液体内溶解。

(4)具有较低的熔融温度。较低的熔融温度可使材料能在较低的温度下挤出，延长了喷头的使用寿命。

(5)流动性要特别好。支撑材料不需要过高的成型精度，为了提高机器的扫描速度，需要支撑材料具有很好的流动性。

## 4.3.3 FDM 装备的典型应用

FDM 快速成型机采用降维制造原理，将原本很复杂的三维模型按照一定的层厚分解为多个二维图形，然后采用叠层方法还原制造出三维实体样件。由于整个过程不需要模具，所以大量应用于汽车、机械、航空航天、家电、通信、电子、建筑、医学、玩具等产品的设计开发过程中，如产品外观评估、方案选择、装配检查、功能测试、用户看样订货、塑料件开模前校验设计以及少量产品制造等，如图 4.8 所示。由于 FDM 工艺的特点，FDM 装备已经广泛应用于制造行业。FDM 工艺降低了产品的生产成本，缩短了生产周期，大大提高了生产效率，并带来了较大的经济效益。

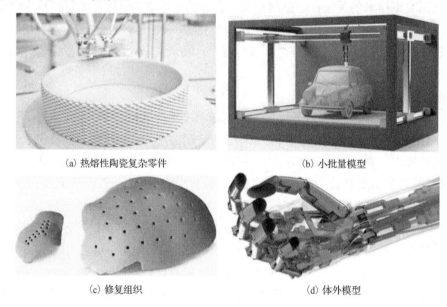

(a) 热熔性陶瓷复杂零件　　　　　　　　　　(b) 小批量模型

(c) 修复组织　　　　　　　　　　　(d) 体外模型

图 4.8　FDM 装备典型应用

### 1. FDM 在零件加工领域中的应用

应用 FDM 技术与通过零件拼接及切割、焊接技术制造产品的传统制造业有很大的不同，摒弃了以取出材料为主要形式的传统加工方法。FDM 采用塑料、树脂或低熔点金属作为材料，可便捷地实现几十件到数百件零件的小批量制造，并且不需要工装夹具或模具等辅助工具的设计与加工，能够使零件的整个生产过程数字化，并且可以随时修改优化模型，随时制造。同时，所制造的零件模型精度高、速度快、成本低、力学性能好，能够直接装配并进行功能验证，可有效提高新产品开发的成功率，缩短研发周期，降低研发成本。

### 2. FDM 在生物医学领域中的应用

根据扫描等方法得到的人体数据，利用 FDM 技术制造出人体局部组织或器官的模型，可以在临床上用于复杂手术方案的确定，以及制造解剖学体外模型，也可以制造组织工程细胞载体支架结构(人体器官)，即作为生物制造工程中的一项关键技术。

# 4.4　激光选区熔化成型装备

激光选区
熔化成型

激光选区熔化(SLM)成型技术最早由德国弗劳恩霍夫激光技术研究所于 1995 年提出，2003 年德国 MCPHEK 公司生产出世界上第一台 SLM 成型装备。目前，针对 SLM 的研究主要集中在粉末制备、成型工艺和成型装备等方面，而成型装备是其他研究的基础与载体。受光学元器件的限制，目前 SLM 成型装备的成型尺寸偏小，成型效率偏低，无法满足航空航天等领域大尺寸构件成型的要求。另外，尽管 SLM 成型装备具有较高的尺寸精度与表面粗糙度，但与传统机加工等方法相比还有一定差距，多数情况下仍需后处理方可使用，因此大尺寸、高精度是目前 SLM 成型装备发展的必然趋势。

如图 4.9 所示，为典型激光选区熔化成型装备，其中图 (a) EOS M290 是全球装机量最大的金属 3D 打印机，采用直接粉末烧结成型技术，利用红外激光器将各种金属材料，如模具钢、钛合金、铝合金以及 COCrMo 合金、铁镍合金等粉末材料直接熔化成型。图 (b) 为德国 Concept Laser 四代金属选区激光成型设备，其成型装备比较独特的一点是没有采用振镜扫描技术，而是使用 X/Y 数控系统带动激光头行走，所以其成型零件范围不受振镜扫描范围的限制，成型尺寸大，但成型精度同样达到了 50 μm 以下。

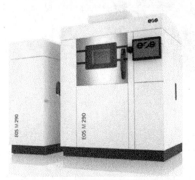

(a) EOS M290直接粉末烧选取区结成型　　　　　(b) 德国Concept Laser四代金属选区激光成型

图 4.9　典型激光选区熔化成型装备

## 4.4.1　SLM 装备的组成与特点

### 1. 基本组成

SLM 装备一般由光路单元、机械单元、控制单元、工艺软件和保护气密封单元几个部分组成。

光路单元主要包括光纤激光器、扩束镜、反射镜、扫描振镜等。光纤激光器是 SLM 成型装备中最核心的组成部分，直接决定了整个装备的成型质量。因光纤激光器具有转换效率高、性能可靠、寿命长、光束模式接近基模等优点，近年来几乎所有的 SLM 成型装备都采用光纤激光器。

机械单元主要包括铺粉装置、粉料缸、成型缸、成型室密封设备等。铺粉质量是影响 SLM 成型质量的关键因素，目前 SLM 成型装备中主要有铺粉刷和铺粉滚筒两大类铺粉装置。粉料缸与成型缸由电机控制，电机控制的精度也决定了 SLM 装备的成型精度。

控制系统由计算机和多块控制卡组成，激光束扫描控制是由计算机通过控制卡向扫描振镜发出控制信号，控制 X/Y 扫描振镜运动以实现激光扫描，从而设备控制系统完成对零件的加工操作。

SLM 成型工艺原理如图 4.10 所示。首先在成型基板上预铺一层粉末，激光根据成型构件三维 CAD 模型的分层切片信息，选择性扫描粉体，被扫描粉体材料在激光热效应下烧结或熔化黏结在一起，单层成型结束后，基板下降一个层厚的高度，重新铺粉进行下一层的加工，重复上述过程直至整个零件成型结束，最后将零件从成型缸中取出，而未扫描区域粉体仍可重复使用。

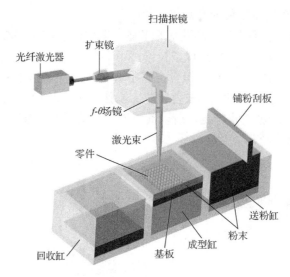

图 4.10　SLM 成型工艺原理

## 2. 装备特点

激光选区熔化成型技术自诞生以来，在金属、高分子、陶瓷和生物骨骼等领域得到了应用与发展。其突破了传统制造工艺的变形成型和去除成型的常规思路，可根据零件三维数学模型，利用金属粉末不需要任何工装夹具和模具，直接获得任意复杂形状的实体零件，实现"净成型"的材料加工新理念，特别适用于制造具有复杂内腔结构的难加工钛合金、高温合金等零件；该技术具有精度高、表面质量优异等特点，制造的零件只需进行简单的喷砂或抛光即可直接使用。材料及切削加工的节省，能够降低制造成本，缩短生产周期。

综上所述，激光选取熔化工艺突破了传统的去除加工思路，有效解决了传统加工工艺不可达部位的加工问题，尤其适合传统工艺如锻造、铸造、焊接等工艺无法制造的内部有异形复杂结构的零件制造。同时，该技术成型精度较高，在普通零件应用中可保留更多的非加工面，因此可更好地解决难切削材料的加工问题。激光选区熔化成型技术在钛合金、铝合金、高温合金、结构钢、不锈钢等材料上的成功应用，已对航空航天工业产生了非常重要的影响。但仍面临诸多在设备、材料及后处理等方面的问题。

(1)SLM 成型装备价格高、打印速度慢、成型精度低等，因此进一步提高工业级 SLM 成型装备的加工效率，同时降低装备的成本，对于推广和扩大 SLM 的应用领域具有重要的意义。

(2)SLM 成型工艺对材料的性能有特殊要求，目前能用于 SLM 的材料种类较少，无法满足各种不同应用的需求。其次，成型构件功能需求和材料环保性等因素也限制了某些材料在SLM 中的应用。因此，开发高性能、环保型的复合成型材料，降低材料的成本等仍为将来研究的热点。

(3)除了开发新材料之外，还可深入研究和改进现有的后处理工艺，以逐步降低生产成本，同时提高成型构件的综合性能。

(4) 充分发挥 SLM 的数字化、个性化等优势，积极拓展和推广其在航空航天和生物医疗等领域中的应用，逐步解决关键性问题，使其早日成为产业转型的重要工具。

## 4.4.2　SLM 装备的典型应用

在 3D 打印技术方面，美国和欧洲起步最早，其他国家和地区普遍起步于 20 世纪 90 年代中后期。3D 打印最初的四项技术均源自美国，欧洲设备厂商在金属 3D 打印领域技术领先。美国和欧洲企业在全球 3D 打印行业处于领先地位，且在产业化方面优势明显。

自 20 世纪 90 年代初，在科技部等多部门的持续支持下，西北工业大学、华中科技大学、清华大学、西安交通大学、华南理工大学、北京航空航天大学、重庆大学等开始从事激光选区熔化(SLM)技术的研究开发，目前还处于实验研究与小批量工程试验阶段。西安交通大学侧重于高分子材料的增材制造技术，在模具等行业具有一定的应用市场。清华大学把快速成型技术转移到企业武汉华科太尔时代后，把研究重点放在生物制造领域。西北工业大学、华中科技大学、华南理工大学、北京航空航天大学等主要从事 SLM 成型装备与工艺技术的研发，到 2000 年，初步实现的产业化设备已接近国外产品的水平，改变了该类设备早期依赖进口的局面。在国家和地方政府的支持下，全国建立了多个 3D 打印服务中心，设备用户遍布医疗、航空航天、汽车、军工、模具、电子电器、造船等行业，极大地推动了我国制造技术的发展。国内外从事 SLM 的主要机构的研究成果和应用如表 4.2 所示。

表 4.2　国内外从事 SLM 的主要机构的研究成果和应用

| 序号 | 机构名称 | 相关研究成果 | 成果应用情况 |
| --- | --- | --- | --- |
| 1 | EOS | EOSINT M400-4 | 航空航天、医疗、汽车、模具、工业自动化等 |
| 2 | Concept Laser | 代表机型 X 系列 2000R | 汽车和航空航天 |
| 3 | 3D systems | Sinterstation® Pro SLM | 航空航天，汽车和医疗保健解决方案，通信，教育和研究先进的口腔和整形修复设备，定制生产、珠宝、玩具、人物玩偶和收藏品 |
| 4 | RENISHAW | AM400/AM500 | 精密测量和医疗保健领域 |
| 5 | SLM-Solution | SLM 500 | 汽车、医疗、能源、航空航天等领域 |
| 6 | 西安铂力特激光成型技术有限公司 | 选区激光熔化、激光立体成型两个系列多个型号设备及产品工艺 | 航空航天、医疗等多个领域 |
| 7 | 华中科技大学 | 大型金属零件高效激光选区熔化增材制造关键技术与装备 | 航天发动机、运载火箭、卫星及导弹 |
| 8 | 湖南华曙高科技有限责任公司 | FS271M | 汽车、军工、航空航天、机械制造、医疗器械等领域 |
| 9 | 武汉华科三维科技有限公司 | HKM100/HKM250 | 航空航天、生物医疗等领域 |
| 10 | 广东信达雅三维科技有限公司 | Di-Metal 280 | 航空航天、工业制造、教学科研及文化创意 |

与国外的 SLM 成型装备相比，我国在技术方面起步并不算晚，但在产业化方面相对落后，设备在稳定性、成型精度等方面与国外还存在一定的差距，具体表现为以下三个方面：

(1) 在装备控制软件方面，国外激光选区成型装备控制软件起步较国内相关开发工作早了近十年，拥有丰富的激光选区成型装备控制软件管理、开发、调试、使用的经验。国外控制软件除了拥有基础装备控制功能之外，还拥有其他更高级且好用的功能。而国内开发的控制软件，目前普遍只实现了一些基础装备控制功能，并未对其他功能进行深度挖掘和开发。因此，相比而言，国外装备控制软件比国内系统稳定性、可操作性和可维护性要好。

(2)在装备质量监控方面，国内质量监控机制在稳定性、准确率和实时性上，与国外的SLM过程质量监控相比存在较大的差距。目前，国内外厂家对于选区熔化成型装备，除了个别国外厂家做了环境监测功能之外，几乎没有厂家依据检测数据分析装备运行状态，对装备运行进行控制。

(3)在多光束耦合控制方面，国外多光束耦合装备已经批量生产并投放市场，拥有多年多光束耦合控制和使用经验。目前，国内虽有几家公司在研究多光束耦合控制，但装备均处在工程样机试验阶段，仍存在不少问题，未能正式发布并实现批量生产。

应用举例如下：

### 1. SLM 在民用飞机上的应用

随着技术进步及人民生活水平的提高，公众对民用飞机的经济性、环保性的要求越来越高，这对民用飞机的制造技术提出了更高的要求。减轻飞机结构件的重量，能有效降低材料的成本和燃油消耗，提升飞机的市场竞争力。SLM 增材制造技术能有效改进结构设计，减少材料用量，缩短加工流程，因此备受关注。波音、空客等大型民用飞机制造商投入了大量的财力、人力、物力对这一技术进行研究，并取得了显著的研究成果，在飞机发动机、吊挂、襟翼、舱门等部位已有成功的应用。

### 2. SLM 在精密铸造中的应用

将快速成型技术与精密铸造相结合，通过零件的 CAD 快速制造出金属零件，不仅改善了小批量及特殊形状铸件生产周期长、成本高的状况，而且能实现铸造工艺过程的集成化、自动化和简单化，因此具有一定的现实意义。从国内外的研究情况来看，SLM 正逐步走向实用阶段。激光熔化快速成型技术在此方面具有自身的优势，其研究工作也一直在进行中。

### 3. SLM 在快速原型制造中的应用

SLM 可快速制造设计零件的原型，及时进行评价、修正，以提高产品的设计质量；使客户获得直观的零件模型；制造教学、试验用复杂模型，单件或小批量生产。对于不能批量生产或形状很复杂的零件，如图 4.11 所示，利用 SLM 成型技术来制造，可降低成本和节约生产时间，这对航空航天及国防工业具有重大意义。

(a) 航空领域　　　　　　(b) 汽车领域　　　　　　(c) 原型制造

图 4.11　SLM 典型应用

# 4.5　激光近净成型装备

激光近净成型技术又称为激光工程化净成型(LENS)技术，由美国桑迪亚国家实验室(Sandia National Laboratory，SNL)于 20 世纪 90 年代研制，是增材制造的重要组成部分，广泛应用于表面涂层、再制造等工业领域，具有绿色制造、成型件质量高的特点，仅需少量加工或不再加工，就可用作机械构件的成型。激光近净成型技术可以实现金属零件的无模制造，节约成本，缩短生产周期，成型零件组织致密，综合力学性能较好，并可实现非均质和梯度材料零件的制造。激光近净成型技术将选择性激光烧结技术和激光熔覆技术相结合，既保持了选择性激光烧结技术成型零件的优点，又克服了其成型零件密度低、性能差的缺点。LENS技术最大的特点是制作的零件密度高、性能好，可作为结构零件使用。LENS 技术的缺点是需使用高功率激光器，设备造价高；成型时热应力较大，成型精度不高。目前，激光近净成型技术可用于制造成型金属注射模、修复模具和大型金属零件、大尺寸薄壁形状的整体结构零件，也可用于加工活性金属，如钛、镍、钽、钨、铼及其他特殊金属。典型的激光近净成型装备如图 4.12 所示。

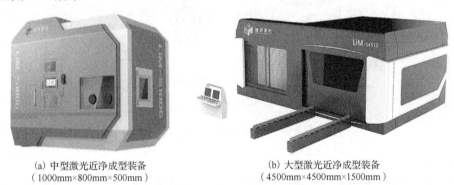

(a) 中型激光近净成型装备　　　　　　　　(b) 大型激光近净成型装备
（1000mm×800mm×500mm）　　　　　　（4500mm×4500mm×1500mm）

图 4.12　典型的激光近净成型装备

## 4.5.1　LENS 装备的组成与特点

### 1. 基本组成

激光近净成型装备主要包括计算机、高功率激光器、活塞式展粉器和 X-Y 工作台等，其组成如图 4.13 所示。

(1)计算机。在激光近净成型系统中，计算机将参与零件成型全过程，该过程包括两个阶段：①成型预备阶段。建立零件的 CAD 实体模型，并将该 CAD 实体模型转换成 STL 文件，对零件的 STL 文件进行切片处理，产生一系列具有一定厚度的薄层及每一薄层的扫描轨迹。②成型加工阶段。对系统中各部件(包括激光器光闸校正光开关、保护气阀、展粉电机、活塞电机以及 X-Y 工作台电机等)进行同一指令下的有序控制，完成金属零件的加工过程。

(2)高功率激光器。在选择性激光烧结系统中，金属粉末往往与低熔点添加黏结剂相混合，激光烧结时只是将黏结剂熔化，熔化的黏结剂将金属粉末黏结在一起形成金属零件坯体，因此激光器的功率一般较低。而在激光近净成型系统中，激光直接熔化金属粉末，实现熔覆作用，因此要求采用高功率激光器。

(3)活塞式展粉器。激光近净成型系统采用预先放置疏松粉末涂层的方法，该送粉方式与传统选择性激光烧结中活塞式展粉方式基本相同。活塞式展粉器的移动式贮粉箱经过活塞端口时完成展粉过程和压实过程，活塞下降实现加工零件的堆积长高，最终得到金属零件实体。

(4)X-Y工作台。在选择性激光烧结系统中采用振镜摆动方式实现扫描，而激光近净成型系统中采用 X-Y 工作台来实现平面扫描运动。具体做法是将激光头固定在 X-Y 工作台的悬臂上，使激光头随工作台一起做平面运动，实现逐点逐线激光熔覆直至获得一个熔覆截面。

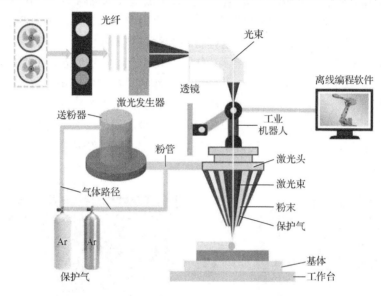

图 4.13　激光近净成型装备系统组成

### 2. 装备特点

LENS 采用激光和粉末输送同时工作的原理，计算机将零件的三维 CAD 模型分层切片，得到零件的二维平面轮廓数据，这些数据又转化为数控工作台的运动轨迹。同时，金属粉末以一定的供粉速度送入激光聚焦区域，快速熔化凝固，通过点、线、面的层层叠加，最后得到激光近净成型的零件实体，成型构件不需要或者只需要少量加工即可使用。LENS 可实现金属零件的无模制造，节约了大量成本。

LENS 技术采用的是千瓦级的激光器，激光光斑较大，达到 1mm 以上，可以得到结构致密的金属构件，与激光选区熔化(SLM)技术不同的是，金属粉末在喷嘴时已经处于熔融状态，所以其特别适合高强度金属激光快速成型，如高强度钛合金、不锈钢等。LENS 技术具有直接成型、成型得到的零件组织致密、明显的快速熔凝特征、力学性能很高、可实现非均质和梯度材料零件的制造等优点。但是，与 SLM 技术相比，LENS 工艺在成型过程中存在热应力大、成型构件容易开裂、零件形状简单等缺点。

综上所述，与传统的制造工艺相比，激光近净成型工艺存在以下优势：

(1)操作流程相对柔性化。不受传统加工过程中模具、卡具和专用工具的约束。

(2)节省产品的制造时间，减少开发耗时。主要流程只需计算机建模、零件激光近净成型及少量机械加工，精简了工艺流程。同时避免了设计、模具处理浪费过多的精力，制造完成后只需要进行很少的后续加工即可使用。

（3）使生产流程达到数字化、智能化与并行化标准。成型全部可以通过计算机自动处理，借助计算机终端，可以建模远程发送成型数据文件，做到自动化、智能化生产。

（4）材料利用率高。成型后残余的金属粉末可以再次过筛利用，提高了材料的利用率，在航空件等贵重零部件的加工过程中有着极大的优势，同时也能节约经济支出。

（5）加工难度几乎不受零件尺寸和复杂程度的影响。

（6）可以作为优越的金属零件修复技术。根据空缺位置的形状和基材能够有效修补失效零件，修复的零件各方面属性均符合正常标准。并且对零件以激光熔覆的方式进行修复，由于零件修复时熔覆层与原本的材料进行冶金结合，修复部分与零件本体的成分组织和性能可以高度一致，甚至可提升原零件的性能。

（7）实现材料的梯度变化。依靠其分层制造特点，通过设计各层不同材料的过渡，实现两种不同材料之间一体化的目标。

LENS 技术可以实现金属零件的无模制造，节约成本，缩短生产周期。同时该技术解决了复杂曲面零部件在传统制造工艺中存在的切削加工困难、材料去除量大、刀具磨损严重等一系列问题。LENS 技术是不需要后处理的金属直接成型方法，成型得到的零件组织致密，力学性能很高，并可实现非均质和梯度材料零件的制造。

LENS 技术也遇到了一些瓶颈，包括粉末材料利用率较低，成型过程中热应力大，成型件容易开裂，成型件的精度较低，可能会影响零件的质量和力学性能。受到激光光斑大小和工作台运动精度等因素的限制，其直接制造的功能件的尺寸精度和表面粗糙度较低，往往需要后续的加工才能满足使用要求。

## 4.5.2　LENS 的典型应用

### 1. LENS 在零部件制造与再制造中的应用

LENS 是一种先进的修复技术，广泛应用于航空航天、兵器、核工业以及汽车制造业中关键零部件的修复和制备。激光熔覆再制造技术包括激光熔覆加工工艺技术、激光熔覆材料技术和激光熔覆装备等，主要用于再制造修复零部件的表面损伤，恢复零部件的外形尺寸，使再制造零部件的使用性能达到甚至超过原有零部件的水平，是当前高附加值零部件修复的重要方式和主要发展方向。

### 2. 激光熔覆技术在高熵合金耐腐蚀、耐磨损中的应用

电化学腐蚀是机械零件损坏失效的主要形式之一，为了提高易腐蚀金属零件的使用寿命，降低生产成本，常在零件表面制备耐腐蚀涂层。激光熔覆技术具有激光束功率密度大、加工过程快热快冷、基材的热影响区小、变形小、熔覆层粉末选择范围广、熔覆层稀释率低且与基材可形成良好的冶金结合、熔覆层组织细小均匀致密、宏观微观缺陷较少以及易于实现自动化生产等特点，使得利用激光熔覆技术制备的高熵合金熔覆层既能保证高熵合金材料的优异性能，又能在尽量减少对基体的热影响下实现熔覆层与基体材料的紧密结合，如图 4.14 所示。随着激光熔覆技术的发展完善以及自动化激光加工水平的提高，采用激光熔覆技术在价格较低或耐腐蚀性较差的金属材料上，制备具有良好耐腐蚀性的高熵合金涂层具有广泛的应用前景。

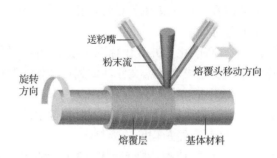

图 4.14　激光熔覆原理

# 4.6　电子束熔融成型装备

电子束熔融(EBM)技术是近年来一种新兴的先进金属快速成型制造技术，是按照设计好的三维模型，在设备工作舱内利用高能电子束产生的高密度能量使金属粉末熔融并相互融合，冷却后凝固形成特定形状的快速成型技术。电子束熔融成型技术是一种新型的金属快速成型技术，可以广泛应用在生物医学、汽车交通、航空航天等领域。电子束熔融成型技术与选择性激光熔融成型技术原理接近，不同之处在于，电子束熔融成型能量来源是电子束，采用的材料是导电金属，选择性激光熔融成型能量来源是激光，采用的材料是热塑性聚合物。二者相比，电子束熔融成型的输出功率更高、扫描速度更快，整体来看，二者均存在不同的优缺点，可以应用在不同领域中。

## 4.6.1　EBM 装备组成与特点及发展

### 1. 基本组成

通过相关软件对三维模型按照一定的厚度进行分层切片处理，将零件的三维数据离散成一系列二维数据的叠加，从而使三维模型按照某一坐标轴切成无限多个剖面，为电子束对每层金属的熔化提供路径。在电子束开始扫描熔化第一层金属粉末之前，成型仓内的铺粉耙将供粉缸中所用的材料按第一层的高度均匀铺放于成型基板上；铺粉结束后，电子枪发射出电子束，按三维模型的第一层截面轮廓分层信息有选择地扫描熔化金属粉末，粉末经电子束扫描后迅速熔化、凝固，电子束每扫过一次，将被扫过区域的粉末融化，每扫完一次就重新铺粉，再按照新一层的形状信息通过数控成型系统控制电子束将成型材料(如粉体、条带、板材等)逐层熔融堆积，从而使层与层之间黏合在一起，最终可以得到预期功能形状和结构复杂的零件。其成型装备系统如图 4.15 所示。

### 2. 装备特点

(1)高效性。在一次加工很多个零件时，EBM 系统主程序会控制电子枪，将电子枪发射的电子束分成几束电子束，这些电子束同时进行扫描，迅速熔化多个区域，同时保持两个以上的工作区域熔化，以保证工作效率。与单电子束扫描相比，在扫描每一层时，扫描时间很短，所以具有高效性。

(2)高纯度。在 EBM 设备运行之前进行抽真空，整个加工过程都是在真空环境下进行的，并充以惰性气体(氩气)加以保护，这样在 EBM 设备运行过程中避免了出现粉末被氧化的情况。在设备运行结束后，几乎没有产生相关的氧化物，对原材料的污染较少。

(3)原材料高利用率。在 EBM 装备制备零件结束时，成型台会自动下降直到与散热器接触，散热器把热量从零件传递到腔壁以减少冷却所需时间，然后拿出物体，对物体进行一系列的清理，将物体中的残留粉末清理干净，被快速清理出的粉末可以回收，待下次使用。

(4)均匀致密化。材料的致密度受到粉末粒子流动能力、材料构建策略等多个因素的共同影响，EBM 通常能更好地实现材料的均匀致密化。

(5)加工传统工艺难加工的材料。由于 TiAl 基合金等难加工材料在室温具有脆性和加工性能差的缺点，传统加工制备方法难以满足工程需求。在这种情况下，EBM 可作为一种快速成型难加工材料的可替代成型工艺之一。

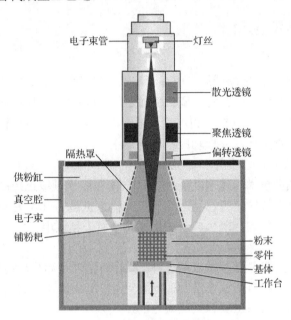

图 4.15　电子束熔融成型装备系统

### 3．EBM 技术的缺点

(1)受制于电子束无法聚到很细，该设备的成型精度还有待进一步提高。

(2)成型前需长时间抽真空，使得成型准备时间很长，且抽真空消耗相当多的电能，总机功耗中，抽真空占据大部分。

(3)成型完毕后，不能打开真空室，热量只能通过辐射散失，降温时间相当漫长，降低了成型效率。

(4)真空室的四壁必须高度耐压，设备甚至需采用厚度达 15mm 以上的优质钢板焊接密封成真空室，这使整机的重量比其他 3D 打印直接制造设备重很多。

(5)为保证电子束发射的平稳性，成型室内要求高度清洁，因而在成型前必须对真空室进行彻底清洁，即使成型后，也不可随便将真空室打开，这也给工艺调试造成了很大的困难。

(6)采用高电压，成型过程会产生较强的 X 射线，需采取适当的防护措施。

### 4．EBM 发展趋势

EBM 应用的不断拓展对成型设备提出了更高的要求，未来 EBM 成型系统的研发主要呈现以下趋势：

（1）自动化与智能化。目前，金属零件的 EBM 制造、粉末的回收处理依赖专业技术人员操作，效率低。EBM 系统在整个流程的自动化与智能化有助于提高生产效率、降低增材制造成本。

（2）大尺寸成型系统。电子束的束斑质量随着偏转角度的增加快速下降，因此 EBM 的成型尺寸受到一定限制。可能的途径有，为一个电子枪设置多个工位，使电子枪在多个工位间移动；或设置多个电子枪的阵列，通过扫描图案的拼接实现大尺寸的选区熔化。

（3）与激光增材制造技术的复合。电子束与激光在金属增材制造中各有优点，前者效率高，后者具有更好的表面粗糙度。将两种热源复合，发挥各自的优势，是一个值得探索的新方向。

## 4.6.2　EBM 的典型应用

### 1. 医学领域

近年来，EBM 技术在医学领域的应用逐渐增加，可以用作医疗植入物和手术器械等，并且 EBM 技术还可以制作出人体器官模型。例如，用 Ti6Al4V 为原材料打印出脊椎骨的其中一节，在打印前准确地得到其数据，利用钛合金无毒、强度高、质量轻且具有良好的生物相容性等优点打印出脊椎骨实体，并成功应用于人体中。

### 2. 航天领域

随着钛合金快速成型技术的飞速发展，EBM 技术在航天领域已经制造出各种各样的飞机零件。目前，部分飞机上钛的重量已经达到飞机结构总重量的 1/4 左右，因为钛合金具有比重小、密度小和强度高等优点，所以广泛应用在航空航天领域中。

### 3. 汽车领域

目前，设计新一代汽车主要考虑节省燃料、减轻质量以及满足环境要求。在这种要求下，未来汽车的一个主要应用材料是钛合金。随着钛合金快速成型技术的飞速发展，目前 EBM 成型技术在汽车制造领域的应用主要包括五大方面：

（1）结构复杂零件的直接制作；

（2）汽车上轻量化结构零件的制作；

（3）定制专用的工件和检测器具；

（4）整车模型的制作；

（5）汽车的整体部分中底盘、仪表板、座椅、一些发动机的零件和车身等外部零部件的制作。

# 习题与思考

4-1　增材制造有哪些不同的分类？

4-2　激光选区烧结成型原理及其特点是什么？

4-3　增材制造应用领域有哪些？

4-4　电子束熔融技术和激光选区烧结成型技术有何区别？原理分别是什么？

4-5　激光熔覆技术属于哪一类增材制造技术？其原理有何特点？应用于哪些领域？具有哪些优缺点？

# 第 5 章　智能传感与控制装备

⚙️**本章重点**：本章介绍智能传感与控制装备领域的关键技术，阐述智能传感与控制装备产业链，各类传感器特点、构成及其应用，使读者能够掌握智能传感器的分类及其工作原理，并使相关技术在工程领域得到应用。

## 5.1　智能传感与控制装备产业链

传感器自 20 世纪 50 年代起，经历了三大发展阶段，从最原始的结构性传感器演变为固体传感器到最新的智能传感器。智能传感器是具有信息处理功能的传感器，可以集传感器、微处理器和执行器于一体，具有信号检测、处理、记忆和执行等功能。智能传感器首先要识别或检测输入信号(如运动或温度变化)，然后进行信号调理，最后将信号发送至执行器/控制系统。智能传感器的特点是微型化、数字化、智能化、多功能化、系统化、网络化。

目前，智能传感器的应用已相当广泛和普及，是 21 世纪新的经济增长点。不管是"工业4.0"还是《中国制造 2025》，其最本质的变化是智能化生产，传感是整个智能化生产的关键。因为"工业 4.0"和《中国制造 2025》最核心的是智能制造，不管是网络化还是数字化，最前端的都将是智能化，但所有的这些都离不开传感。传感产业作为国内外公认的具有发展前途的高技术产业，以其技术含量高、经济效益好、渗透能力强、市场前景广等特点为世人瞩目。目前，智能传感的产品主要有以下几种类型：运动类(加速度计、陀螺仪等)、光学类(环境光传感器、接近传感器、CMOS 图像传感器等)、环境监测类(MEMS 麦克风、压力传感器、气体传感器等)等。目前，智能传感器领域主要有霍尼韦尔、意法半导体、博世、楼氏电子、德州仪器等。

中国在 2017 年制定的国家标准 GB/T 33905—2017 把智能传感器定义为：具有与外部系统双向通信的手段，用于发送测量、状态信息，接收和处理外部命令的传感器。智能传感器具备所有传统传感器的优点，同时还具有信息采集处理和自动交换信息的能力，其结构包含电源单元、传感器子系统、数据处理子系统、人机接口、通信接口和电输出子系统，如图 5.1所示。基于智能传感器的测量原理，智能传感器的组成可能不限于或不全部包含图 5.1 所示的模型。其中，传感器子系统是智能传感器必不可少的组成部分。其主要功能是将被测的物理量或化学量转变成电信号，经调理和数字化后供数据处理单元使用。数据处理子系统是智能传感器的核心，主要功能是为人、通信接口和(或)电输出子系统的实时应用提供并处理被测量。

依据国家标准 GB/T 33905—2017，智能传感器可以按被测量、工作原理、输出信号、工作机理、通信技术、结构组成等方面进行分类，如图 5.2 所示。

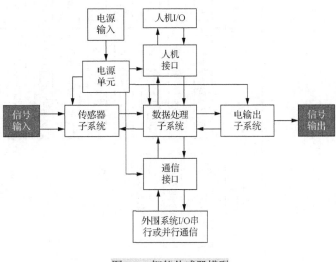

图 5.1　智能传感器模型

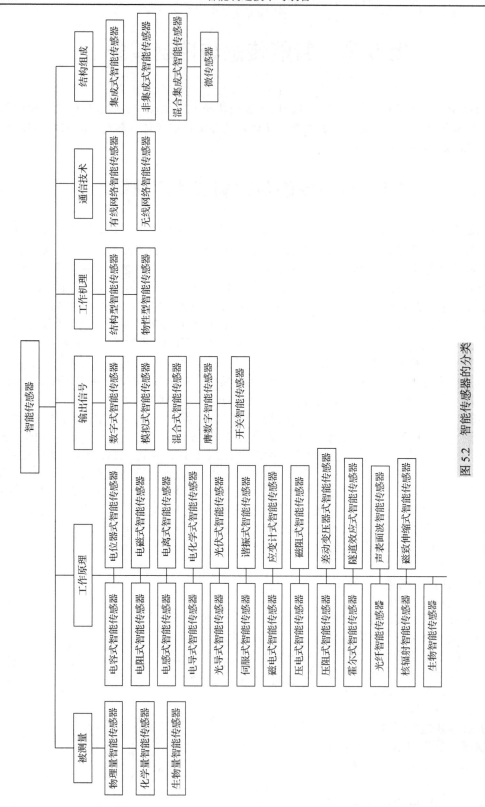

图 5.2 智能传感器的分类

智能传感与控制装备产业链分为上游零部件、中游智能传感与控制装置及下游应用三个部分，如图 5.3 所示。智能传感与控制装备产业链上游是元器件的生产厂商；中游是智能传感与控制装置的生产商，按照智能传感与控制装置的功能可大致分为智能仪器仪表、智能控制系统、传感器及其系统等；下游是应用商，负责根据不同的应用场景和用途对智能传感与控制装备进行有针对性的系统集成和系统应用。随着智能制造战略的推进以及无人驾驶、智能穿戴设备等新业态的发展和兴起，智能传感与控制装备产业前景广阔。

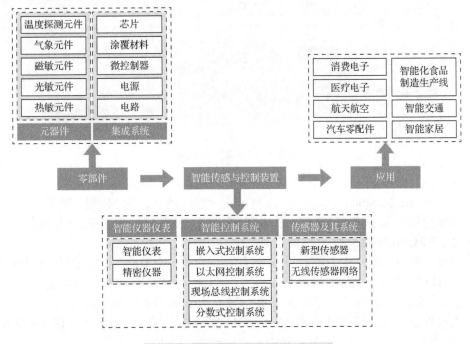

图 5.3　智能传感与控制装备产业链图

# 5.2　智能控制系统

## 5.2.1　分布式控制系统

分布式控制系统（Distributed Control System，DCS）即集控制技术、显示技术、计算机技术、通信技术于一体，可实现控制分散、故障率分散及危险性分散，操作集中，解决了常规模拟仪表功能单一、操作分散的缺点。利用 DCS 的冗余技术，使控制器、电源及通信总线采用双机热备的形式，可进一步提高控制的可靠性。它还能实现连续控制、顺序控制、逻辑控制、先进控制、数据采集及网络之间的互相通信等功能，将生产过程控制、监视操作、工厂管理有机地结合起来。

**1. DCS 的一般构成**

(1)I/O 卡件。与现场仪表相连，实现 A/D、D/A 的转换及部分数据的输入输出处理，采集来自检测仪表的信号，输出模拟信号或数字信号至执行器，如图 5.4 所示。

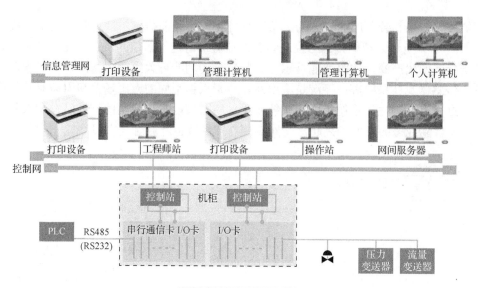

图 5.4　DCS 的一般构成

(2) 控制器。完成 I/O 信号的输入输出处理，运用各种控制算法实现控制策略，完成连续的 PID(Proportional Integral Derivative，比例-积分-微分)调节、顺序控制、逻辑控制及先进的过程控制等功能。通过串行接口可以实现与 PLC 子系统的单向或双向通信，如符合 MODIBUS、PROFIBUS-DP 协议的 PLC 等。

(3) 过程控制网。控制器、操作站均是过程控制网的一个节点，一般过程控制网以令牌或冲突检测方式进行数据的通信，速率一般为 5Mbit/s 或 10Mbit/s。过程控制网实现了控制器与控制器之间、控制器与操作站之间、操作站与操作站之间点对点的数据通信。

(4) 人机界面，即通常所说的操作站。操作站的主要功能是在控制器读取过程中采集数据，同时把在操作站设定的数据写到控制器中。总结起来，操作站完成了过程数据的实时监视、画面显示、操作命令的输入、报警和事件、报表及打印、系统诊断和维护、系统组态。开放的 OPC(OLE for Process Control，用于过程控制的对象连接与嵌入)接口可以实现不同 DCS 之间或 DCS 与上位管理机之间的数据通信，通过网间服务器可以实现互联网的远程访问。人机界面一般分为工程师站和操作员站。一般 DCS 必须至少有一个工程师站，以用于工程的组态、数据的管理及向第三方系统传输文件和图形等。工程师站兼具操作员站的功能。

### 2. DCS 的一般结构与特点

DCS 是分级递阶的控制系统，集中管理和分散控制是其主要特点。采用分级递阶的体系结构，主要是从系统工程的角度出发，通过功能分层、危险分散来提高系统的可靠性和应用的灵活性。最简单的 DCS 至少在垂直方向上分为两级，即操作管理级和过程控制级。在水平方向上各个过程控制级之间是相互协调的分级，在完成现场数据上传和接收操作管理级指令的同时，各水平级间也可进行数据交换。这种分工协作的关系能够使整个系统在优化的操作条件下运行。DCS 中的分散是在相互协调基础上的自治。分散的含义不仅是分散控制，还包含人员分散、地域分散、功能分散、危险分散、设备分散以及操作分散等。分散的最终目的是有效提高设备的可利用率。基于上述特点，在局域网络(Local Area Network，LAN)的支持下，一套完整的 DCS 一般由管理级、监控级、控制级和现场级组成。基于 LAN 的 DCS 基本结构如图 5.5 所示。

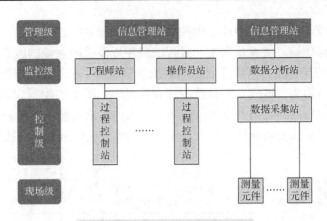

图 5.5　基于 LAN 的 DCS 基本结构

现场总线
控制

## 5.2.2　现场总线控制系统

现场总线控制系统(Fieldbus Control System, FCS)是由现场总线和现场设备组成的控制系统，这是继电式气动仪表控制系统、电动单元组合式模拟仪表控制系统、集中式数字控制系统、集散控制系统后的新一代控制系统，它将专用的微处理器置入传统的测量控制仪表，使它们具备了数字计算和数字通信能力，并采用双绞线等作为信号传输线，把多个测量控制仪表挂接在一条或多条总线上连接成系统，按公开、规范的通信协议，在位于现场的多个微机化测量设备之间以及现场仪表与远程监控计算机之间，实现数据传送与信息交换，形成各种实际需要的自动控制系统。它把单个分散的测量控制设备变成网络节点，以现场总线为纽带，把它们连接成可以相互沟通信息、共同完成自动控制任务的网络系统与控制系统。FCS 在过程自动化、制造自动化、楼宇自动化、交通、电力等领域都有广泛的应用，被誉为 21 世纪最有前景的自动化技术。

### 1. 现场总线控制系统的构成

随着各种智能传感器、变送器和执行器的出现，数字化到现场、控制功能到现场、设备管理到现场的呼声日益增高，一种新的过程控制系统体系结构已经呈现在人们面前。本节把现场总线控制系统分为三类：一类是由现场设备和人机接口组成的两层结构；另一类是由现场设备、控制站和人机接口组成的三层结构；还有一类是由扩充了现场总线接口模件所构成的现场总线的控制系统。

#### 1) 具有两层结构的现场总线控制系统

具有两层结构的现场总线控制系统由现场设备和人机接口两部分组成。现场设备包括符合现场总线通信协议的各种智能仪表，如现场总线变送器、转换器、执行器和分析仪等。由于系统中没有单独的控制器，系统的控制功能全部由现场设备完成。人机接口设备一般有运行员操作站和工程师操作站。运行员操作站或工程师操作站通过位于机内的现场总线接口卡与现场设备交换信息，如图 5.6 所示。具有两层结构的现场总线控制系统结构适合于控制规模相对较小、控制回路相对独立、不需要复杂协调控制功能的生产过程。

#### 2) 具有三层结构的现场总线控制系统

具有三层结构的现场总线控制系统由现场设备、控制站和人机接口三层组成。其中，现场设备包括各种符合现场总线通信协议的智能传感器、变送器、执行器、转换器和分析仪表等，控制站可以完成基本控制功能或协调控制功能，执行各种控制算法。人机接口包括运行员操作站和工程师操作站，主要用于生产过程的监控以及控制系统的组态、维护和检修，如图 5.7 所示。具有三层结构的现场总线控制系统虽然保留了控制站，但控制站所实现的功能与传统的控制系统有很大的区别。在传统的控制系统中，所有的控制功能，无论是基本控制回路的运算，还是控制回路之间的协调控制功能均由控制站实现。但在 FCS 中，底层的基本控制功能一般是由现场设备实现的，控制站仅完成协调控制或其他高级控制功能。

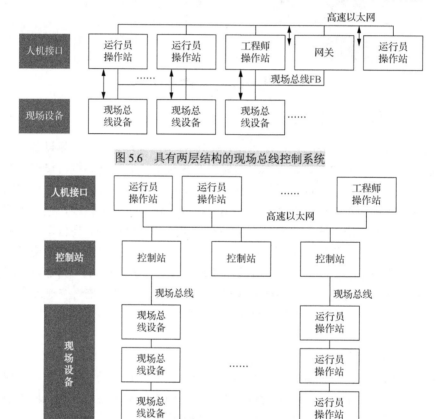

图 5.6　具有两层结构的现场总线控制系统

图 5.7　具有三层结构的现场总线控制系统

### 2．现场总线控制系统的一般结构与特点

现场总线(Field Bus，FB)是安装在生产过程区域的现场设备、仪表与控制室内的自动控制装置系统之间的一种串行、数字式、多点通信的数据总线，或者说，现场总线是以单个分散的、数字化、智能化的测量和控制设备为网络节点，用总线相连接，实现相互交换信息，共同完成自动控制功能的网络系统与控制系统。因此，现场总线是面向工厂底层自动化及信息集成的数字化网络技术，基于这项技术的自动化系统称为现场总线控制系统(FCS)。现场总线是控制系统与现场设备之间建立的一种开放、全数字化、双向、多站的通信系统。现场总线打破了传统控制系统的结构形式。现场总线控制系统采用智能化现场设备，把原先 DCS 中处于控制室的控制模块、各输入输出模块置入现场设备中，加上现场设备具有通信能力，现场的测量变送仪表可以给现场执行机构直接发送控制信号，从而使控制系统的功能不依赖

控制室的计算机或控制仪表直接在现场完成,实现了彻底的分散控制。现场总线控制系统能够简化系统结构、减少硬件设备、节约连接电缆与各种安装、维护费用。

现场总线系统在技术上具有以下特点:

(1)系统开放性。

系统开放性是指通信协议公开,各不同厂家设备之间可进行互连并实现信息交换。现场总线开发者就是要致力于建立统一的工厂底层网络开放系统。这里的开放是指对相关标准的一致性、公开性,强调对标准的共识与遵从。一个开放系统可以与任何遵守相同标准的其他设备或系统相连。一个具有总线功能的现场总线网络,系统必须是开放的,开放系统把系统集成的权利交给了用户。用户可按自己的需要,把来自不同供应商的产品组成大小随意的系统。

(2)互可操作性与互用性。

互可操作性是指实现互联设备间、系统间信息的传送与沟通,可实现点对点、一点对多点的数字通信;互用性则是指不同生产厂家性能类似的设备可以互换,实现互用。

(3)现场设备的智能化与功能自治性。

现场总线系统将传感测量、补偿计算、工程量处理与控制等功能分散到现场设备中完成,仅靠现场设备即可完成自动控制的基本功能,并通过现场总线将信息传送到控制中心,进行统一的处理和存储,控制中心可随时在线诊断设备的运行状态。

(4)系统结构的彻底分散。

现场某些设备本身就是智能设备,可以完成自动控制功能,因此系统可通过现场总线构成一种新的全分布式控制系统的体系结构,可由单个网络节点或多个网络节点共同完成所要求的自动化功能。从根本上改变了现有 DCS 的集中与分散相结合、主要通过主机进行现场设备的控制和信息交换的集散控制系统体系,简化了系统结构,提高了可靠性,实现了控制彻底分散。

(5)对现场环境的适应性。

现场总线是工作在现场设备前端,作为工厂网络控制底层的载体,是专为现场环境工作而设计的。它可支持双绞线、同轴电缆、光缆、射频、红外线和电力线等,具有较强的抗干扰能力,能采用两线制实现送电与数据通信,而且有些现场总线可满足本质安全防爆要求(如PROFIBUS-PA 等)。

现场总线的这些技术特点,特别是现场总线系统结构的简化,使控制系统的设计、安装、调试到正常生产运行及检修维护,具有传统控制系统无法比拟的优势。现场总线控制系统具有节省硬件数量与投资、节省安装费用、节约维护开销、用户具有高度的系统集成主动权、提高了系统的准确性与可靠性等优点。此外,由于现场总线的设备标准化和功能模块化,还具有设计简单、易于重构的特点。

以太网
控制

## 5.2.3　以太网控制系统

工业以太网通常是指基于 IEEE 802.3 协议的区域和单元网络,将传统网络技术应用到生产和过程控制领域。进入 21 世纪,具有交换功能、全双工和自适应的 100Mbit/s 的快速以太网已经成功应用到工业过程控制领域,与传统以太网不同的是,工业以太网更加注重应用层的实时通信。

**1. 以太网控制系统的构成**

传统以太网在通信过程中实际常用的标准是 TCP/IP（Transmission Control Protocol/Internet Protocol，传输控制协议/网际协议），将网络划分为四层，分别是网络接口层、网络层、传输层和应用层。目前，国际上的工业以太网协议有很多，根据协议实现原理的不同，大体上分为以下三种，如图 5.8 所示。

（1）基于 TCP/IP 的工业以太网，如图 5.8（a）所示。这类工业以太网协议基于标准的 TCP/IP 协议栈，通过应用层的合理控制来应对通信中的不确定因素，其最大优势是可以与传统以太网进行自由的通信。使用这种实现方式的工业以太网协议有：Modbus/TCP 和 Ethernet/IP。但此方式实现的工业以太网需要使用 TCP/IP 协议栈，因此存在传输延时不确定和实时性差的缺点，只适用于对实时性要求不高的控制系统。

（2）基于标准以太网的工业以太网，如图 5.8（b）所示。这类工业以太网协议不再使用传统的 TCP/IP 协议栈，使得整个工业以太网协议层级大为减少，在加快通信数据帧解析速度的同时，也极大地提升了处理速度和实时性。通过在以太网层上定义自己的协议报文，实现与工业现场的数据通信，最终完成数据采集、控制信号输出等业务逻辑，此类工业以太网协议有工厂自动化以太网（EPA）和开源实时通信技术（PowerLink）等。

（3）修改式工业以太网，如图 5.8（c）所示。在第二种实现方式的基础上，对标准以太网协议进行改进，使用主从模式的介质访问控制来避免报文冲突，简化通信数据处理流程，可使报文响应时间小于 1ms，既降低了系统的运行周期，也提高了通信的实时性和带宽的利用效率。典型的修改式工业以太网有 Profi Net-IRT、EtherCAT 和 SERCOS-Ⅲ。

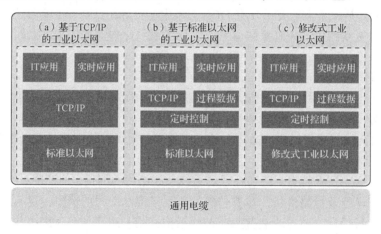

图 5.8　三种类型的工业以太网结构图

**2. 以太网控制系统的一般结构与特点**

目前，工业以太网支持的协议主要有以下四种：HSE、Modbus TCP/IP、ProfiNet 及 Ethernet/IP。其中，HSE（High Speed Ethernet）是基金会现场总线 2000 年发布的规范，该规范将 TCP/IP 协议族融合为一体，实现了控制网络与 Internet 的集成，通过其核心连接设备实现上位机与现场设备进行对等的通信；Modbus TCP/IP 是由施耐德公司推出的一种将 Modbus 帧嵌入 TCP 帧中进行面向连接的以太网通信方式，具有较高的确定性和友好的用户界面支持浏览器操作；ProfiNet 是 2001 年由德国西门子公司发布的工业以太网通信协议，将原有的Profibus 与互联网技术相结合形成了一种新的通信方案，利用 TCP/IP 协议和以太网作为连接介质实现节点间的通信；Ethernet/IP 是开放设备网络供应商协会（Open Devicenet Vendors Asso-cation，ODVA）和控制网国际（Control Net Internation）两大工业组织最新推出的协议，它基于面向对象的 CIP（Controland Information Protocol，通用工业协议），能够保证网络上实时的 I/O 信息和组态、参数、诊断信息的有效传输。正是这些工业以太网通信协议的支持，使得其以开放、协议简单及稳定性、可靠性得到了广泛的支持。

（1）应用广。以太网是当今应用最为广泛的技术，得到了人们的广泛支持。现阶段几乎所有的编程语言都支持以太网通信协议的开发，如 Visual C++、Java、Visual Basic 等。其适用语言的广泛性使得利用以太网技术进行通信变得越来越受软件开发商的青睐，具有很好的开发和应用前景。

（2）速率高。现今百兆、千兆快速以太网得到广泛应用，相比之下传统的现场总线最高速率只有 12Mbit/s，因此就传输速率来说，以太网具有无可比拟的优势，完全能够满足工业控制网络上不断增长的带宽要求。

（3）共享强。如今网络已经覆盖到几乎世界的每个角落，互联网技术解决了地理位置对资源共享的束缚。将以太网技术应用到工业过程控制领域，继而将监控级设备接入网络，便可以通过以太网方便地浏览工控现场数据，从而轻松地实现"一体化管控"，不必考虑过程控制级使用的是什么设备。这也正是以太网技术能够在未来逐步替代现场总线技术的一个重要原因。

（4）易连接。以太网的连接相对于现场总线来说要简单很多，如今互联网已经遍布每个工控厂商，所以通过以太网来实现管控一体化对工控厂商来说是一个易于实现的最佳选择。

（5）低成本。投入的成本是每个工控厂商所要考虑的问题，以太网的技术应用正符合了这个理念。随着硬件网卡的价格不断下降，目前购买一块网卡只需要花费现场总线设备的 1/10，以太网技术的普及率不断提高，导致现在几乎人人都会应用。而如果应用现场总线技术，则需要专门的培训，这样又节省了一部分开支。

（6）发展潜力大。自从以太网诞生之日起近 30 多年的时光，其已经得到了广泛的应用和发展，且未来的发展潜力巨大。工业过程控制领域的数据传输需要依赖快速有效的通信网络，而以太网的发展方向正好符合工控领域对数据传输的要求，由此也就保证了将以太网技术应用到工业过程控制领域成为未来发展的方向。

## 5.2.4　嵌入式控制系统

嵌入式控制系统是以应用为中心、以计算机技术为基础、软硬件可裁剪、适应应用系统对功能、可靠性、成本、体积、功耗等有严格要求的专用计算机系统。嵌入式控制系统由嵌入式微处理器／微控制器、存储器、输入输出和软件组成，这里的软件是指基于实时操作系统开发的且与实时操作系统密切结合的应用软件，这种操作系统和应用软件紧密结合为一体，正是嵌入式控制系统和基于 Windows 应用系统的主要差别所在，也是其可靠性和实时性的重要保证。

### 1. 嵌入式控制系统构成

嵌入式控制系统由硬件和软件组成，是能够独立进行运作的器件。其软件内容只包括软件运行环境及其操作系统。硬件内容包括信号处理器、存储器、通信模块等多方面内容。相比于一般的计算机处理系统，嵌入式控制系统存在较大的差异性，它不能实现大容量的存储功能，因为没有与之相匹配的大容量介质，经常采用的存储介质有 E-PROM、EEPROM 等，软件部分以 API 编程接口为开发平台的核心，一般由以下部分构成。

**1）处理器内核**

嵌入式控制系统的心脏是处理器内核。处理器内核从一个简单便宜的 8 位微控制器，到更复杂的 32 位或 64 位微处理器，甚至多个处理器。嵌入式设计人员必须为能够满足所有功能和非功能时限、要求的应用选择成本最低的设备。

D/A 和 A/D 转换器是用来从环境中搜集数据并反馈的。嵌入式设计人员必须了解需要从环境中搜集数据的类型、数据的精度要求和输入/输出数据的速率，以便为应用程序选择合适的转换器。嵌入式控制系统的反应特性受外部环境影响。嵌入式控制系统必须有足够快的速度跟上环境变化，以此来模拟信息，例如，光、声压或加速度被感知并输入嵌入式控制系统中。

**2）传感器和执行机构**

传感器一般从环境中感知模拟信息。执行机构通过某些方式控制环境。

**3）用户界面**

用户界面可以像 LED 屏一样简单，也可以像工艺精良的手机和数码相机的屏幕一样复杂。

**4）应用程序的特定入口**

类似于专用集成电路或者可编程阵列逻辑的硬件加速，是用来加速在应用程序中有高性能要求的特定功能模块。嵌入式设计师必须利用加速器获得最大的应用程序性能，以对应用程序进行适当的筹划或分区。

**5）软件**

在嵌入式控制系统开发中，软件是一个重要部分。在过去几年，嵌入式软件的数量已经增长得比摩尔定律还快，几乎是每 10 个月就成倍增长一次。嵌入式软件在某些方面的性能、存储器和功耗经常被优化。越来越多的嵌入式软件通过高级语言来编写，如 C/C++，而更多性能关键的代码段仍然使用汇编语言来编写。

**6）存储器**

存储器是嵌入式控制系统中的重要部分，嵌入式程序可以在没有 RAM 或 ROM 的情况下运行。有许多易失的和非易失的存储器用于嵌入式控制系统中，关于此内容在本书的后面会有更多的说明。

**7）仿真和诊断**

嵌入式控制系统很难看见或接触到，调试的时候需要接口与嵌入式控制系统相连。诊断端口，如 JTAG（Joint Test Action Group，联合测试行动组）就常常用于调试嵌入式控制系统。片上仿真能用来提供应用程序的可见性行为。这些仿真模块能可视化地提供运行时的行为和性能，实际上由板上的自诊断能力取代了外部逻辑分析仪的功能。

**2. 以太网控制系统的一般结构与特点**

（1）嵌入式控制系统通常是形式多样、面向特定应用的软硬件综合体。

嵌入式控制系统一般针对特定的应用，其硬件和软件都必须高效率地设计，量体裁衣、去除冗余。嵌入式微处理器大多专用于某个或某几个特定的应用，工作在为特定用户群设计的系统中，而且通常具有低功耗、体积小、集成度高等特点，能够把通用微处理器中许多由板卡完成的任务集成在芯片内部。嵌入式控制系统的软件是嵌入式操作系统和应用程序两种软件一体化的程序。在具体产品中，很难分清哪些是操作系统的程序，哪些是应用程序。

(2) 嵌入式控制系统得到多种类型的处理器和处理器体系结构的支持。

通用计算机的处理器和体系结构类型较少，而且主要掌握在少数几家大公司手里，而嵌入式控制系统可采用多种类型的处理器和处理器体系结构。在嵌入式微处理器产业链上，IP 设计、面向应用的特定嵌入式微处理器的设计、芯片制造已各自形成巨大的产业，大家分工协作，形成多赢模式。目前，在嵌入式微处理器市场上，有上千种嵌入式微处理器和几十种嵌入式微处理器体系结构可供选择。

(3) 嵌入式控制系统通常极其关注成本。

成本是嵌入式产品竞争的关键因素之一，尤其是消费类电子产品。嵌入式控制系统成本主要包括开发成本和产品成本。开发成本包括开发软件及开发工具的投入、开发人员的培训投入等。产品成本包括硬件成本、外壳包装和软件版税等，再加上销售、公司的各项费用。成本对于嵌入式产品的影响常常会决定产品的生存，有效控制成本是嵌入式研发人员必须牢记的一条原则。例如，代码的长度和执行效率会直接影响内存使用的多少，所以如何在保证性能不变的前提下，尽量减小代码存储空间和执行空间是降低成本的重要手段。

(4) 嵌入式控制系统有实时性和可靠性的要求。

大多数实时系统都是嵌入式控制系统，而嵌入式控制系统多数也有实时性的要求。嵌入式控制系统的软件一般是直接从内存中运行或将程序从外存加载到内存中运行，而且要求快速启动。嵌入式控制系统一般要求具有出错处理和自动复位功能，特别是对于一些在极端环境下运行的嵌入式控制系统，其可靠性设计尤为重要。大多数嵌入式控制系统的软件中包括一些可靠性机制，如硬件的看门狗定时器、软件的内存保护和重启机制等，以保证系统在出现问题时能够重新启动，保障系统的健壮性。

(5) 嵌入式控制系统使用的操作系统能适应多种类型的处理器、可剪裁、轻量型、实时可靠、可固化。

基于嵌入式控制系统应用的特点，与嵌入式微处理器类似，嵌入式操作系统也呈现出百花齐放的局面。大多数商用嵌入式操作系统可同时支持不同类型的嵌入式微处理器，而且用户可根据应用的具体情况进行剪裁和配置。

(6) 嵌入式控制系统开发需要专门工具和特殊方法。

多数嵌入式控制系统开发意味着软件与硬件的并行设计和开发，其开发过程一般分为几个阶段：产品定义，软硬件设计与实现，软件与硬件集成，产品测试与发布，维护与升级，运行。

# 5.3　智能仪器仪表

## 5.3.1　精密仪器

精密仪器是指用以产生、测量精密量的设备和装置，包括对精密量的观察、监视、测定、

　　验证、记录、传输、变换、显示、分析处理与控制。精密仪器是仪器仪表的一个重要分支。
　　按照测量对象的不同，精密仪器可以划分为以下几类：

### 1．几何量精密仪器

几何量精密仪器主要包括检测各种几何量的精密仪器，如立式测角仪、激光干涉比长仪、经纬仪、三坐标测量机、圆度仪、轮廓仪和扫描隧道显微镜等测量仪器。

### 2．热工量精密仪器

热工量精密仪器主要包括温度、湿度、压力、流量检测精密仪器，如各种气压计、真空计、多波长测温仪表、流量计和高度表等。

### 3．机械量精密仪器

机械量精密仪器主要包括各种测力仪器、应变仪、加速度与速度测量仪、转矩测量仪、振动测量仪、万能材料实验机和布氏硬度计等。

### 4．时间频率精密仪器

时间频率精密仪器主要包括各种计时仪器与仪表、原子钟、时间频率测量仪等。

### 5．电磁精密仪器

电磁精密仪器主要用于测量各种电量和磁量，如电流表、电压表、功率表、电阻测量仪、电容测量仪、静电仪和磁参数测量仪等。

### 6．无线电精密仪器

无线电精密仪器主要包括示波器、信号发生器、相位测量仪、频谱分析仪和动态信号分析仪等。

### 7．光学与声学精密仪器

光学与声学精密仪器主要包括光谱仪、光度计、色度计、激光参数测量仪、光学传递函数测量仪、噪声测量仪和声呐测量仪等。

### 8．电离辐射精密仪器

电离辐射精密仪器主要包括各种放射性、核素计量、X 和 λ 等射线计量仪器等。

## 5.3.2　智能仪表

### 1．智能仪表设计要点

智能仪表是以单片机为核心的仪表，其设计要点大致有两点，即模块化设计和模块的连接。

（1）模块化设计。依据仪表的功能、精度要求等，自上而下(或由大到小)按仪表功能层次把硬件和软件分成若干模块，分别进行设计与调试，然后把它们连接起来进行总调，这就是设计仪表的最基本思想。通常把硬件分为主机、过程通道、人机联系部件、通信接口等几个模块；而把软件分为监控程序(包括初始化、键盘与显示管理、中断管理、时钟管理、自诊断等)、中断处理程序以及各种测量和控制等功能模块。模块化设计的优点是：无论是硬件还是软件，每个模块都相对独立，能独立地进行研制和修改，使复杂的研制工作得到简化，从而提高了工作效益和研制速度。

（2）模块的连接。上述各种软硬件研制、调试之后，还需要将它们按一定的方式连接起来，才能构成完整的仪表。为实现既定的各种功能，软件模块的连接一般是通过监控主程序调用各种功能模块或采用中断的方法实时地执行相应的服务模块来实现的。

硬件模块的连接方法有两种:一种是以主机模块为核心,通过设计者自行定义的内部总线(数据总线、地址总线和控制总线)连接其他模块;另一种是通过标准总线连接其他模块,这种方式可选择标准化、模块化的典型电路,使连接灵活、方便。

**2．未来智能仪器仪表发展关键技术**

(1)传感技术。传感技术不仅是仪器仪表实现检测的基础,也是仪器仪表实现控制的基础。

(2)系统集成技术。系统集成技术直接影响仪器仪表和测量控制科学技术的应用广度和水平,特别是对大工程、大系统、大型装置的自动化程度和效益有决定性的影响。

(3)智能控制技术。智能控制技术是人类通过测控系统以接近最佳方式监控智能化工具、装备、系统达到既定目标的技术,是直接涉及测控系统效益发挥的技术,是从信息技术向知识经济技术发展的关键。智能控制技术可以说是测控系统中最重要和最关键的软件资源。

(4)人机界面技术。人机界面技术主要为方便仪器仪表操作人员或配有仪器仪表的主设备、主系统的操作人员操作仪器仪表或主设备、主系统服务。

(5)可靠性技术。随着仪器仪表和测控系统应用领域的日益扩大,可靠性技术在军事、航空航天、电力、核工业设施、大型工程和工业生产中起到提高战斗力和维护正常工作的重要作用。

**3．智能仪器仪表的应用优势**

**1)简化控制流程**

在当前的工业生产过程中,生产流程非常复杂,生产系统的控制难度很大,而且对精准性有非常高的要求,任何一项运行参数出现偏差,都可能导致产品质量下降,甚至引发安全性问题。在传统的生产系统控制模式中,主要采取人工控制的方式,利用人力资源对系统运行参数进行收集和控制,控制方式存在一定的滞后性,而且在以这种控制方式为主的工业生产模式中,产品的质量和生产安全性都会受到人员因素的影响,对工作人员的能力和责任意识都有非常严格的要求。应用智能自动化仪器仪表能简化控制流程,在智能自动化仪器仪表的作用下,各种系统参数都能清晰呈现,管理人员可以根据智能自动化仪器仪表中的数据,全面掌握当前的生产情况,而且在智能技术的作用下,智能自动化仪器仪表具有一定的自动化控制功能,对不合理的生产参数自动进行调整和优化,保证生产系统始终处于高效的运行状态,通过这种方式降低生产难度,对于产品质量的提升也有很强的促进作用,智能自动化仪器仪表的优势作用可见一斑。

**2)提高生产安全性**

在工业领域,一些行业的生产过程比较危险,对系统运行指标有非常严格的要求,如化工生产,需要严格把控生产温度、压力等系统参数,如果这些参数指标出现问题,容易引发安全事故,对企业的发展和人员的安全都非常不利,这也是企业方面极力避免的问题。应用智能自动化仪器仪表能对工业生产中的风险因素进行有效控制,这也是智能自动化仪器仪表的主要应用方式之一,在智能自动化仪器仪表的作用下,工业生产模式发生改变,实现了自动化生产,可以自行调节系统运行指标,整个控制过程效率极高,具有实时性的特点,能有效降低风险因素的爆发概率,对工业生产安全性的提升有非常明显的促进作用。因此,在当前的工业领域中,企业管理者要对智能自动化仪器仪表的功能性作用产生直观认知,并且积极引入智能自动化仪器仪表，实现智能化的行业生产，加速行业转型升级。

### 4. 智能仪器仪表的发展方向

#### 1) 智能化

信息技术的快速发展，带动了社会全面朝着信息化、网络化以及智能化的方向发展。在这样的背景下，也为仪器仪表自动化技术的创新发展提供了重要的技术依据和支持。相关研究人员正在探索仪器仪表智能化发展道路，这不仅是仪器仪表行业顺应信息时代发展的表现，更是行业发展的需要，同时也为仪器仪表技术的发展提供了更好的选择，促进了仪器仪表行业多元化发展。例如，自动化仪器仪表技术与通信技术、微处理技术等先进技术的融合探索和发展，极大地提升了仪器仪表的自动化程度，有效避免了传统技术模式下，自动化程度不高导致的仪器仪表使用年限短、仪器故障频发、零部件损耗程度高等问题，这些问题的出现直接影响仪器仪表效能的发挥，甚至限制了自动化仪器仪表在生产中效率的提升。而融入了新技术的仪器仪表自动化技术，不仅极大地缓解或者避免了传统技术模式下对仪器仪表设备的损耗，同时智能技术的融入还极大地提升了用户使用的体验感。用户可以结合自身需求选择相应的自动化元件，使各类元件与智能化系统有效融合，达到最佳效果，实现仪器仪表设备的智能化、个性化管理。除了在控制系统内部实现智能化之外，多系统融合的智能化也将是仪器仪表自动化发展的方向。

#### 2) 数字化

数字化是信息时代的特征之一，并且已经逐渐渗透到各个领域。具体到仪器仪表领域，数字化理念的出现为仪器仪表技术的更新、功能的完善以及对于整个仪器仪表技术的发展都起到了极大的推动作用。以数字化为特征的信息技术与自动化技术的融合发展，带领仪器仪表技术走进现代化数字控制时代，为仪器仪表智能化技术的创新发展提供了技术支持和思想指引，从而使智能仪器仪表技术得到进一步优化，信息资源的呈现方式更加多元化。

# 5.4　智能传感器

## 5.4.1　无线传感器

无线传感器是配有发射器的标准测量工具，其发射器可将来自过程控制仪表的信号加以转换并通过无线电波发送出去，其结构组成如图 5.9 所示。该无线电信号由接收器进行解析，并通过计算机软件转换为所需的特定输出，如模拟量电流或数据分析。无线传感器基于无线传感器网络(Wireless Sensor Networks，WSN)，采用成本较低、功耗较低、抗干扰能力强的传感器，通过 IEEE 802.15.4/ZigBee 无线网络协议实现无线网络信息的采集、传输，主要由采集传感器、微处理器和 ZigBee 无线通信模块组成。

无线传感器网络通常包括传感器节点、汇聚节点和任务管理节点。通过飞行器撒播、火箭弹射或者人工埋置等方法，将节点随机部署在被监测区域内，这些节点以自组织形式构成网络。传感器节点的主要任务是采集周围环境的数据(温度、湿度和光度等)，将采集到的数据简单处理后，通过多跳中继方式传输到汇聚节点，数据在汇聚节点进行聚集后，通过互联网或者卫星通信网络传送到管理节点。用户通过管理节点可以配置和管理无线传感器网络，向网络发布查询请求和控制命令以及接收传感器节点返回的监测数据。无线传感器网络体系结构如图 5.10 所示。

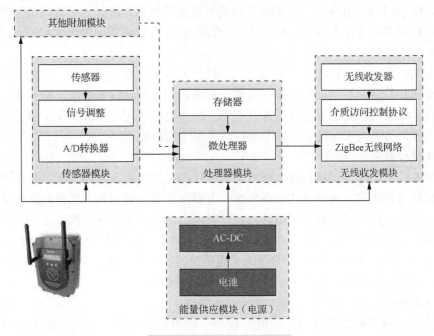

图 5.9　无线传感器结构组成

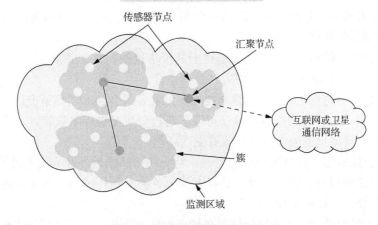

图 5.10　无线传感器网络体系结构

### 1. 无线传感器的关键技术

WSN 的发展得益于微机电系统(Micro-Electro-Mechanism System，MEMS)、片上系统(System on Chip，SoC)、无线通信和低功耗嵌入式技术的飞速发展。无线传感器网络的关键技术有很多，如无线通信技术、能量收集技术、传感器技术、嵌入式操作系统技术、低功耗技术、多跳自组织网络的路由协议、数据融合和数据管理技术和信息安全技术等。

#### 1)微机电系统技术

MEMS 技术是制造微型、低成本、低功耗传感器节点的关键技术。这种技术建立在制造微米级机械加工技术的基础上，通过采用高度集成工序，能够制造出各种机电部件和复杂的微机电系统。微机电系统是微电路和微机械按功能要求在芯片上的集成，尺寸通常在毫米级或微米级，自 20 世纪 80 年代中后期崛起以来发展极其迅速，被认为是继微电子之后又一个对国民经济和军事具有重大影响的技术领域，将成为 21 世纪新的国民经济增长点和提高军事能力的重要技术途径。

微机电系统的优点是体积小、重量轻、功耗低、耐用性好、价格低、性能稳定等。微机电系统的出现和发展是科学创新思维的结果，是微观尺度制造技术的演进与革命。微机电系统是当前交叉学科的重要研究领域，涉及电子工程、材料工程、机械工程、信息工程等多项科学技术工程，将是未来国民经济和军事科研领域的新增长点。

**2）无线通信技术**

无线通信技术是保证无线传感器网络正常运作的关键技术。目前，大多数传统的无线网络都使用射频进行通信，包括微波和毫米波，主要原因是射频通信不要求视距传输，能提供全向连接。然而，射频通信也有局限性，如辐射大、传输效率低等，因此其不是微型、能量有限传感器通信的最佳传输介质。对于传统的无线网络(如蜂窝通信系统、无线局域网、移动自组网等)，大部分通信协议的设计都考虑无线传感器的特殊问题，因此不能直接在传感器网络中使用。在通信协议中，必须充分考虑无线传感器网络的特征。

**3）硬件与软件平台**

无线传感器网络的发展在很大程度上取决于能否研制和开发出适用传感器网络的低成本、低功耗的硬件和软件平台。目前，主流低功耗传感器硬件和软件平台都采用了低功耗电路与系统设计技术和功耗管理技术，这些平台的出现促进了无线传感器网络的应用和发展。

**2．无线传感器的应用**

(1)在环境监测中的应用。无线传感器由于其价格较低、容易部署、无须人员在场维护等优点，可以监测复杂气象环境条件下的大气数据信息。

(2)在交通系统中的应用。无线传感器技术可以对各级公路的实际情况进行采集和对车辆出行进行检测、收费和信息的传输，可以对停车场收费状况进行系统管理，建立停车场停车信息数据，并发布给司机作为参考，以改善交通环境。

(3)在军事上的应用。在处理安全问题时，将无线传感器散布在人员不容易到达的区域，观测敌情，收集数据信息。在装备及人员身上附上各种无线传感器，可掌握敌方的状态和情况，以便确定作战的目标和进攻路线。

(4)在家庭生活中的应用。无线传感器在城市建筑方面应用广泛，可将传感器灵活地布局在建筑物内部，对室内的温度、湿度、光照等信息进行感知并调控，为人们提供舒适的居住环境。

## 5.4.2　新型传感器

新型传感器借助于现代先进科学技术，利用了现代科学原理、现代新型功能材料和现代先进制造技术。近年来，由于世界发达国家对传感器技术的发展极为重视，传感技术迅速发展，传感器新原理、新材料和新技术的研究更加深入、广泛，传感器新品种、新结构、新应用不断涌现、层出不穷。

新型传感效应利用各种物理现象、化学反应、生物效应等，是传感器的基本原理，主要由光电效应、磁效应、力效应、生化效应、多普勒效应组成。光电效应：是指物体吸收了光能后，转换为该物体中某些电子的能量而产生的电效应。磁效应：磁状态的变化引起其他各种性能的变化，反之，电、热、力、光、声等作用也引起磁性的变化。力效应：物体受力后所产生的作用效果。生化效应：通过生物和化学的作用所产生的效果。多普勒效应：当相对运动体之间有电波传输时，其传输频率随瞬时相对距离的缩短和增大而相应增高和降低的现象。

### 1. 比较常见的智能新型传感器及其应用

(1)温度传感器。温度传感器在汽车上应用相对较多，可以在发动机的温度、冷却水温度以及车内温度等相关系统对其进行系统的监控。发动机温度控制系统在实践中可以基于其实际的温度高低对于喷油嘴阀的开启以及持续时间进行系统控制，进而在实践中提升发动机混合气体的实际燃烧效率以及相关动力输出。温度传感器在实践中主要包含热敏电阻式、热电耦式以及线绕电阻式三种，可以应用在不同的环境之中。

(2)压力传感器。压力传感器主要涵盖了电容式、压阻式以及表面弹性波式三种，其中电容式压力传感器在实践中主要用于负压、气压以及液压等在一些输入能量相对较高的环境之中，其实际的动态响应效果较为优质，有着一定的适应性。

(3)流量传感器。流量传感器在汽车技术中的应用主要是在汽车发动机的空气流量以及燃料流量的监测之上，在空气监测等相关模块给计算机提供了有效的数据，计算机在实践中基于车辆的实际状态与空气流量计算最佳的发动机点火时间以及持续时间。空气流量传感器在实践中主要涵盖了叶片式、热线式等相关模式，在实践中通过计算机对瞬时油耗以及平均油耗等参数进行计算并反馈给驾驶人员。

(4)位置以及转速传感器。在实践中位置以及转速传感器主要是监测曲轴转角、发动机转速以及车速等相关参数值，现阶段最常见的传感器主要涵盖了霍尔效应模式、交流发电机模式、磁阻模式、光学模式以及半导体磁性晶体管模式等。在实践中，可以根据不同的对象状况有针对地选择合适的传感器。

(5)气体浓度传感器。气体浓度传感器是一种在高端车型上应用的技术手段，在实践中利用浓度传感器对于发动机排放气体的实际成分进行判断，可以对发动机燃烧的实际性能进行计算，并提供相关数据，使空气以及燃料在实践中达到最理想的状态。

### 2. 智能传感器的优点

通常，一个传统的检测器件只能检测一个物理量，其信号调节是由若干与主检测单元连接的模拟电子电路实现的：而一个智能传感器就能实现同样的所有功能，并且更加小巧、低成本和高性能。与传统的传感器相比，智能传感器具有以下优点：

(1)有逻辑思维与判断、信息处理功能，可对检测数值进行分析、修正和误差补偿。智能传感器可通过查表方式使非线性信号线性化，可容易地通过软件研制的滤波器对数字信号进行滤波，还能用软件实现非线性补偿或其他更复杂的环境因素补偿，提高了测量准确度。

(2)有自诊断、自校准功能，提高了可靠性。智能传感器可以检测工作环境，并在环境条件接近临界极限时，给出报警信号，还能通过分析器输入信号状态给出诊断信息。当智能传感器因内部故障不能正常工作时，通过内部测试环节，可检测出不正常现象或部分故障。

(3)可实现多传感器多参数复合测量,扩大了检测与适用范围。微处理器使智能传感器很容易实现多个信号的运算,其组态功能可使同一类型的传感器工作在最佳状态,并能在不同场合从事不同的工作。

(4)检测数据可以存取,使用方便。智能传感器可以存储大量的信息供查询,包括装置的历史信息、目录表、测试结果等。

(5)有数字通信接口,能与计算机直接联机,相互交换信息,便于信息管理,如可以对检测系统进行遥控以及跟定测量工作方式,也可将测量数据传送给远方用户等。

# 习题与思考

5-1　智能传感与控制装备产业链有何特点?

5-2　分布式控制系统的一般构成?

5-3　现场总线控制系统的一般结构与特点有哪些?

5-4　智能仪器仪表发展的关键技术有哪些?

5-5　新型传感器应用哪些现代先进科学技术?

5-6　以太网通信技术有哪些分类?各自的工作原理是什么?有什么区别?

# 第6章 智能检测与装配装备

⚙️**本章重点**：本章首先介绍智能检测与装配装备的产业链，读者可以掌握产业链的发展现状和发展趋势。重点介绍视觉检测系统及装备、位置检测系统及装备、力检测系统及装备、功能检测系统及装备等智能制造领域常见智能检测与装配装备的结构、工作原理和应用场景，为学生进一步深入研究智能检测与装配装备打下基础。

## 6.1 智能检测与装配装备及其产业链

智能检测与装配装备包括视觉检测系统及装备、位置检测系统及装备、力检测系统及装备、功能检测系统及装备、尺寸检测系统及装备、智能诊断系统及装备、轴承自动化检测系统及装备等。

### 6.1.1 智能检测概述

智能检测是一种尽量减少所需人工的检测技术，是依赖仪器仪表，涉及物理学、电子学、计算机学、信息学、人工智能等多种学科的综合性技术，包含测量、检验、信息处理、判断决策和故障诊断等多种内容。智能检测以多种先进的传感器技术为基础，且易于与计算机系统结合，在合适的软件支持下，自动地完成数据采集、处理、特征提取和识别以及多种分析与计算，以达到对系统性能进行测试和故障诊断的目的。

在智能制造领域，智能检测提供产品及其制造过程的质量信息，按照这些信息对产品的制造过程进行修正，使废次品与返修品率降至最低，保证产品质量形成过程的稳定性及产出产品的一致性。智能检测系统是指能自动完成测量、数据处理、显示(输出)测试结果的一类系统的总称。其是在标准的测控系统总线和仪器总线的基础上组合而成的，采用计算机、微处理器作为控制器，通过测试软件完成对性能数据的采集、变换、处理、显示等操作程序，具有高速度、多功能、多参数等特点。

**1. 智能检测系统的原理**

智能检测系统有两个信息流，一个是被测信息流，另一个是内部控制信息流，被测信息流在系统中的传输是不失真或失真在允许范围内，如图 6.1 所示。

**2. 智能检测系统的结构**

智能检测系统由硬件、软件两大部分组成，分别如图 6.2 和图 6.3 所示。

智能检测的主要理论包括神经网络、基于知识工程的专家系统、基于信息论的分级递阶智能理论、模糊系统理论、基于规则的仿人智能检测控制理论等，如图 6.4 所示。

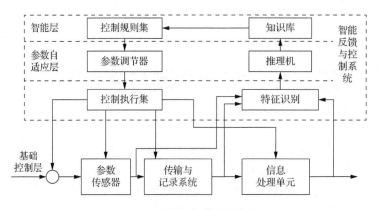

图 6.1　智能检测系统的信息流

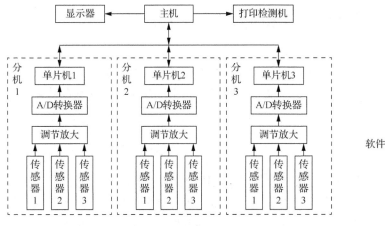

图 6.2　智能检测系统硬件架构

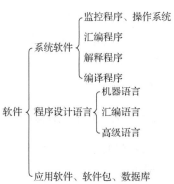

图 6.3　智能检测系统软件架构

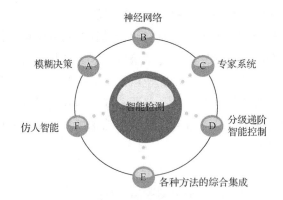

图 6.4　智能检测系统架构

## 6.1.2　智能装配概述

　　智能装配在于提高生产效率，降低成本，保证产品质量，特别是减轻或取代特殊条件下的人工装配劳动。实现装配自动化是生产过程自动化或工厂自动化的重要标志，也是系统工程学在机械制造领域实施的重要内容。在装配过程中，智能装配可完成以下形式的操作：零件传输、定位及其连接；压装或紧固螺钉、螺母使零件相互固定；装配尺寸控制以及保证零件连接或固定的质量；输送组装完毕的部件或产品，并将其包装或堆垛在容器中等。

　　智能装配起源于自动化装配，19 世纪，机械制造业中零部件开始注重标准化和互换性，用于小型武器和钟表的生产，随后又应用于汽车工业。20 世纪，美国福特汽车公司首先建立采用运输带的移动式汽车装配线，将工序细分，在各工序上实行专业装配操作，使装配周期缩短了约 90%，降低了生产成本。互换性生产和移动装配线的出现和发展，为大批量生产采用自动化开辟了道路，陆续出现了料斗式自动给料器和螺钉、螺母自动拧紧机等简单的自动化装置。20 世纪 60 年代，随着数字控制技术的迅速发展，出现了自动化程度较高而又有较大适应性的数控装配机，从而有可能在多品种批量生产中采用自动化装配。1982 年，日本的个别工厂已采用数字控制工业机器人来自动装配多种规格的交流伺服电动机。

　　智能装配系统可分为两种类型：一是基于大批量生产装配的刚性自动化装配系统，主要由专用装配设备和专用工艺装备组成；二是基于柔性制造系统的柔性装配系统，主要由装配中心和装配机器人组成。由于全世界制造业正向多品种、小批量生产的柔性制造和计算机集成制造发展，所以柔性装配系统是自动化装配的发展方向。

## 6.1.3　智能检测与装配装备产业链

　　产业链主要由上游的核心零部件和关键技术、中游的设备和系统集成以及下游的应用组成，如图 6.5 所示。其中，上游的核心零部件主要包括传感器、控制器、减速器、伺服电机和驱动器等，关键技术主要包括智能控制和人机界面等；中游主要涉及智能检测和装配设备及一些系统集成，系统集成主要涉及视觉检测系统、位置测量系统、力测试系统、功能测试系统、尺寸测量系统、多轴机器人系统和输送系统等；下游主要包括食品、医疗器械、环境检测、工业机械、建筑材料等领域中的应用。

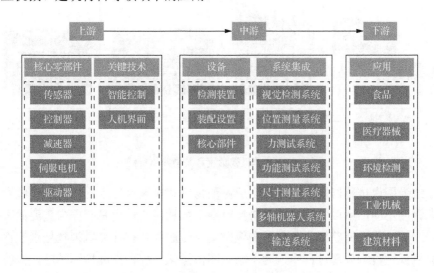

智能检测
与装配

图 6.5　智能检测与装配装备行业产业链

例如，苏州市共有规模上企业 47 家，形成了包括智能检测零部件、装配设备以及系统集成的较为完整的产业链，主要集聚在吴江区、高新区和工业园区。在国内苏州市在智能检测与装配装备领域具有一定的领跑优势，涌现了一批颇具竞争力的优质企业，科创板首批上市的天准科技、华兴源创、博众精工等企业在各自的细分领域均具有较强的话语权。博众精工的智能柔性装配线整合了机器人、制造成套装备，可为客户节省超过 80% 的劳动力，良品率提高到 99%，圆满完成省高端装备研制赶超任务。在国内太阳能电池丝网印刷设备领域，苏州迈为科技股份有限公司在国内市场的增量已跃居首位，打破了丝网印刷设备领域进口垄断的格局，全球的市场占有率超过 50%，在光伏丝网印刷市场独占鳌头。2020 年，苏州市智能检测与装配装备领域的研发投入占比高达 9.2%，位居六大细分领域之首，表现出极强的创新潜力。

# 6.2　视觉检测系统及装备

## 6.2.1　视觉检测系统的组成

视觉检测系统通过处理器分析图像，并根据分析得出结论。现今视觉检测系统有两方面的典型应用。一方面可以探测部件，由光学器件精确地观察目标，并由处理器对部件合格与否做出有效的决定；另一方面可以用来创造部件，即复杂光学器件和软件相结合直接指导制造过程。

视觉检测系统一般包括如下部分：光源、镜头、摄像头、图像采集单元(或图像捕获卡)、图像处理软件、监视器、通信输入/输出单元等。典型的 PC-BASED 的视觉检测系统通常由图 6.6 所示的光源及控制器、相机与镜头、图像采集及处理器和图像处理软件几部分组成。

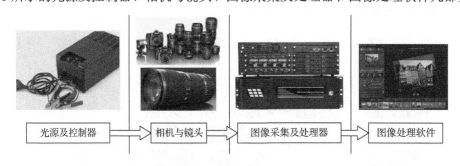

图 6.6　计算机视觉测量典型应用实例

光源系统为图像传感器提供照明，由于检测物体和检测目的不同，检测系统受光源光照强度的影响程度不同，所以光源的合理选择对整个视觉检测过程具有非常重要的影响。摄像机(即图像传感器)用于捕获图像并通过图像采集卡传送到装有计算机视觉处理软件的计算机中。在计算机视觉检测处理过程中，为了简化图像量化过程、提高检测精度，被检测物体的定位是非常重要的。

(1)相机与镜头，属于成像器件，主要实现对物体采图成像的功能。相机采集到图像后将信号传输给图像采集卡。镜头按照焦距是否可调分为变焦镜头和定倍镜头。镜头的主要参数有：视场(Field of View，FoV)、分辨率、工作距离和景深(Depth of Field，DoF)。在镜头选型方面，通常优先选择定倍镜头。因为变焦镜头必须保证不同焦距下的成像质量，不允许出现某个焦距下成像质量很差的情况，所以像差较小。

(2)光源，属于辅助成像器件，对物体进行照明以改善成像质量。常用的光源有各种形状的 LED 灯、高频荧光灯、光纤卤素灯等。根据光路设计要求，在保证机器视觉系统成像质量及系统稳定性的前提下，应优先选用相应种类的成熟光源产品。照明系统应保证采集图像中的物体特征清晰、光照均匀。

(3)传感器，作为辅助检测装置，传感器的主要功能是检测物体的位置状态。

(4)图像采集卡，是图像采集部分和图像处理部分的接口，通常以插入卡的形式安装在个人计算机中，主要功能是把来自相机的模拟信号或数字信号转换成一定格式的图像数据流输送给个人计算机主机。

(5)个人计算机平台，计算机是基于个人计算机视觉系统的核心，在这里完成图像处理和绝大部分的控制逻辑，通常应优先选用工业级的计算机。

(6)视觉处理软件，主要指各种图像处理软件，一般有图像形态学处理、图像标定、图像匹配、尺寸测量等各种算法，目前国外已开发出的成熟商用软件包有德国 MVTec 公司的 HALCON 等。这些软件包在工业上得到了广泛应用。

(7)控制单元，主要功能是在得到图像处理结果后，进行各种执行操作。

上述 7 个部分构成基于个人计算机的视觉系统，但在实际应用中，针对不同的场合可能会进行不同的增加或裁减。

图 6.7 是工程应用上典型的视觉检测系统。在流水线上，零件经过传送带到达触发器，摄像单元立即打开照明，拍摄零件图像；随即图像数据被传递到处理器，处理器根据像素分布和亮度、颜色等信息进行运算来抽取目标的特征：面积、长度、数量、位置等；再根据预设的判据来输出结果：尺寸、角度、偏移量、个数、合格/不合格、有/无等；通过现场总线与 PLC 通信，指挥执行机构，弹出不合格产品。

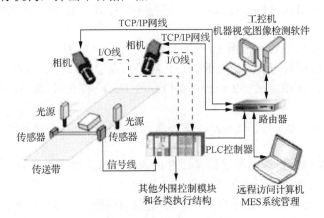

计算机视觉检测

图 6.7　计算机视觉检测系统

## 6.2.2　视觉检测系统组件选型

### 1. 相机的选型设计

**1）相机的分类**

相机作为机器视觉系统中的核心部件，根据功能和应用领域可分为工业相机、可变焦工业相机和原始设备制造商（Original Equipment Manufacture，OEM）工业相机。

（1）工业相机，可根据数据接口分为 USB2.0、1394 Fire Wire（火线）和 GigE（千兆以太网）三类，其中每一类都可根据色彩分为黑白、彩色及拜耳（彩色但不带红外滤镜）三种机型；每种机型的分辨率都有 640×480、1024×768 和 1280×960 等多个级别；每个级别又可分为普通型、带外触发和数字 I/O 接口两类。

（2）可变焦工业相机，也称自动聚焦相机，分类相对简单，只有黑白、彩色及拜耳三大类。该系列相机可通过控制软件，调节内置电动镜头组的焦距，而且该镜头组还可在自动模式下根据目标的移动自动调节焦距，使得相机对目标物体的成像处于最佳质量。

（3）OEM 工业相机，在分类方法上与普通工业相机基本相同，最大的区别在于 OEM 相机的编号中已含有可变焦工业相机的 OEM 型号。

**2）相机的主要特性参数**

选择合适的相机也是机器视觉系统设计中的重要环节，相机不仅直接决定所采集到的图像的分辨率、图像质量等，同时与整个系统的运行模式相关。通常相机的主要特性参数如下。

（1）分辨率：是相机最为重要的性能参数之一，主要用于衡量相机对物象中明暗细节的分辨能力。

（2）最大帧率（Frame Rate）/行频（Line Rate）：相机采集传输图像的速率，对于面阵相机，一般为每秒采集的帧数（Frames/s），对于线阵相机，为每秒采集的行数（Hz）。

（3）曝光方式（Exposure）和快门速度（Shutter）：对于线阵相机，都是逐行曝光的方式，可以选择固定行频和外触发同步的采集方式；曝光时间可以与行周期一致，也可以设定一个固定的时间。面阵相机有帧曝光、场曝光和滚动行曝光等几种常见方式。数字相机一般都提供外触发采图的功能。快门速度一般可达 1/500s，高速相机还可以更快。

（4）像素深度（Pixel Depth）：每一个像素数据的位数，常用的是 8bit，对于数字相机，一般还会有 10bit、12bit 等。

（5）固定图像噪声（Fixed Pattern Noise）：是指不随像素点的空间坐标改变的噪声，其中主要的是暗电流噪声。

（6）动态范围：相机的动态范围表明相机探测光信号的范围。

（7）光学接口：指相机与镜头之间的接口，常用的光学接口有 C 口（法兰间距 17.5mm、接口直径 1inch）、CS 口（法兰间距 12.5mm、接口直径 1inch）和 F 口（法兰间距 46.5mm、接口直径 47inch）。

（8）光谱回应特性（Spectra1 Range）：指该像元传感器对不同光波的敏感特性。

**3）镜头的选择**

光学镜头是视觉测量系统的关键设备，在选择镜头时需要考虑多方面的因素。

（1）镜头的成像尺寸应大于或等于摄像机芯片尺寸。

（2）考虑环境照度的变化。对于照度变化不明显的环境，选择手动光圈镜头；如果照度变化明显，则选用自动光圈镜头。

（3）选用合适的镜头焦距。焦距越大，工作距离越远，水平视角越小，视场越窄。

### 2．图像采集卡的选型设计

图像采集卡(Image Grabber)又称为图像卡，它将摄像机的图像视频信号，以帧为单位，送到计算机的内存和视频图形阵列(Video Graphics Array，VGA)保存，供计算机处理、存储、显示和传输等。在视觉系统中，图像卡采集到的图像供处理器做出工件是否合格、运动物体的运动偏差量、缺陷所在的位置等处理。图像采集卡是机器视觉系统的重要组成部分，如图 6.8 所示。

图像采集卡的种类很多，并且其特性、尺寸及类型各不相同，但其基本结构大致相同。图 6.9 为图像采集卡的基本组成，每一部分用于完成特定的任务。下面介绍各个部分的主要构成及功能。其中，相机视频信号由多路分配器色度滤波器输入。

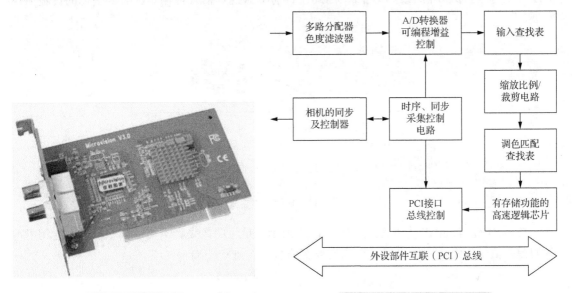

图 6.8　图像采集卡　　　　　　　图 6.9　图像采集卡的基本组成

(1) 图像传输格式。格式是视频编辑最重要的一种参数，图像采集卡需要支持系统中摄像机所采用的输出信号格式。大多数摄像机采用 RS-422 或 EIA644(LVDS)作为输出信号格式。在数字相机中，IEEE1394、USB2.0 和 Camera Link 几种图像传输形式得到了广泛应用。

(2) 图像格式(像素格式)。黑白图像：通常情况下，图像灰度等级可分为 256 级，即以 8bit 表示。当对图像灰度有更精确的要求时，可用 10bit、12bit 等来表示；彩色图像：可由 RGB(或 YUV)三种色彩组合而成，根据其亮度级别的不同有 8-8-8、10-10-10 等格式。

(3) 传输通道数。当摄像机以较高速率拍摄高分辨率图像时，会产生很高的输出速率，一般需要多路信号同时输出，图像采集卡应能支持多路输入。

(4) 分辨率。图像采集卡能支持的最大点阵反映了其分辨率的性能。一般图像采集卡能支持 768×576 点阵，而性能优异的图像采集卡支持的最大点阵可达 64K×64K。

(5) 采样频率。采样频率反映了图像采集卡处理图像的速度和能力。在进行高度图像采集时，需要注意图像采集卡的采样频率是否满足要求。高端的图像采集卡的采样频率可达 65MHz。

(6) 传输速率。主流图像采集卡与主板间都采用外围器件互联(Peripheral Component Interconnect，PCI)接口，其理论传输速度为 132Mbit/s。

### 3. 图像数据的传输与接口方式

**1) 图像数据的传输方式**

机器视觉是一门综合性很强的学科，在具体工程应用中，整体性能的好坏由多方面因素决定，其中图像数据的传输方式就是一项很重要的因素。图像数据的传输方式可以分为以下两种。

(1) 模拟(Analog)传输方式。如图 6.10 所示，首先，相机得到图像的数字信号，再通过模拟传输方式传输给图像采集卡，而图像采集卡经过 A/D 转换得到离散的数字图像信息。RS-170(美国)与 CCIR(欧洲)是目前模拟传输的两种串口标准。目前，模拟传输方式存在两大问题：信号干扰大和传输速度受限。因此，目前机器视觉信号传输正朝着数字化的传输方向发展。

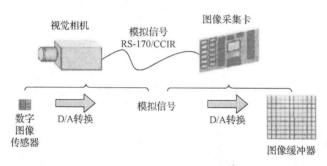

图 6.10　模拟传输方式

(2) 数字化(Digital)传输方式。如图 6.11 所示，是将图像采集卡集成到相机上。由相机得到的模拟信号先经过图像采集卡转化为数字信号，再进行传输。

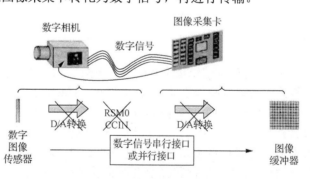

图 6.11　数字化传输方式

**2) 图像数据的接口方式**

图像数据传输的具体接口方式一般有以下几种。

(1) PCI 总线和 PC104 总线。外设部件互联(Peripheral Component Interconnect，PCI)总线是计算机的一种标准总线，是目前个人计算机中使用最广泛的接口。

(2) Camera Link 通信接口。Camera Link 标准规范了数字摄像机和图像采集卡之间的接口，采用了统一的物理接插件和线缆定义。

(3) IEEEl394 通信接口。IEEEl394 是一种与平台无关的串行通信协议，标准速度分为

100Mbit/s、200Mbit/s 和 400Mbit/s，是 IEEE（电气与电子工程师协会）于 1995 年正式制定的总线标准。

（4）USB2.0 接口。USB 是通用串行总线（Universal Serial Bus，USB）的缩写，USB2.0 通信速率由 USBl.1 的 12Mbit/s 提高到 480Mbit/s，初步具备了全速传输数字视频信号的能力。

（5）串行接口。串行接口又称"串口"，常见的有一般计算机应用的 RS-232（使用 25 针或 9 针连接器）和工控机应用的半双工 RS-485 与全双工 RS-422。

### 4．光源的种类与选型设计

机器视觉系统的核心是图像采集和处理。所有信息均来源于图像之中，图像本身的质量对整个视觉系统极为关键。而光源则是影响机器视觉系统图像质量的重要因素，照明对输入数据的影响至少占到 30%。选择机器视觉光源时应该考虑亮度、均匀性、光谱特征、寿命特征、对比度等。

#### 1）光源的分类

视觉测量系统中常见照明光源的类型及其特点与应用如表 6.1 所示。

表 6.1　常见照明光源的类型及其特点与应用

| 类型 | 外形 | 特点 | 应用 | 应用示例 |
|---|---|---|---|---|
| 环形光源 | | 光线与摄像机光轴近似平行、均衡、无闪烁、无阴影 | 工业显微、线路板照明、晶片及工件检测、视觉定位等，如电路板检测 | |
| 低角度环形光源 | | 光线与摄像机光轴垂直或接近 90°，为反光物体提供 360°无反光照明，光照均匀，适用于轻微不平坦表面 | 高反射材料表面、晶片玻璃划痕及污垢、刻印字符、圆形工件边缘、瓶口缺损等检测 | |
| 均匀背景光源 | | 背光照明，突出物体的外形轮廓特征，低发热量，光线均匀，无闪烁 | 轮廓检测、尺寸测量、透明物体缺陷检测等，如外形检测 | |
| 条形光源 | | 用较大被检测物体表面照明，亮度和安装角度可调、均衡、无闪烁 | 金属表面裂缝检测、胶片和纸张包装破损检测、定位标记检测，如条码检测 | |
| 碗状光源 | | 具有积分效果的半球面内壁均匀反射，发射出光线，使图像均匀 | 透明物体内部或立体表面检测（玻璃瓶、滚珠、不平整表面、焊接检测）等 | |
| 同轴光源 | | 光线与摄像机光轴平行且同轴，可消除因物体表面不平整引起的影响 | 反射度高的物体（金属、玻璃、胶片、晶片等）表面划伤检测 | |

通常，光源可以定义为能够产生光辐射的辐射源。光源一般可分为自然光源和人工光源。自然光源，如天体（地球、太阳、星体）产生的光源；人工光源是人为将各种形式的能量（热能、电能、化学能）转化成光辐射的器件，其中利用电能产生光辐射的器件称为电光源。

#### 2）照明方式选择

根据光的散射特性，针对不同的表面缺陷，产生了不同的光源照明技术，分别为同轴、明场、暗场、漫反射、背光等照明检测技术。图 6.12 展示了不同角度的光源示意图。

在计算机视觉检测系统中，表面法线方向、相机光轴方向、照明入射光线方向之间的角度分布会明显地影响相机对缺陷信息的灵敏度与分辨能力，只有合理布置这些角度关系才能在相机获取的图像中得到所需的目标信息，并且能够抑制背景噪声，增强缺陷信号的信噪比。

**3) 光源颜色选择**

考虑光源颜色和背景颜色，使用与被测物体同色系的光会使图像变亮(如红光使红色物体更亮)；使用与被测物体相反色系的光会使图像变暗(如红光使蓝色物体更暗)。不同颜色光源效果示例如图 6.13 所示。

波长越长，穿透能力越强；波长越短，扩散能力越强。红外的穿透能力强，适合检测透光性差的物体，如棕色玻璃瓶杂质检测。紫外对表面的细微特征敏感，适合检测对比不够明显的地方，如食用油瓶上的文字检测。

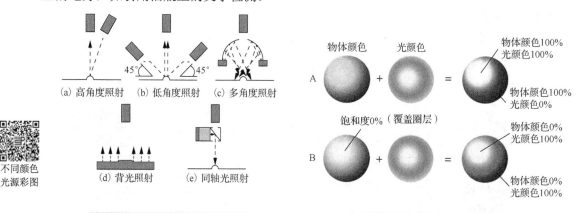

不同颜色
光源彩图

图 6.12　不同角度的光源示意图　　　　　　图 6.13　不同颜色光源效果示例

**4) 光源形状和尺寸选择**

光源的形状主要分为圆形、方形和条形。通常情况下选用与被测物体形状相同的光源，最终光源形状以测试效果为准。光源的尺寸选择，要求保障整个视野内光线均匀，略大于视野为佳。

**5) 选择是否用漫反射光源**

如被测物体表面反光，最好选用漫反射光源。多角度的漫反射照明使得被测物体表面整体亮度均匀，图像背景柔和，检测特征不受背景干扰。

## 6.2.3　视觉检测装备

图 6.14 为常用视觉检测装备技术框架示意图，主要由智能视觉传感器、高速自动化视觉信息获取、视觉信息预处理、目标定位与分割、检测与识别、视觉伺服与优化控制构成。智能视觉传感器主要用于获取检测目标的高质量图像；自动化图像获取主要通过整机控制系统、精密成像机构等对成像位姿、时间序列等进行控制实现。成像系统获取的图像经过去噪增强、分割、配准融合、拼接等图像预处理步骤，改善了获取图像的质量，并提取出图像中的有用信息；然后采用图像定位与分割算法、目标检测与识别算法、智能分类与判别等图像处理过程，实现对被检测对象的识别、检测、分析、测量；最后从图像处理中得到目标信息。

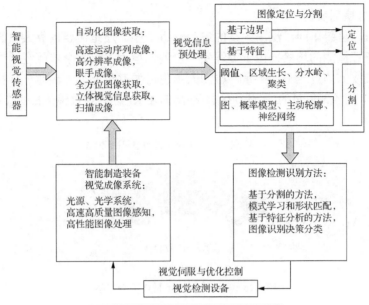

视觉检测
装备技术

图 6.14　视觉检测装备技术框架示意图

### 1. 汽车齿毂质量检测装备

某汽车齿毂关键尺寸测量和检查设备，OEM 主机厂统一构建 AI 质检平台，并与零部件厂家共同定义质量标准，深度学习和传统算法相结合，使用结合 5G 终端的 AI-Box 视觉检测装备（图 6.15），AI-Box 检测后通过 5G 网络向 AI 平台和相关业务系统反馈检测结果，共享检测数据，实现高效率、高准确性，并不断完善现有 AI 质检模型，保证主机厂和上游零部件厂家检测标准的一致性。AI-Box 视觉检测装备支持光源、相机、镜头的自定义配置，采集数据的无缝对接工业视觉 AI 训练平台，并在工业视觉 AI 训练平台实现数据标注和模型训练的完整闭环，同时支持模型下发本地的验证性测试。

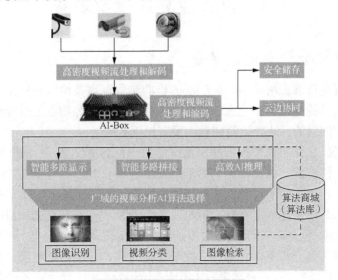

视觉检测
装备

图 6.15　AI-Box 视觉检测装备

### 2. 汽车车灯检测装备

某汽车主机厂总装车间，汽车生产的最后一道工序，还是需要依靠大量的人力对车身进行装配，针对车灯检测的场景，由于混线生产检测，检测人员完全依赖经验对车的车型进行检测，此外总装线上的灯光干扰严重，检测人员也需要避免外界光源对车灯检测的干扰，并且检测节拍较短，对检测人员的检测速度也有很高的要求。传统通过镜子目视检查方案如图6.16所示。

车灯通过4块镜子，检测人员在驾驶室目视检查车灯

检测人员目视检查

图6.16　传统通过镜子目视检查方案

目前，传统人工质检面临质量、特殊场景应对和信息集成的问题：

(1)质量，人工质检中需要有经验的检测人员基于20+种类型的车，清楚知道什么零部件配什么车型，对人的经验要求高，新检测人员不熟悉车型会存在漏检问题。

(2)特殊场景应对，需要做相关的人眼防护，避免眼睛长时间接触光源。

(3)信息集成，目前无法做到车型和车灯物料匹配，物料偏差后不可追溯。

依托 AI 深度视觉检测技术和 5G 通信技术的融合，基于 MES 型号 BOM 数据自动识别不同车型，同一款车型支持不同配置，8s 内自动完成检测，检测准确率达 99%+，同时存储相应的过程数据，可以基于车型进行追溯。

# 6.3　位置检测系统及装备

## 6.3.1　光学位置检测系统及装备

光学检测装置是目前应用最多、最广泛的检测装置，这类检测装置是通过检测光信息的变化，通过对光信息的处理对制造系统的变形、位移、速度等物理量进行测量，达到对制造系统功能部件监控的目的。这类检测装置主要有以下几种。

(1)激光干涉仪。它是根据平板干涉原理设计的一种测量仪器。利用激光光源的高单色性、高方向性、高相干性特点，以光波波长为基准测量各种长度，具有很高的测量精度。特别是新型的激光干涉仪，以稳频的双频氦氖激光器为光源，提高了仪器的抗干扰性能和工作可靠性，主要用于机床的误差等精密测量。图6.17为双频激光干涉仪在光刻机中的应用。

(2)光栅。根据物理上莫尔条纹(即叠栅条纹)的形成原理进行分类，可分为圆光栅和长光栅两大类。光栅具有高分辨率、大量程、抗干扰能力强，宜于动态测量、自动测量及数字显示，测量精度可达几微米，是在高精度数控机床进给伺服机构中使用较多的位置检测反馈元件。

（3）编码器。又称脉冲发生器或码盘，是一种按一定的编码形式将一个圆盘分成若干等份，并利用电子、光电或电磁器件，把代表被测位移的各等份上的数码转换成便于应用的二进制位或其他表达方式的测量装置，具有精度高、结构紧凑及工作可靠等优点，是精密数字控制和伺服系统中常用的角位移数字式检测装置。图 6.18 为光纤光栅解调设备生产线自动检测装置。

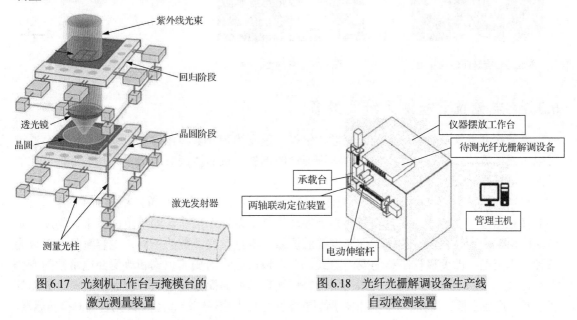

图 6.17　光刻机工作台与掩模台的激光测量装置

图 6.18　光纤光栅解调设备生产线自动检测装置

## 6.3.2　电磁位置检测系统及装备

电磁检测装置首先将制造系统的变形、位移、速度等物理量转化为电磁信息，通过对电磁信息的处理实现对这些物理量的测量，进而达到对制造系统功能部件监控的目的。电磁检测装置主要有以下几种。

（1）感应同步器。它是利用两个平面展开绕组的互感量随位置变化的原理制成的测量位移元件。测量范围不限，精度较高，具有误差平均效应，工作可靠，抗干扰性强；对空间电磁干扰、电源波动、环境温度变化不敏感，使用寿命长，易维护，并可拼接加长，是常用的大位移、高精度检测装置之一，主要用于机床进给伺服机构的位置测量。图 6.19 为旋转感应同步器。

（2）旋转变压器。它是依据互感原理工作的，常用于数控机床中角位移的检测，能测量转角的变化，结构简单，对工作环境要求不高，信号输出幅度大，抗干扰能力强。但是，普通旋转变压器测量精度较低，一般用于精度要求不高或大型机床的较低精度及中等精度的测量系统。图 6.20 为旋转变压器。

（3）磁栅。它是用电磁方法计算磁波数目的一种位置检测元件。它利用磁录音原理，将一定波长的矩形波或正弦波的电信号用录音磁头记录在磁尺上，作为测量基准尺，检测时用拾磁磁头将磁尺上的磁信号读出，并通过检测电路将位移量用数字显示出来或转化为控制信号输出。在移动过程中磁周期性变化，通过测量变化次数达到位置的测量。磁栅的测量范围不限，具有精度较高、复制简单以及安装调整方便等一系列优点，在油污、粉尘较多的工作条件下有较好的稳定性，主要用于机床进给伺服机构的位置测量。图 6.21 为直线磁栅。

图 6.19　旋转感应同步器　　　　图 6.20　旋转变压器　　　　　图 6.21　直线磁栅

## 6.3.3　电量位置检测系统及装备

电量检测装置是将制造系统的变形、位移、速度等物理量转化为电压或电流信息，通过对电压或电流信号进行处理实现对这些物理量的测量，进而达到对制造系统功能部件监控的目的。电量检测装置主要有以下几种。

(1)容栅。它是将被测非电量的变化转换为电容量变化的监测装置，结构简单、体积小、可非接触测量，并能在高温、辐射和强烈振动等复杂条件下工作，测量范围有限，精度高，广泛应用于压力、差压、位移、加速度等的测量。根据改变参数的不同，电容测量可以分为三种基本类型：改变极板距离的变间隙式、改变极板面积的变面积式和改变介电常数的变介电常数式。常用的数字游标卡尺即是利用容栅测量长度的简单例子。容栅测量系统最突出的优点是生产成本低、功耗小、速度快，所以在量具量仪上应用广泛。图 6.22 为容栅测微传感器。

(2)电感测量设备。它利用电磁感应原理将被测量如位移、压力、流量、振动等转换为线圈电感 $L$ 或互感系数 $M$ 的变化，再由测量电路转换成电压或电流的变化量输出。螺线管式差动变压器应用最多，它可测量 $1\sim100$mm 范围内的机械位移，并且有测量精度高、灵敏度高、结构简单、性能可靠等优点，应用在球杆仪等机床精度测量器件上。图 6.23 为电感测量设备。

(3)电阻应变测量设备。它是利用电阻应变计将机械应变转换为应变片电阻值变化的装置，有低频特性好和性能价格比高的优点，广泛应用在振动测量领域，常用于测量应力、重量及加速度。常用检测装置如电阻应变式测力仪，它具有结构简单、制造方便、精度高等优点，在静态和动态测量中获得了广泛应用。其原理是利用粘贴有电阻应变片的弹性休，在外力作用下产生应变，将其应变量经电桥电路转换成电量，再经电路处理显示出被测的作用力值。图 6.24 为电阻应变测量设备。

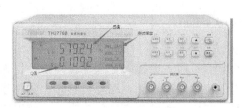

图 6.22　容栅测微传感器　　　　图 6.23　电感测量设备　　　　图 6.24　电阻应变测量设备

## 6.3.4　其他位置检测系统及装备

这类检测装置大多是利用现代测试手段发展起来的，是光机电等一体化的测试装备，下面简要介绍其中几种。

(1)超声波检测装置。超声波是频率在 20kHz 以上的机械波。由于频率高，其能量远大于振幅相同的声波，具有很强的穿透能力。它在介质中传播时，也像光波一样产生反射、折射，而其能量及波形发生变化，利用这种特性可以检测厚度、液位及振动多种参数。超声波检测装置可实现非接触测量，特别是对于金属内部的探伤。超声波检测装置有超声测长仪、超声探伤仪、超声测厚探头、超声测厚仪、超声液位控制器和超声流量计。图 6.25 为超声波检测装置。

(2)光纤检测装置。光纤一般由纤芯、包层和涂敷层构成，是一个多层介质结构的对称圆柱体。光纤正处在新产品不断涌现的发展时期，用光纤制成的特殊传感器不断增多。光纤对外界参数有一定的效应，光纤中传输的光在调制区内同外界被测参数发生相互作用，外界信号会引起传输的光的强度、波长、频率、相位、偏振等性质发生变化，这就构成了强度调制型光纤传感器、波长调制型光纤传感器、频率调制型光纤传感器、相位调制型光纤传感器和偏振调制型光纤传感器。光纤强度调制是最早使用在光纤传感器上的，技术简单、可靠、价格低。光纤强度调制的具体机理有位移、反射、微弯、泄漏吸收等。在强度调制型光纤传感器中，被测信号直接引起光波强度的变化，只需对受强度调制的光信号进行强度检测就能获得待测件的信息。因此，光纤强度信号检测是光纤传感器检测的基础。根据光纤调制形式不同，可制成各种传感器，如位移传感器、压力传感器、振动传感器、加速度传感器、转角传感器等，这些传感器广泛用于机械制造系统监测装置中。图 6.26 为手持光纤检测器。

(3)磁导航监测装置。物流及其控制在柔性制造系统(FMS)中占有重要的地位，在机械制造系统中，往往采用运输小车搬送零件和其他制造中所需的物件。通过运输小车可以将若干个加工中心或者制造单元相连接构成一个完整的系统，这种无人搬运车一般带有自动导航装置，以实现自动运行定位。因此，如何自动地将零件从一个位置移动装配到另一个位置，是检测系统要解决的问题。为解决该问题，这类检测常采用机器视觉和磁导航方式来实现运动和位置的确定。磁导航也称为电磁感应引导，是利用低频引导线形成的电磁场及电磁传感装置来引导无人搬运小车运行。

当交变电流流过引导电缆时，在电缆周围产生电磁场，离电缆越近，电磁场场强越强。引导天线由两个线圈组成，分别处于埋入地表下的引导电缆两侧。两个天线线圈感应出的电位差就是操纵无人搬运小车的转向信号。当电缆处于两线圈中间时，两线圈的电位差为零，无转向信号。当引导天线偏向引导电缆任一侧时，一侧线圈的电压升高，另一侧线圈的电压降低，这一电位差就产生转向信号，控制转向电动机的旋转方向。图 6.27 为磁导航传感器。

图 6.25　超声波检测装置　　　　图 6.26　手持光纤检测器　　　　图 6.27　磁导航传感器

# 6.4　力检测系统及装备

### 1. 万能力学试验机

万能力学试验机(图 6.28)主要包括控制系统、驱动单元、伺服电机、齿轮、皮带、横梁系统、功能附件及反馈装置等。控制系统发出给定信号,通过功率放大器驱动电机,电机转动带动齿轮和皮带运行,使横梁开始移动,反馈装置将横梁的位移信号反馈给控制系统,再与控制系统中的给定信号比较,形成闭环控制系统。

### 2. 静曲强度测试设备

静曲强度测试设备(图 6.29)主要由支撑、压头、传动机构、数据采集系统、计算机控制系统等组成。实验时,装载一个试样到两个支撑上,在控制台输入所需参数(长、宽和时间),然后启动测试程序。实验压头从原始位置迅速移动,直到接近开关检测到试样后降至一个恒定的速度对试样进行加载。通过测量载荷和相应的形变,得到载荷-挠度曲线,通过斜率可以计算出刚度和弹性模量,并显示于控制台。

图 6.28　万能力学试验机

图 6.29　静曲强度测试设备

### 3. 蠕变和挠度强度测试设备

蠕变和挠度强度测试设备(图 6.30)主要由支撑、施压装置、传动机构、数据采集系统等组成。在恒定外力作用下,材料应变随时间而增加,称为蠕变。挠度是指梁、桁架等受弯构件在载荷作用下的竖向变形。在考虑某种材料是否适用于结构工程时,其蠕变特性是一个重要因子,如木材蠕变受温度、含水率、加载方式、应力水平、树种和材质变异等因素的影响。挠度与载荷大小、构件截面尺寸以及构件的材料物理性能有关。

### 4. 弹性模量检测设备

按照检测原理来分,弹性模量检测设备(图 6.31)主要有三种:第一,基于振动法的弹性模量检测设备,主要由力锤(头部装有力传感器)、加速度传感器、电荷放大器、四通道多功能分析仪等组成。试样一端固定,一端自由。由悬臂梁的前 5 阶振型函数图线可知,自由端不是节点,可把加速度传感器用石蜡固定在自由端处。用力锤敲击试样(敲击处靠近固定端),力锤上的力传感器及加速度传感器产生的信号通过电荷放大器进入四通道多功能分析仪,对其进行频响函数分析和模态分析,得到试样的固有频率。根据检测到的频率信息计算试样的强度。第二，基于超声波的弹性模量检测设备，主要组成是声发射器、声接收器和超声波测试仪。超声波产生声脉冲进入被检测材料中，经过穿透、反射、衰减，被另一端的传感器收集，通过提取不同信号参数并处理，从而进行材料性质的预测。不同的超声波参数(传播时间、传播速度、能量峰值、频率)可用来检测板材的弹性模量、表面缺陷、结构腐朽程度等。第三，基于应力波的弹性模量检测设备，主要由小锤、加速度传感器、应力波测试仪、计算机软件等组成。该设备通过测量应力波在试样中的传输速度，结合试样的密度计算试样的弹性模量。

图 6.30  蠕变和挠度强度测试设备

图 6.31  弹性模量检测设备

### 5. 立式弯曲试验机

立式弯曲试验机(图 6.32)由两组加载框架、传动机构、液压装置、力矩传感器、位移传感器以及数据采集系统组成。其中，加载框架由主动立柱和从动立柱构成，通过两组加载框架分别在板材两端相对应的边部施加载荷。开始工作前，按照标准要求的测试间距，主动立柱移至相应位置，且保证两立柱之间的距离和平行度。测试开始后，加载框架以其主动立柱为轴心做圆弧运动来弯曲板材，两端提供大小相等且方向相反的弯曲力矩，变形量测量精度达到 0.02mm。立式弯曲试验机主要用于大尺寸结构板材或截取板条的弯曲特性试验。

### 6. 剪力墙测试设备

剪力墙测试设备(图 6.33)主要由固定框架、传动机构、液压装置、力矩传感器、位移传感器以及数据采集系统组成。根据建筑墙体受力特点，主要测试结构锯材与板材墙体抵抗水平风载荷和地震载荷作用的能力。剪力墙测试设备主要针对高度为 2.4m 或以上的墙体，通过测试与分析不同构造参数，如墙板安装的连接方式、连接件规格及性能参数、连接件中心间距等，研究剪力墙承载能力和刚度及其影响因素。

图 6.32  立式弯曲试验机

图 6.33  剪力墙测试设备

### 7. 冲击载荷测试设备

冲击载荷测试设备(图 6.34)主要由冲击锤、支撑横梁、边缘延长支撑、传动机构、液压装置、数据采集系统、控制器等部分组成，通过计算机控制系统完成测试工作，完全实现自动化测试。当试样放置在支撑横梁上并固定时，由计算机控制冲击锤自由落下，记录碰撞时刻试样的受力和位移等信息。

### 8. 疲劳试验机

疲劳试验机(图 6.35)可用于测定金属、合金材料及其构件(如操作关节、固接件、螺旋运动件等)在室温状态下的拉伸、压缩或拉压交变负荷的疲劳特性、疲劳寿命、预制裂纹及裂纹扩展。高频疲劳试验机在配备相应试验夹具后，可进行正弦载荷下的三点弯曲试验、四点弯曲试验、薄板材拉伸试验、厚板材拉伸试验、强化钢条拉伸试验、链条拉伸试验、固接件试验、连杆试验、扭转疲劳试验、弯扭复合疲劳试验、交互弯曲疲劳试验、齿轮疲劳试验等。疲劳试验机的特点是可以实现高负荷、高频率、低消耗，从而缩短了试验时间，降低了试验费用。

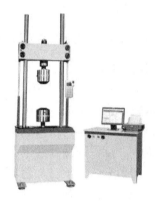

图 6.34　冲击载荷测试设备　　　　　　　图 6.35　疲劳试验机

# 6.5　功能检测系统及装备

随着科学和工业技术的迅速发展，功能检测技术作为保障工业发展和社会发展必不可少的工具，在一定程度上反映了一个国家的工业发展水平。一般开展功能检测的目的包括三个方面：①发现材料或工件表面和内部存在的缺陷；②测量工件几何特征和尺寸；③测定材料或工件内部组成、结构、物理性能和状态等。

功能检测技术一般是无损检测技术，是建立在现代科学技术基础上的一门综合性、应用型学科，无损检测原理和方法来自热学、力学、声学、光学和电磁学等学科。无损检测技术的应用对象涉及材料、材料加工工程和机械工程等领域；无损检测的仪器依赖计算机、电子仪器相关信息等学科应用。无损检测技术是理论研究与实验科学相结合的产物，既具有高度的综合交叉性和复杂性，又具有工程性、实用性、先进性和先导性，随着相关学科技术的进步而不断发展。

### 6.5.1　磁性能检测系统及装备

磁性能检测包括对极性、磁通、磁力等参数的检测。磁性能高速精密检测装备是由光电、磁传感器、图像采集与识别、机电传动机构、大数据分析和系统智能控制等模块组成的磁性能智能检测装备。磁性能检测设备主要用于 3C 产品，如智能手机、智能穿戴、平板电脑、无线充电设备等磁性能的检测，亦可用于高端医疗器械、永磁电机、新能源车用充电系统、空间精密科学仪器等磁性能检测与分析。

苏州佳祺仕信息科技有限公司的磁性能检测产品基于环形磁场检测辅助载具精准对位技术、多通道磁通量智能检测技术及非监督式神经网络深度学习算法等创新技术研发，实现对 3C 产品磁场分布的高精度、快速在线检测。

### 6.5.2　电学性能检测系统及装备

电学性能检测是用于核定待测系统或元件整体电学性能是否满足要求的检测。电子部件待检参数繁多，一般采用示波器、万用表、信号发生器、频谱分析仪等分立测试设备进行手工检测，传统测试方式带来了很多问题，如检测效率低、测试时连线复杂、检测人力成本高，并且检测结果掺杂主观因素，导致故障产品流出或正常产品废弃。

随着计算机技术与自动化技术的发展，现代电子部件性能测试采用激励响应法。中央控制系统根据被测电子部件型号输出模拟激励信号，同时对电子部件响应进行实时高速采样，根据响应数据分析被测电子部件的性能，提高了检测效率，同时保证了检测质量。

WAT（Wafer Acceptance Test）测试机台是一种检测电子元器件电学性能的检测设备，可在晶圆阶段对特定测试结构进行测量。WAT 可以测试电流、电压、电阻和电容，其结果可以反映晶圆阶段的工艺波动以及产线的异常。WAT 自动测试需要使用特定的测试机台，常用产品主要是 Keithley 和 Agilent 的测试机，如图 6.36 所示。WAT 自动测试使用特定的测试板卡，通过测试头操作测试板卡进行测试。WAT 手动测试需要使用探针台，手动将测试探针扎到相应的测试板上。

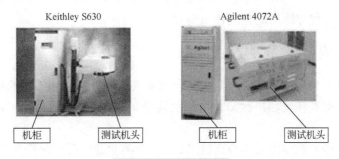

图 6.36　WAT 测试机台

### 6.5.3　光学性能检测系统及装备

自动光学检测（Automatic Optical Inspection，AOI）技术是基于光学原理、运动控制技术理论和图像信号处理技术，利用光学传感器代替人眼，通过控制动力元件实现自动化搬运、抓取、定位来代替人工劳动，使用图像处理技术对光学传感器采集的图像进行处理与缺陷识别，以代替检测人员依靠经验判断，从而实现快速、高效地对液晶显示屏进行检测的一种综合性技术。图 6.37 为自动光学检测系统原理框架图。

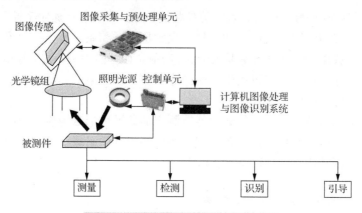

图 6.37　自动光学检测系统原理框架图

液晶显示器(LCD)全功能全自动化光学检测设备是利用工业相机等光学仪器来代替人眼，采集液晶显示屏显示图像，然后经灰度处理后转化为数字信号，最后将数字信号传输给计算机，经内置于计算机的图像算法处理并识别后，再判断是否存在缺陷。

全功能全自动化光学检测设备在整体架构上由机械结构系统、软件控制系统、图像算法检测系统三大部分组成。机械结构系统主要包括设备外框架及设备主体两部分，是整个检测设备运行的基础。软件控制系统主要由可编程逻辑控制器、控制程序、人机交互模块等组成，负责整个设备的自动化控制，是实现自动化检测的关键。图像算法检测系统主要包含各类显示缺陷的检测算法，为液晶显示屏检测的核心部分。整个检测过程的基本原理为：工业相机在自动化移动模块与外置均匀照明光源的协助下，拍摄待检测液晶显示屏的各种预先通过检查机、载具等装置成功显示的检测画面，获取显示画面后将数据传输至计算机，通过内置于计算机的图像算法及配套的软件对图像进行处理和识别，最后将得到的结果与预先设置好的标准图像模板进行对比，这样即可判断采集的图像是否有缺陷，并根据检测情况进行缺陷类型的判断与定位，以便对缺陷进行统计与消除。

## 6.5.4　声学性能检测系统及装备

声学检测技术可采用多种检测方法和手段来实现金属材料早期性能的检测与评价，其中非线性声学、声发射和激光超声检测技术分别具有不同的优点，成为近年来无损检测行业的研究热点。

超声检测技术作为重要的无损检测技术之一，具有穿透力强、能量高、方向性好等特点。能够实现多种材料的检测，包括金属材料、非金属材料、复合材料等，以及多种结构的检测。超声波检测技术的基本原理是指利用纵波、横波、瑞利波等在被检试样中传播，遇到声阻抗不连续的界面时会发生反射、折射、散射和声速变化、能量衰减等现象，并通过接收反射、透射和散射声波，对被检试样进行几何特征测量以及组织结构和力学性能变化的宏观检阅和表征，部分超声检测方法能够精确地给出裂纹的位置、大小、深度和取向等详细信息。图 6.38

为超声检测缺陷示意图，超声检测方法具有检测灵敏度高、检测速度较快、设备易携带、对工件的使用无影响、对人体无害等优点。

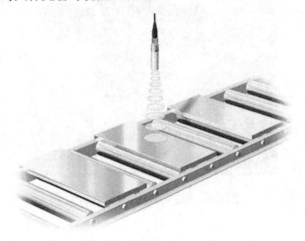

超声检测

图 6.38  超声检测缺陷示意图

## 6.5.5  热学性能检测系统及装备

高温热膨胀仪可以测量材料温度线热膨胀系数，其结构示意图如图 6.39 所示。其检测原理是通过测量获得材料试样在环境温度下的长度，通过机器光学成像和数字图像相关技术获得试样温度改变时的长度变化量，通过温度采集系统获得前后温度值及变化量，进而通过计算输出线热膨胀系数。

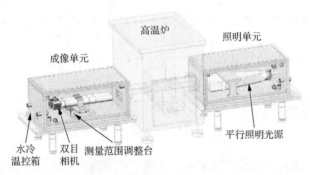

图 6.39  高温热膨胀仪结构示意图

动态热机械分析仪（Dynamic Mechanical Analyzer，DMA）主要由机架、压头、加载装置、加热装置、制冷装置、形变测量装置、记录装置、温度程序控制装置等组成，具有高灵敏度、卓越制冷技术、自由旋转测试头、多种形变模式和连续频率温度扫描模式等优点，能表征材料在交变应力（或应变）作用下的应变（或应力）的响应、蠕变、应力松弛和热机械性能等，广泛应用于塑料、热固性材料、复合材料、高弹性体、涂层材料、金属和陶瓷等材料的研究和评估。DMA 的基本原理是将一个交变载荷施加在试样上，记录试样产生的响应，输入试样的尺寸，同时通过计算输出材料的动态性能参数。图 6.40 为动态热机械分析仪实物图。

图 6.40　动态热机械分析仪实物图

# 6.6　尺寸检测系统及装备

## 6.6.1　孔径尺寸检测系统及装备

机械加工工件的孔径精度控制是非常重要的。过去是通过操作者用千分表测量加工完成的，测量误差大，质量难以控制。自动化孔径测量将会提高测量精度和加工质量。设计一个类似于塞规的测定杆，在测定杆的圆周上沿半径方向放置三个电感式位移传感器。测量原理如图 6.41 所示。

假设测定杆轴安装误差、移动轴位置误差以及热位移误差导致测定杆中心 $O'$ 与镗孔中心 $O$ 存在偏心 $e$，则可通过镗孔内径上的三个被测点 $W_1$、$W_2$、$W_3$ 测出平均圆直径。在测定杆处相隔 $\tau$、$\varphi$ 角装上三个电感式位移传感器，用该检测器测出间隙量 $\gamma_1$、$\gamma_2$、$\gamma_3$。已知测定杆半径 $r$，则可求出 $Y_1 = r + y_1$、$Y_2 = r + y_2$、$Y_3 = r + y_3$，根据三点式平均直径测定原理，平均圆直径 $D_0$ 由式 (6-1) 求出。

$$D_0 = \frac{2(Y_1 + aY_2 + bY_3)}{1 + a + b} \tag{6-1}$$

式中，$a$、$b$ 为常数，由传感器配置角度 $\tau$、$\varphi$ 决定，该测定杆最佳配置角度取 $\tau = \varphi - 125°$，取 $a = b = 0.8717$。偏心 $e$ 的影响完全被消除，具有以测定杆自身的主计算环为基准值测量孔径的功能，可消除室温变化引起的误差，确保 $\pm 2\mu m$ 的测量精度。

该测定杆采用了三点式平均直径测定原理，完全消除了测定杆偏心的影响，同时将在线测量所必需的主计算功能同数据存储功能结合起来实现镗孔直径的自动测量。其优点是，在测量时不需要使测定杆沿 $X$、$Y$ 轴程序移动，测量效率高，测量精度与移动精度无关。同时编程亦简单。此外，也可对圆柱度、几个孔进行比较测定，进而可根据尺寸公差判定，实现备用刀具的交换。

在机械加工中，测定平面内的基准孔，算出其中心坐标，利用自动定心补偿功能使这一作业实现自动化；同时在加工循环过程中测量偏心量进行自动补偿，以提高机床定位精度。

孔径尺寸
检测

如图 6.42 所示，设基准孔心 $O$ 与测定杆中心 $O'$ 的偏心量在 $x$、$y$ 坐标上的值分别为 $\Delta X$、$\Delta Y$，则有

$$\Delta X = \frac{1}{2\cos\theta}(y_2 - y_1) \tag{6-2}$$

$$\Delta Y = \frac{1}{2(1+\sin\theta)}[y_2 + y_3 - 2y_1] \tag{6-3}$$

由式(6-2)和式(6-3)可根据 $y_1$、$y_2$、$y_3$ 算出偏心量 $\Delta X$、$\Delta Y$ 与基准孔直径无关，补偿精度可达 $\pm 2\mu m$。这一补偿功能对加工同轴孔或两面镗孔十分有效。

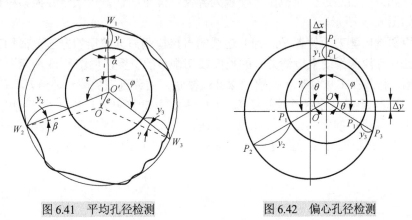

图 6.41   平均孔径检测          图 6.42   偏心孔径检测

## 6.6.2   机床工件尺寸检测系统及装备

目前，在加工中心广泛应用的一种尺寸检测系统是将坐标测量机上用的三维测头直接安置于 CNC 机床上，用测头检测工件的几何精度或标定工件零点和刀具尺寸，检测结果直接进入机床数控系统，修正机床运动参数，保证工件质量。其工作原理如图 6.43 所示。

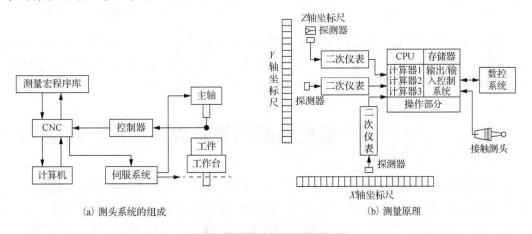

(a) 测头系统的组成          (b) 测量原理

图 6.43   机床工件尺寸检测系统

具有红外线发射装置的测头的外形与加工中心使用的刀具外形相似，其柄部和刀具的柄部完全相同。在进行切削加工时，它和其他刀具一样存放于刀具库中，当需要测量时，由换

刀机械手将测头装于加工中心主轴孔中，在数控系统控制下开始测量，当测头接触工件时，即发出调制红外线信号，由机床上的接收透镜接收红外光线并聚光后，经光电转换器转换为电信号，送给数控系统处理。在测头接触工件的一瞬间，触发信号进入机床控制系统，记录下此时机床各坐标轴的位置。在数控系统上，有两个或三个坐标尺（光栅尺），可读出工作台坐标系统的位置。在数控系统接到红外调制信号后，即记录下被测量点的坐标值，然后再次移动驱动轴，使测头与另一被测点接触，同样记录下该点的坐标值，由两点的坐标值计算两点的距离。此时，用测量法则进行补偿、运算，得到实际加工尺寸，其结果与数据库的基准值进行比较，如果差值超过公差范围，便视为异常。测量的误差反馈给数控系统作为误差补偿的依据，如图 6.44 所示。

此外，用探针监测刀尖位置是一种非连续的直接检测刀具破损的方法。在加工间歇，使用加工中心的尺寸检测系统来检测刀具的长度或切削刃的位置，如图 6.45 所示。刀具完成一次切削走刀后，将装在工作台某个位置的探针或接触开关移到刀尖附近，当刀具（图中的钻头尖）碰到探针时，利用机床坐标系统记下刀尖的坐标，并计算出刀具长度 $L$，利用子程序比较工件与存储于计算机中的刀具标准长度 $L_s$，如果 $L > L_s - \Delta l$，则说明刀具没有折断或破损，如果 $L < L_s - \Delta l$，则说明刀具已报废，需要换刀，$\Delta l$ 为刀具的允许磨损量。

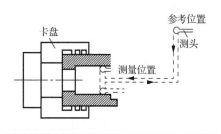

图 6.44　用三维测头在机床上测量工件尺寸

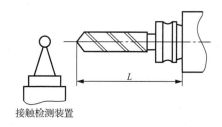

图 6.45　用探针离线检测刀具破损情况

利用三维探针和数控工作台的三维坐标系统，可以检测车刀、镗刀、铣刀等多刃刀具的刀尖及切削刃的位置。这种方法虽然不能对刀具进行实时监控，但可以有效地检测出破损或折断的刀具，避免破损或折断的刀具再次进入切削过程而报废工件。

# 6.7　智能诊断系统及装备

由于传统的机械故障诊断方法过于依赖专家经验知识，诊断过程需消耗大量的人力资源，已逐渐不能满足智能制造的发展需要。随着机器人和人工智能的发展，形成了多种智能诊断技术，如故障树方法、基于实例的推理方法、基于专家系统的方法、基于神经网络的方法等。

随着人工智能领域建设上升至国家战略层面，智能故障诊断方法逐步主流化，将人工智能引入到故障诊断领域，可以更加高效准确地实现元件及系统智能故障诊断与健康管理。

## 6.7.1　智能故障诊断系统

智能故障诊断系统是人工智能和故障诊断相结合的产物，主要体现在诊断过程中领域专家知识和人工智能技术的运用。它是一个由人(尤其是领域专家)、能模拟人脑功能的硬件及其必要的外部设备、物理器件以及支持这些硬件的软件所组成的系统。

机械故障的分类(图 6.46)以及机械故障诊断的分类(图 6.47)，通常可按如下方法进行。

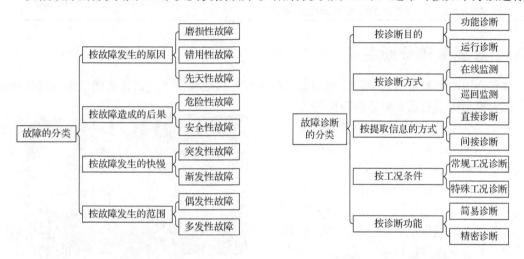

图 6.46　机械故障的分类　　　　　　　　图 6.47　机械故障诊断的分类

机械设备故障诊断可及时地对各种异常状态或故障状态做出诊断，预防或消除故障，同时对设备运行进行必要的指导，保证设备发挥设计能力，制定合理的监测维修制度，以便在允许的条件下对设备充分挖潜，延长服役期限和使用寿命，降低设备全寿命周期费用。此外，通过检测监视、故障分析、性能评估等，为设备结构修改、优化设计、合理制造及生产过程提供数据和信息。因此，机械设备故障诊断是避免灾难性事故的需求，也是设备管理发展的客观需求。

智能故障诊断过程的实质是知识的运用和处理的过程，知识的数量和质量决定了智能诊断系统能力的大小和诊断效果，推理控制策略决定了知识使用的效率。因此，智能诊断理论研究的核心内容为：知识的表示和知识的使用。常见的智能故障诊断方法及优缺点如表 6.2 所示。

表 6.2　常见的智能故障诊断方法及优缺点

| 故障诊断方法 | 优点 | 缺点 |
| --- | --- | --- |
| 基于故障树的方法 | 简单易行 | 依赖性强，对于复杂的系统，故障树会很庞大而不适用 |
| 基于案例的推理方法 | 知识获取简单，知识更新方便，可以自动获取经验产品 | 严重依赖事例知识库 |
| 基于模型的方法 | 能够处理新遇到的情况，可以进行动态故障检测，适用于从产品设计角度考虑 | 该模型的结构诊断信息较难获取，使得诊断精度不高 |

续表

| 故障诊断方法 | 优点 | 缺点 |
| --- | --- | --- |
| 基于专家系统的方法 | 不依赖数学模型，能够根据不确定的知识进行推理，具有获取知识的能力 | 产品的复杂性使得规则表示困难 |
| 基于模糊控制的方法 | 更接近人类思维方式，结果便于实用 | 模糊诊断知识获取困难，依赖模糊知识库，学习能力差 |
| 基于神经网络的方法和基于模式识别的方法 | 不需要系统模型，对噪声不敏感，应用范围广，诊断速度快，复杂非线性系统通用 | 无法处理动态系统，无法给出推理说明 |

## 6.7.2　智能故障诊断装备

本节介绍两种机车智能故障诊断装备：基于红外热成像技术的高铁智能故障检测仪和基于热辐射检测技术的机车智能故障检测仪。

基于红外热成像技术的高铁智能故障检测仪是利用 Android 数据处理平台开发的专业智能故障型检测设备，如图 6.48 所示。将移动互联网技术和传统的红外热像仪技术相结合，融入人工智能图像识别算法，全面提升故障检测仪的故障识别智能化水平和检测效率。利用双光谱自动融合交织定位技术，通过定制化的智能操作分析软件和数据管理软件，利用人工智能图像识别算法可以快速地检测电力电路、器

图 6.48　基于红外热成像技术的高铁智能故障检测仪

件的发热异常；诊断轴承、车轴等周转零部件的温升异常；测量暖通、化工管道的工作温度等。高精度的图像融合技术可快速定位漏电、短路、热泄漏等热敏感位置。协助维修人员实现预测性维护，大大提高了工作效率和检修准确率。

红外热成像技术运用光电技术检测物体热辐射的红外线特定波段信号，将该信号转换成可供人类视觉分辨的图像和图形，并可以进一步计算出温度值。红外热成像技术使人类超越了视觉障碍，人们可以"看到"物体表面的温度分布状况。物体表面温度如果超过绝对零度即会辐射出电磁波，随着温度的变化，电磁波的辐射强度与波长分布特性随之改变，波长为 $0.75\sim1000\mu m$ 的电磁波称为红外线，而人类视觉可见的"可见光"的波长为 $0.4\sim0.75\mu m$。其中波长为 $0.78\sim2.0\mu m$ 的部分称为近红外，波长为 $2.0\sim1000\mu m$ 的部分称为热红外。红外线在地表传送时，会被大气组成物质（特别是 $H_2O$、$CO_2$、$CH_4$、$N_2O$、$O_3$ 等）吸收，强度明显下降，仅在中波 $3\sim5\mu m$ 及长波 $8\sim12\mu m$ 两个波段有较好的穿透率（Penetration Rate），通常称为大气窗口（Atmospheric Window），大部分的红外热像仪就是针对这两个波段进行检测的，计算并显示物体的表面温度分布。此外，红外线对极大部分的固体及液体物质的穿透能力极差，因此红外热成像检测以测量物体表面的红外线辐射能量为主。

基于热辐射检测技术的机车智能故障检测仪主要应用于主机厂电气安装的质量管理部门和生产调试车间，该仪器的使用可以提前发现电气器件的温度数据、型号数据，从而可以提前判断电气器件的接线是否规范和核心元器件调试工作状态是否正常。同时，作为质量管理部门电气缺陷排查和日常巡查的必要工具，摆脱以前单纯地依靠人工看外表、听声音、闻气

味的主观经验的工作方式，为动车组主机厂的质量管理部门的日常电气质量巡查提供了先进的检测手段，对在调动车组的配电盘的接线质量进行排查，提前发现生产质量缺陷。

　　本节以电力配电柜-器件接线的质量排查为例，介绍使用机车智能故障检测仪实现智能诊断的工作流程，如图 6.49 所示。某高铁主机厂通过高铁智能故障检测仪对新造 16 编组的"复兴号"动车组交流配电柜的接线质量进行检查，该检测仪器自动给出异常发热报警，经过高铁智能故障检测仪确认，实际温度达到接近 100℃，超出常见电气故障检修标准(电气标准：正常工作≤90℃)。

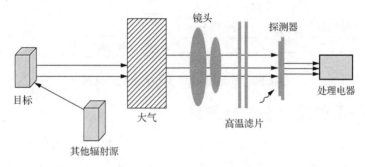

图 6.49　高铁/动车组机车的生产质量排查

　　将发热异常的故障反馈给质量管理部门负责人，经过现场核查，发热的器件为"蒸发风机高速接触器"，位于交流柜内。使用高铁智能故障检测仪检测动车组所有相同器件，经过质量管理部门技术人员再次核查，每一辆车内的交流柜内该型号的接触器都存在温度过高的情况。经过多方沟通交流，发现此故障是由于该动车组的接触器选型由原有的国产型号改为进口型号，接触器的接线端子定义不同造成的接线质量故障，并报送厂家进行整改。接线质量整改提升了后续高铁车辆的电气柜生产质量，有效地避免了高铁车配电柜潜在的安全隐患，提升了高铁车辆的行车安全。

# 6.8　轴承自动化检测系统及装备

　　轴承质量主要包括高度误差、长度误差、公称直径、圆度误差和表面缺陷等。传统的轴承质量检测方法常常造成检测误差大、精度低及效率低等问题，而且评判结果直接受检测人员经验的影响。针对这一现状，轴承质量自动化无损检测的系统模型应运而生。如图 6.50 所示，由电涡流传感器 1、2 获得轴承的长度信息，由传感器 A、C 及综合传感器 S 在轴承转动过程中进行采样，经过数据处理，获得其公称直径、圆度误差及表面缺陷信息，采样的启动信号由脉冲发生器控制。中间变换器将传感器在线性范围内采样得到的位移量转换为模拟的电压量，经过多路采样切换器 S/H，再经 A/D 转换将模拟量转换为数字量，进入微型计算机进行分析和处理，得到其相应的检测值。最后根据提供的质量评判算法得到对轴承长度误差、公称直径、圆度误差及表面缺陷的评判结果，从而完成质量自动化无损检测和评判的全过程。

　　下面以汽车轮毂轴承自动化生产线为例介绍轴承自动化检测系统及装备。汽车轮毂轴承单元安装于汽车前后轮处，其功能主要是承受载荷以及为轮毂的转动提供精确引导。轮毂轴承属于汽车核心零部件之一，其制造精度、工作性能、使用寿命和可靠性等对汽车的传动、行驶、制动和转向等性能具有决定性作用，已广泛用于轿车中，在载重汽车中也有逐步扩大应用的趋势。同时，轮毂轴承单元也是最重要的易损零部件。在此背景下，开发汽车轮毂单元自动化生产线对提升汽车轮毂轴承单元智能化制造水平有重大意义。

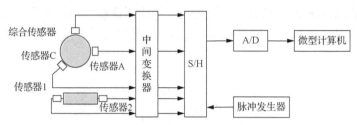

图 6.50　轴承自动化质量检测系统示意图

## 6.8.1　轮毂轴承智能化装配生产线

三代轮毂轴承单元智能化装配生产线是针对某种型号的三代轮毂轴承单元(图 6.51)研发的全自动智能化装配生产线。该生产线融合了高压喷淋清洗、伺服压装、拉削、车削等多种生产工艺及柔性工装夹具，具有自动寻位与引导、自动上下料、质量在线检测等智能功能，实现三代轮毂轴承单元的全自动生产及生产线装备自主化，显著提升了生产效率和质量稳定性。

图 6.51　三代轮毂轴承单元

三代轮毂轴承单元智能化装配生产线涉及多种设备，主要包括：三通道清洗机、三通道测量分选机、伺服配料库、注脂压盖机、合套装配机、在线加球机、旋铆机、旋铆探伤机、游隙检测机、振动检测机、密封圈压装机、平板上料机、双工位花键拉削装置、法兰端面车削装置、螺栓压装机、端跳及径跳检测机、花键检测机、ABS 信号检测机、扭矩检测机、激光打标机、雾化涂油机、成品下线储料台等，生产线布局图如图 6.52 所示。

三代轮毂轴承单元智能化装配生产线的核心技术主要包括高压喷淋清洗技术、智能化合套技术、精密注脂技术、游隙检测技术、视觉检测技术和振动检测技术等，具体工艺流程图如图 6.53 所示。

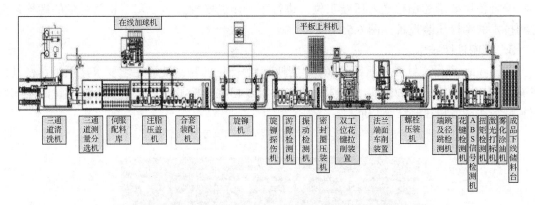

图 6.52　三代轮毂轴承单元智能化装配生产线布局图

图 6.53　三代轮毂轴承单元智能化装配生产线工艺流程图

## 6.8.2　轮毂轴承智能化装配生产线关键技术

### 1. 智能化合套技术

智能化合套技术是利用外圈、法兰盘和内圈的沟径及沟位综合测量值进行轮毂轴承套圈分选选配。通过智能化伺服配料库(图 6.54)对所测零件的沟径及沟位综合测量值进行智能化排列组合，减少人为干预，在组合完毕后，由机械手自动抓取零件至指定工位进行合套装配。这种新型的智能化装配工艺提升了轮毂轴承零件的合套率。

### 2. 基于机器视觉的螺栓装配检测技术

针对轮毂轴承单元的螺栓压装工艺要求，采用全自动振动盘供料系统自动上料，并通过视觉检测技术分别对螺栓数量、螺栓尺寸、螺栓外观等进行检测，记录每颗螺栓的详细参数，并将符合使用要求的螺栓送入压装工位，进行下一步的螺栓压装。基于机器视觉的螺栓装配检测技术的螺栓压装设备如图 6.55 所示。

### 3．精密注脂技术

如图 6.56 所示，针对轴承滚道及密封圈唇口等部位的精确注脂工艺要求，采用精密针式注脂机构，通过流量计控制实时的注脂量，并通过称重法检测注脂量，实现注脂量的全闭环控制，注脂精度可控制在±1.0g。

图 6.54　智能化伺服配料库

图 6.55　螺栓压装设备

图 6.56　精密注脂装置

### 4．数字化管理系统

如图 6.57 所示，三代轮毂轴承单元智能化装配生产线使用先进的数字化管理系统，它是面向整个装配过程的一个生产信息化的管理系统。整个系统在运行过程中，涵盖了所有的计划管理、库存管理、采购管理、质量管理以及人力资源管理等。在运行过程中，整个系统对生产线各工位的工作状态进行实时监控，包含报警、待料、正常运行、停止和未连接等状态。并通过电子作业看板实时显示各工位的实际产出，追求最低的库存，提高生产线的生产效率。

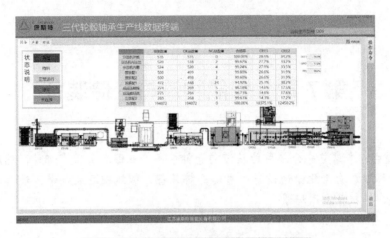

图 6.57　三代轮毂轴承生产线数字化管理系统

# 习题与思考

6-1　简述智能检测装备的发展趋势。

6-2　举例说明视觉检测设备在智能制造领域的应用。

6-3　说出三种常用的位置检测装置名称及工作原理。

6-4　常见的力学检测系统及装备有哪些。

6-5　简述动态热机械分析仪的基本原理和应用场景。

6-6　简述机床工件尺寸检测装备的工作原理。

6-7　简述主要智能故障诊断方法及其优缺点。

# 第7章 智能物流与仓储装备

⚙️**本章重点**：本章首先介绍智能物流与仓储装备产业链及关键零部件，然后介绍自动化立体仓库、堆垛机、自动化输送设备、智能分拣装备、智能搬运装备等，使读者了解智能仓储装备的分类、特征及应用场景。

## 7.1 智能物流与仓储装备产业链及关键零部件

### 7.1.1 智能物流与仓储装备产业链

智能物流与仓储是指利用智能获取、智能传递、智能处理、智能运用等先进技术，集成物流自动化设备、信息系统与控制软件，实现运筹与决策智能化的仓储物流作业新模式。图 7.1 为 2015～2021 年中国智能仓储市场规模及增速。智能物流与仓储主要应用于两大领域：工业生产物流和商业/农业配送物流。工业生产物流服务于生产，对工厂内部的原材料、半成品、成品及零部件等进行存储和输送，侧重于物流与生产的对接。商业/农业配送物流为商品流通提供存储、分拣、配送服务，使商品能够及时到达指定地点，侧重于工厂、贸易商、消费者。本章主要针对智能制造领域的工业生产物流与仓储装备产业链及关键零部件进行梳理和介绍。

图 7.1 2015～2021 年中国智能仓储市场规模及增速(数据来源：前瞻产业研究院)

产业链上游分为核心零部件和核心软件技术两类生产厂商，其中核心零部件包括传感器、控制器、电机、电线电缆桥架配电柜、托盘、调节平台、钢结构平台和机械零部件等；核心软件包括计算机监控系统、出入库托盘输送机系统、尺寸检测条码阅读系统、通信系统和自动控制系统。产业链中游包括 AGV/RGV 搬运设备、存储设备、自动分拣设备、输送设备和软件系统等；下游是各类行业智能物流系统与仓储装备的应用(图 7.2)。苏州市已经形成了物流与仓储零部件、AGV/RGV 搬运设备、存储设备、自动分拣设备、输送设备以及系统应用集成的完整产业链，主要分布在工业园区和昆山。既有大福自动搬送、科朗设备、德马泰克物流等行业知名企业，也有细分领域的"隐形冠军"，2021 年科创板上市的艾隆科技，在药品和医疗物流领域处于国内领跑地位，市场占有率超过 50%，以及在航空物流领域市场占有率表现出色的中集德立物流。因篇幅有限，本节仅介绍智能仓储物流的上游和中游产业链。

图 7.2  智能制造产业链

## 7.1.2  上游产业链及关键零部件

智能仓储物流装备行业的上游产业链为货架、周转箱、辊筒等单机设备和零部件提供商。图 7.3 为上游产业链涉及的部分关键零部件(托盘、货架、周转箱、辊筒、电机、可编程逻辑控制器)的示意图。

(a)托盘     (b)货架     (c)周转箱

(d)辊筒     (e)电机     (f)可编程逻辑控制器

图 7.3  仓储物流装备关键零部件示意图

### 1. 集成类设备

#### 1) 托盘

根据我国国家标准《物流术语》的定义,托盘是指用于集装、堆放、搬运和运输的放置作为单元负荷的货物和制品的水平平台装置。托盘在实际中也经常称为卡板。与集装箱类似,托盘也是一种集装设备,已经广泛应用于仓储领域。托盘被认为是 20 世纪物流业中的两大关键性创新之一。

#### 2) 货架

仓储货架是最基础的存储设备之一,是现代化仓库提高存储能力和工作效率的重要工具。随着我国经济的迅速发展,各行业对仓储货架的市场需求也在不断增加,越来越多的大型、智能化仓储项目启动及落地,仓储货架的需求日益旺盛。

仓储货架主要分为标准货架、阁楼平台货架、特种货架及智能密集存储货架(自动化货架)几类。从 2016～2019 年的统计数据来看,各产品总市场平均需求占比分别为 18.19%、17.25%、5.54%及 59.02%(图 7.4)。

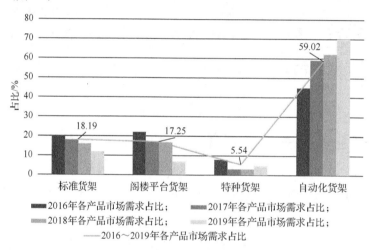

图 7.4　2016～2019 年各产品市场需求占比(图片来源: 前瞻产业研究院)

常见货架类型有层架、悬臂式货架、托盘货架、移动式货架、驶入/驶出式货架、重力式货架、阁楼式货架、旋转式货架等。

#### 3) 周转箱

周转箱也称为物流箱,广泛用于机械、汽车、家电、轻工、电子等行业,耐酸耐碱、耐油污、无毒无味、可用于盛放食品等,清洁方便、零件周转便捷、堆放整齐、便于管理。周转箱可与多种物流容器和工位器具配合,用于各类仓库、生产现场等多种场合,在物流管理越来越被广大企业重视的今天,周转箱帮助完成物流容器的通用化、一体化管理,是生产及流通企业进行现代化物流管理的必备品。

### 2. 机械零部件

(1)辊筒。辊筒是指机械中圆筒状可以转动的物体,机械中常用动力源(如电机)驱动辊筒,带动其他材料前进,或是利用辊筒产生压力对材料进行加工。

(2)电机。电机是指依据电磁感应定律实现电能转换或传递的一种电磁装置。在仓储物流自动化系统中，物料的移动和设备的移动是厂内物流最基本的活动，从物理学的角度来看，物体被移动，一定要被第三方对其做功。而在仓储物流自动化系统中，究其做功的根源，绝大部分的移动都是由电机来带动的，如水平输送和垂直提升。水平输送，如电机带动皮带、链板或者滚筒沿着型材旋转，从而带动位于其上的物料单元往前移动。垂直提升，如减速电机带动钢丝绳配合配重，将提升机载货台上下拉动，起到提升下降的作用。

仓储物流设备中很多的电机动作不是简单的启动后平稳运行在工频 50Hz 就可以，而是需要更加细致的运行。如搬运机器人需要加速、减速或者维持某个指定的速度，一般简单的启停控制无法满足控制要求。为了更精确地控制电机的动作，还需要变频器。

**3. 其他**

电气元器件设备外罩、支腿框架等机加钣金件和计算机、服务器等计算控制设备。

## 7.1.3　中游产业链及关键零部件

传统中游为仓储物流装备生产厂家及物流软件开发商，目前中游的部分企业正从设备软件提供向服务提供渗透，积极成为自动化物流系统综合解决方案提供商。其中，一部分由物流设备生产厂家发展起来，具备强硬件能力；另一部分由物流软件开发商发展起来，在软件上具备强竞争力。总体来说，目前智能仓储物流装备中游产业链包括硬件设备制造商、软件系统开发商和仓储物流整体综合解决商。

**1) 核心设备**

根据实现功能不同，智能仓储物流核心设备包括存储、分拣、搬运、输送、集成等，如图 7.5 所示。

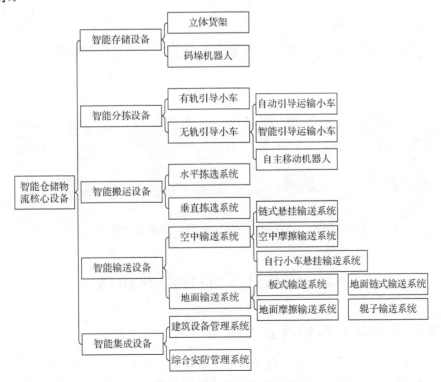

图 7.5　智能仓储物流核心设备

表 7.1 介绍了智能仓储物流装备核心设备、功能及发展情况。

**表 7.1　智能仓储物流装备核心设备、功能及发展情况**

| 细分系统 | 搬运 | 存储 | 输送 | 分拣 |
|---|---|---|---|---|
| 图例 | | | | |
| 核心设备或部件 | AGV | 货架、堆垛机 | 穿梭车 RGV、输送机、空中悬挂小车 EMS、提升机 | 分拣机 |
| 功能 | 物料的及时搬运 | 提高存储容量，实现物料的快速精准出入库 | 物料的及时输送、智存和缓冲 | 物料或快递、包裹准确快速分类或分拣；缺陷检测 |
| 发展情况 | 应用场景广，在智能物流系统市场中占最大份额 | | | 随着电商、快递行业的发展而快速普及 |

**2）核心软件**

仓储管理系统(Warehouse Management System，WMS)、仓储控制系统(Warehouse Control System，WCS)、制造执行系统(MES)和 AGV 调度系统采用模块化设计，可根据不同行业的需求进行定制化开发，并且可与企业管理信息系统对接，全面提升企业智能化、信息化管理水平。图 7.6 总结了智能仓储物流系统的核心软件及功能。

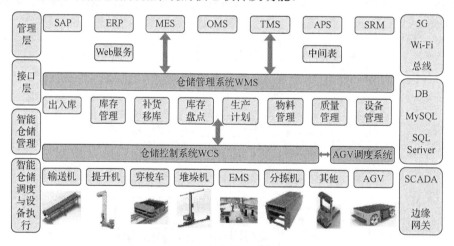

图 7.6　智能仓储物流系统的核心软件及功能

# 7.2　自动化立体仓库及系统

## 7.2.1　自动化立体仓库的特点及应用

自动化立体仓库是一种在竖直方向采用多层货架充分利用空间，使用自动化技术控制巷道堆垛机作为主要执行机构，并辅以出入库相关机械设备实现货物自动化储运的仓库。它集成了运输机、高层货架、巷道堆垛机、仓库控制系统和仓库管理系统等多个部分，由电子计算机进行管理和控制，实现仓库管理相关的自动化操作。

自动化立体仓库

立体仓库之所以采取多层高层立体货架，是因为传统仓库的人工搬运或者叉车搬运仅能利用一层空间或者低层空间，不仅不能保证工作效率和管理水平，还会浪费空间，增加仓库作业人员面临的财产和生命安全威胁，无法适应当前快速发展的社会各种资源功能空间充分利用的要求。若在仓库中加入高层货架，并运用符合现代管理需求的配套自动化管理控制系统，则可以更快速地实现仓库作业大规模由人工化向机械化、自动化、智能化方向转变，同时一套成熟稳定的管理系统除应用在自动化立体仓库之外，还可向其他功能类似设备推广，实现物流行业集群化变革。不同于过去的普通仓库，现当代的自动化立体仓库主要有以下优点。

(1) 效率高。由传统的平面单层存储结构转变为立体式存储，大大提高了空间利用效率。由人力或者人机结合的搬运形式转变为自动化机械搬运，可搬运转移的货物在体积和重量上大大提升，搬运速度更快，全天 24 小时不停运，消除了人力需要时间休息的弊端。

(2) 安全性能提高。管理和搬运货物上减少用人，降低了生产环节可能发生的潜在安全隐患，由机器负责执行。

(3) 提高了保管性能，便于现代化管理。由于材质和保存等许多因素，传统纸笔记录的阅读性差，查找翻阅麻烦，因潮湿、下雨、火灾各种意外因素引起的资料遗失更是不可恢复的。自动化立体仓库采用计算机硬盘存储，配备独立的数据服务器，一键备份、轻松查询、盘点、修改、一键打印，现代化程度高。

(4) 货物磨损小。采用托盘等单元化装置，由码垛机器人抓取货物和堆垛机搬运，显著降低了货物磨损。

(5) 更适合企业长久发展。一次建立后，后期源源不断的生产环节只需要进行维护，大大减轻了用人、用地成本。

欧美许多发达国家曾大力建造自动化立体仓库，以取代传统的单层传统仓库，并因为其优越性，在工业发展上取得了成功。早期采用这一技术的许多公司已成长为世界 500 强，如人们熟知的可口可乐、沃尔玛等。日本因为其国土性质，土地资源有限，尤其盛行自动化立体仓库，曾花费数十亿日元建立巨型自动化立体仓库。中国对自动化立体仓库及其物料搬运设备的研制开始得并不晚，1963 年研制成功第一台桥式堆垛起重机，1973 年开始研制中国第一座由计算机控制的自动化立体仓库(高 15m)。自动化立体仓库具有很高的空间利用率、很强的入出库能力、采用计算机进行控制管理而利于企业实施现代化管理等特点，已成为企业物流和生产管理不可缺少的仓储技术，越来越受到企业的重视。目前，在中国，自动化立体仓库已经广泛应用于工业生产、物流、商品制造、军事等领域，如图 7.7 所示。

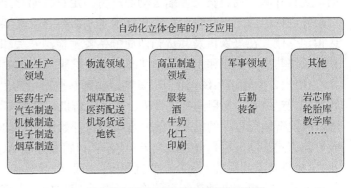

图 7.7　自动化立体仓库的应用领域

## 7.2.2　自动化立体仓库组成

自动化立体仓库，也可称为自动仓储控制系统、自动存取系统、高层货架仓库等，如图 7.8 所示。自动化立体仓库结构的复杂性使得其有多种分类依据，如按建筑形式分类，有整体式和分离式两种；按货物存取形式分类，有单元货架式、拣选货架式、移动货架式。自动化立体仓库主要组成有高层货架、托盘或货箱、巷道堆垛机、出入库输送系统、自动控制系统、计算机监控系统、计算机管理系统及其他辅助设备等。

自动化立体
仓库展示 1

自动化立体
仓库展示 2

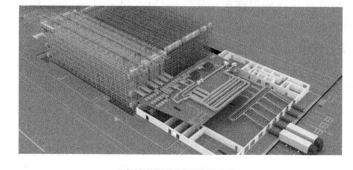

图 7.8　自动化立体仓库

(1)高层货架。用于支撑自动化立体仓库系统储运的各种货物，其货架的排、列、层数是衡量立体仓库储运能力的重要标准。当前高层货架的主要形式有组合式和焊接式两种，其中组合式货架在现场组装、表面处理、运输制造等方面表现良好，越来越被行业内认可并逐步推广应用。当前全球各地区的立体仓库最大高度已超过 50m，单位面积最大储存量已能实现 $7.5t/m^2$，是传统仓库规模的 5~10 倍。

(2)托盘或货箱。用于承载货物或者支撑货物外箱，常见材质有木头、塑料、钢铁等，较常规使用，木质托盘在储运各方面的优势更加突出。

(3)巷道堆垛机。用于按照特定指令执行自动储运货物任务。常用的巷道堆垛机有单立柱式和双立柱式两种，常见的运行轨迹有单列直轨道、多列直轨道以及多列弯轨道等。在有轨巷道内使用滑触线安全稳定地获取电源供应，主要工作机制是在有轨巷道内输出水平往返运动、竖直升降运动、货叉伸缩运动等，将指定货物储存至任务仓位货架托盘或者从任务仓位货架托盘取出放至出货台，由出入库输送系统转移至需要的位置。为保证堆垛机能够精准到达指定仓位，在堆垛机及其货箱四周配备各种检测开关和安全防护开关，用来向堆垛机控制系统反馈其当前位置和内外货物状态，实现堆垛机的高效精准、安全稳定运行。

(4)出入库输送系统。用于把货物运输到巷道出口的出货台或从巷道出口的出货台把货物转移到指定位置，常用的有皮带机、辅道输送机、分配车、升降台、链条输送机、提升机等。随着行业智能化程度的提高，输送系统中也开始引入自动导向小车(AGV)，常见的 AGV 按照导向方式不同，可划分为激光导向 AGV 和感应导向 AGV。

(5)自动控制系统。分为上位机和下位机两个子系统，下位机执行所有上位机的操作指令并反馈给上位机。自动控制系统作为立体仓库的核心内容之一，若要执行完整功能，需要配置各种控制设备作为执行和反馈机构，用来实现取货、存货，常用的有触摸屏、PLC、减速电机、电磁开关、光电传感器、限位开关、接近开关、继电器等，以上元件按照特定接线组合和 PLC 输入输出端子接线可控制堆垛机实现定位控制、通信控制、减速电机转速及转向控制等。

(6) 计算机监控系统。用于监控整个控制系统的整体运行情况和各元件的点位状态，使得控制系统各个部分互相配合、相互协调。常用的监控工具有笔记本电脑、台式电脑、触摸屏、工控一体机，这些工具的内置监控设置的监控界面，能够非常便捷明了地掌握堆垛机当前任务、即将执行的任务、变频器、电机运转方向、实时频率、各部分元件的运行状态。

(7) 计算机管理系统。用于完成自动化立体仓库的作业管理和信息管理。计算机管理系统作为立体仓库的核心内容之一，控制整个自动化立体仓库所有设备的运行，并承接上一级系统发布的任务，对接整个企业的信息管理系统。自动化仓库管理系统常用的操作载体是计算机，若仓库规模比较小，则可以使用微型计算机；若仓库规模比较大，则可以使用小型计算机，并配合其他智能操作终端共同做好立体仓库自动化、信息化管理。

## 7.2.3　自动化立体仓库控制系统

自动化立体仓库控制系统一部分为上位机系统，一部分为下位机系统。

从定义概念看，上位机通常是指自动化控制系统中的控制者和服务提供者，下位机通常是指自动化控制系统中的被控制者和被服务者，从某种程度上说是主站和从站的关系，且这种关系在一定条件下可以转换。从实际操作看，上位机通常是指可以发出控制需求和任务的智能终端，常用的有工作站、工控机、触摸屏、台式电脑、笔记本电脑等，可提供控制系统运行过程中各模块元件的实时状态和信号变化。下位机通常是指执行控制命令、控制终端执行机构解析设备状态的组件，常用的有 PLC 和单片机等。

在整个自动化立体仓库控制中，上下位机之间一般是由上位机发出操作命令，经过通信设备传输到下位机，下位机对收到的命令信号进行解析，把命令转换成相应的输入输出映射信号来控制与命令相关联的执行设备。当然，这个过程不是单向的，下位机在执行任务的同时也会将各个点位的实时状态和整体运行情况再次通过通信设备转换成数字信号来回馈给上位机。而支撑这整个工作过程的是使用特定的开发系统预先给上位机和下位机编好运行程序以保证工作过程顺利进行。

自动化立体仓库控制系统的工作流程如下所述。

### 1. 上下位机通信过程

上位机和下位机之间的通信连接，主要由下位机决定。这是因为下位机设计灵活，品牌众多，可操作空间大，不同品牌之间的通信协议也有很大不同，甚至具有独立不兼容其他品牌的特定通信协议。待到具体操作时，下位机厂家会附带一些说明书、操作手册举例、视频教程以及售后技术支持等来指导设计开发者如何使用特定通信协议进行上位机和下位机之间的稳定连接。

一般来说，上位机和下位机通信可以采用常见的 RS-232 或者 RS-485 串行通信，但是很难满足数据量大、通信距离远、实时性要求高的控制系统。在当前的工业控制场景中，以 TCP/IP 协议为基础的以太网通信逐渐获得了广泛应用，TCP/IP 协议对计算机的软件部分和硬件部分限制程度不同，且其协议标准较其他协议更为开放，能够集成各种类型和协议的网络以及大多数硬件和软件的实用通信系统，并可以很方便地进行网络互联。

## 2．上下位机运行过程

### 1）上位机控制方式

在立体仓库堆垛机运行中，可能会发生多种运行状况，操作者需要根据现场情况的不同来选择不同的控制方式，保证运行过程顺利高效地进行。常见的上位机控制有手动、单机自动及联机自动等方式，且这些控制方式的最终落脚点是在下位机的 PLC 上，下面将对常见的控制方式进行简单阐述。

（1）手动方式。主要是指使用操作手柄的按键或者人机界面的手动软件按钮通过 PLC 程序来对堆垛机的水平、竖直及货叉伸缩运行进行点动或者短距离操作。手动方式大多用于设备安装调试、故障排除和维修保养，正常状况下不参与各种存货、取货作业且只能以中速或低速运行。

（2）单机自动方式。主要是指使用人机界面或者计算机终端的自动软件按钮通过 PLC 程序来对堆垛机的水平、竖直及货叉伸缩运行自动完成单次作业流程，并等待下次任务指令。单机自动方式多用于执行不连续的单次任务或者后期维修保养时检测系统运行是否正常。

（3）联机自动方式。主要是指上位机通过网络通信方式以及 PLC 程序来自动完成信息采集、指定设备动作和取货存货任务。在这种情形下，操作者在操作终端能够查看所有设备的运行状态信息、指令执行情况，是自动化立体仓库系统最常用的操作方式。

### 2）下位机定位方式

在堆垛机执行立体仓库取货或者存货指令时，要想顺利完成任务，必须做到水平行走、竖直行走、货叉伸缩各个方向堆垛机的精准定位控制，只有快速准确地到达指定仓位才能保证取货、存货的质量，顺利完成指定的任务，下面将对常见的定位方式进行简单阐述。

（1）认址片和编码器。在货架底部周边或者地面导轨上安装认址片，认址片可辅助槽型光电开关进行检测，当光电开关经过认址片时，在对应程序中的计数会累加或累减，当前计数值达到目的地址时堆垛机停止运行，需要增加旋转编码器等进行辅助验证。这种控制方式简单且成本不高，但是巷道内有异物时可能会造成计数误差，适用于仓位少的小规模仓库。

（2）激光测距仪。在堆垛机的立柱或者某个特定位置上固定激光测距仪，同时在仓库周边或者货架铁板上放置等高度的专用反光纸，激光测距仪接收从反光纸反射回的激光束，通过计时器测定的过程时间确定堆垛机当前位置和目标位置的距离。这种控制方式停车精度较高，但是不能用在落灰较多、巷道有转弯的情况。

（3）激光条码认址。在堆垛机的立柱或者某个特定位置上安装条码阅读仪，同时在仓库周边或者货架放置与导轨方向平齐的条码带，根据条码阅读仪读取的条码带得出堆垛机到目标的距离。这种控制方式定位精度很高，也能用在巷道有转弯的情况，但是不能出现条码污染损坏，否则将不能被识别。

（4）行程开关和撞块。在载货台或货箱某个特定位置上放置行程开关，在货叉的伸缩部分安装撞块，货叉伸出到达极限位置时，放置的行程开关会触碰撞块，PLC 会检测到碰撞信号来确定货叉已经到达指定位置。这种控制方式比较简单，但占用空间较大，当货叉截面较小时，安装比较困难。

（5）接近开关和检测模块。在货叉左右两端和货叉原点位置分别安装接近开关，并安装检测模块跟随货叉载货平面来回移动，当货叉伸出到某个位置时，检测开关会遮挡住接近开关，

PLC 会检测到遮挡信号来确定货叉已经到达指定位置。这种控制方式比较简单，且占用空间小，但是对检测支架的位置要求比较精准和稳定。

自动化立体仓库工作原理如图 7.9 所示。

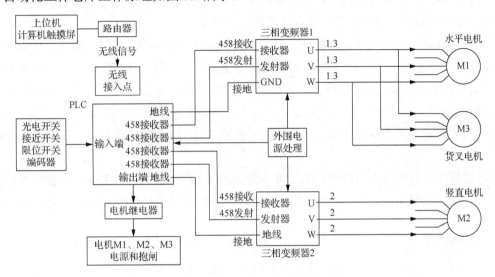

图 7.9　自动化立体仓库工作原理

# 7.3　堆　垛　机

## 7.3.1　堆垛机的特点与分类

### 1. 堆垛机的特点

堆垛机，也称堆垛起重机，是立体仓库中最重要的起重运输设备，是代表立体仓库特征的标志。堆垛机的主要作用是在立体仓库的通道内来回运行，将位于巷道口的货物存入货架的货格，或者取出货格内的货物运送到巷道口。

早期的堆垛机是在桥式起重机的起重小车上悬挂一个门架(立柱)，利用货叉在立柱上的上下运动及立柱的旋转运动来搬运货物，通常称为桥式堆垛机。1960 年左右，在美国出现了巷道式堆垛机，这种堆垛机利用地面导轨来防止倾倒。随着计算机控制技术和自动化立体仓库的发展，堆垛机的运用越来越广泛，技术性能越来越好，高度也越来越高。如今，堆垛机的高度可以达到 40m。事实上，如果不受仓库建筑和费用限制，堆垛机的高度还可以更高。

堆垛机具有以下特点：

(1)作业效率高。堆垛机是立体仓库的专用设备，具有较高的搬运速度和货物存取速度，可在短时间内完成出入库作业，堆垛机的最高运行速度可以达到 500m/min。

(2)提高仓库利用率。堆垛机自身尺寸小，可在宽度较小的巷道内运行，同时适合高层货架作业，可提高仓库的利用率。

(3)自动化程度高。堆垛机可实现远程控制，作业过程无须人工干预，自动化程度高，便于管理。

(4)稳定性好。堆垛机具有很高的可靠性，工作时具有良好的稳定性。

### 2. 堆垛机的分类

堆垛机的分类方式很多，主要的分类方式如下所述。

(1)按照有无导轨进行分类，可分为有轨堆垛机和无轨堆垛机。其中，有轨堆垛机是指堆垛机沿着巷道内的轨道运行，无轨堆垛机又称高架叉车。

(2)按照高度不同进行分类，可分为低层型、中层型和高层型。其中，低层型堆垛机是指起升高度在 5m 以下，主要用于分体式高层货架仓库中及简易立体仓库中；中层型堆垛机是指起升高度在 5~15m，高层型堆垛机是指起升高度在 15m 以上，主要用于一体式的高层货架仓库中。

(3)按照驱动方式不同进行分类，可分为上部驱动式、下部驱动式和上下部相结合的驱动方式。

(4)按照自动化程度不同进行分类，可分为手动、半自动和自动。手动和半自动堆垛机上带有司机室，自动堆垛机不带有司机室，采用自动控制装置进行控制，可以进行自动寻址、自动装卸货物。

(5)按照用途不同进行分类，可分为桥式堆垛机和巷道堆垛机。桥式堆垛机具有桥架、回转小车、固定或可伸缩式的立柱，立柱上装有货叉或者其他取物装置，堆垛和取货通过取物装置在立柱上运行实现；巷道堆垛机是指金属结构有上、下支撑，起重机沿着仓库巷道运行，装取成件物品的堆垛机。

## 7.3.2　堆垛机运行方式

使用堆垛机的货架系统要按货架的列、层、行的所在货位分别编号，以便实现向指定货位自动地进出库，也便于利用电子计算机进行在库管理。实际上，最新的大型立体自动仓库大多采用电子计算机进行在库管理。然而，为了节省设备投资，在小型自动化立体仓库中，多数仍采用手动控制和半自动控制。

(1)手动控制。手动控制是司机在堆垛机的司机台上一边查看货位号，一边操作操纵手柄或按钮完成行走、升降、货叉进出。

(2)半自动控制。司机在堆垛机的司机台上，点击所需货位号的按钮，起重机就自动完成行走、升降各种动作，并停止在指定的货位号处。货叉的进出动作由手动操纵杆或按钮进行控制。返回动作大多是点击返回按钮即可自动返回原位。

(3)全自动控制。属于无人操纵的形式，操纵盘装在起重机外，利用按钮或穿孔卡等作为指令。因此，只要点击启动电钮，就能遥控堆垛机自动进行进出库动作。近年来，也有采用磁心存储器等存储装置来存储各货位号的库存量或品种，进行在库管理的方式。

(4)计算机控制。设置与电子计算机直连的地面控制盘，把进出库指令输入电子计算机，进行集中控制。通过电子计算机发出的进出库指令存储在地面控制盘上的前置盒式计算器中，计算器一边控制堆垛机把目标货物自动地进出库，一边进行进出库货位号、品种、次数等运算，实施在库管理。在大型自动化立体仓库中，往往采用这种管理方式。在现已建成的小型独立货架式仓库中，也有一些采用小型电子计算机进行在库管理。

### 7.3.3　巷道堆垛机的特点

巷道堆垛机是在高层货架的窄巷道内作业的起重机。巷道堆垛机的整机可以沿货架水平方向移动，载货平台可以沿堆垛机支架上下垂直移动，载货平台的货又可借助伸缩机构向平台的左右方向移动，这样可实现所存取货物的三维移动，且操作简便。巷道堆垛机具有如下特点。

巷道堆垛机

(1) 电气控制方式有手动、半自动、单机自动及计算机控制，可任意选择一种电气控制方式。

(2) 大多数堆垛机采用变频器调速，光电认址，具有调速性能好、停准精度高的特点。

(3) 采用安全滑触式输电装置，保证供电可靠。

(4) 运用过载松绳、断绳保护装置确保工作安全。

(5) 配置移动式工作室，室内操作手柄和按钮布置合理，座椅舒适。

(6) 堆垛机机架重量轻，抗弯、抗扭刚度高。起升导轨精度高，耐磨性好，可精确调位。

(7) 可伸缩式货叉降低了对巷道的宽度要求，提高了仓库面积的利用率。

巷道堆垛机按有无轨道可分为有轨巷道堆垛机和无轨巷道堆垛机，它们各有优缺点，选用时主要考虑经济条件和仓库规模。另外，在立体仓库中使用较多的还有一种设备就是叉车，本节将其放在一起进行比较。其主要性能特点比较如表 7.2 所示。

表 7.2　有轨巷道堆垛机、无轨巷道堆垛机和叉车的性能特点比较

| 设备名称 | 巷道宽度 | 操作高度/m | 操作灵活性 | 自动化程度 | 价格 |
|---|---|---|---|---|---|
| 有轨巷道堆垛机 | 最小 | 大于 12 | 受轨道的限制，只能在高层货架内操作，必须配备出入库设备 | 可手动、半自动、自动和远距离集中控制 | 高 |
| 无轨巷道堆垛机 | 中 | 5～12 | 可服务于两个以上的巷道操作，并可完成出入库作业 | 可手动、半自动、自动和远距离集中控制 | 中 |
| 叉车 | 最大 | 小于 5 | 只要巷道宽度够，来去自由 | 一般手动操作，自动化程度低 | 低 |

### 7.3.4　有轨巷道堆垛机

有轨巷道堆垛机由机架、司机室、起升装置、运行机构、载货台、存取货机构、电气控制系统、安全保护装置与措施等组成。有轨巷道堆垛机根据立柱的形式分为单立柱堆垛机和双立柱堆垛机，其分类、特点和用途如表 7.3 所示。

表 7.3　有轨巷道堆垛机的分类、特点和用途

| 类型 | | 特点 | 用途 |
|---|---|---|---|
| 按结构分类 | 单立柱堆垛机 | (1) 机架结构有一根立柱，上下横梁组成一个矩形框架；<br>(2) 结构刚度比双立柱差 | 适用于起重质量在 2t 以下，起升高度在 16m 以下的仓库 |
| | 双立柱堆垛机 | (1) 机架结构有一根立柱，上下横梁组成一个矩形框架；<br>(2) 结构刚度比较好；<br>(3) 质量比单立柱大 | (1) 适用于各种起升高度的仓库，一般起重质量可达 5t，必要时还可以加大；<br>(2) 可用于高速运行 |

　　单立柱堆垛机主要由运行机构、升降机构、载货台等部分组成。升降机构承载着载货台和货叉伸缩机构与立柱相连，并在电机的带动下进行上下运动，立柱与横移机构相连，在横移机构的带动下运动，在堆垛机的工作过程中，横移机构在电动机的带动下承载着堆垛机整体沿着轨道方向运行，当达到指定位置时，横移机构停止运行，同时堆垛机的升降机构开始工作，升降机构通过升降电机提供动力带动载货台承载着货叉伸缩机构进行升降，为节省时间，横移机构与升降机构同时工作，当达到与货架相对应的高度时，升降机构停止运行，并且货叉伸缩机构开始工作。通过横移机构、升降机构以及货叉伸缩机构的配合运行实现存取货物的功能。单立柱堆垛机的实物图和结构图如图 7.10 所示。

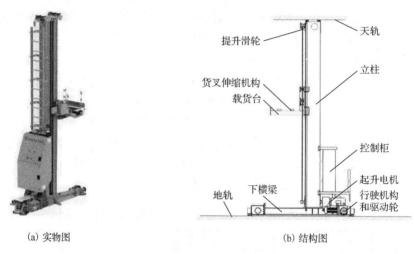

(a) 实物图　　　　　　　　　　　　　(b) 结构图

图 7.10　单立柱堆垛机的实物图和结构图

　　双立柱堆垛机的机架结构是由 2 根立柱、上横梁和下横梁组成的 1 个矩形框架，结构刚度比较好，质量比单立柱堆垛机大。双立柱堆垛机的实物图和结构图如图 7.11 所示。一般起重质量可达 5 吨，必要时还可以更大，可用于高速运行。双立柱堆垛机在货架之间的巷道内运行，主要用于搬运装在托盘上或货箱内的单元货物，也可开到相应的货格前，由机上人员按出库要求拣选货物出库。

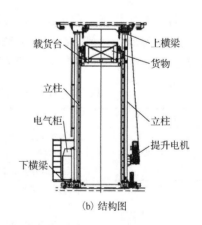

(a) 实物图　　　　　　　　　　　　　(b) 结构图

图 7.11　双立柱堆垛机的实物图和结构图

### 7.3.5 无轨巷道堆垛机

无轨巷道堆垛机又称高架叉车或三向堆垛叉车,即叉车向运行方向两侧进行堆垛作业时,车体无须进行直角转向,而使前部的门架或货叉进行直角转向及侧移,这样作业通道就可大大减少,提高了面积利用率。此外,高架叉车的起升高度比普通叉车要高,一般在 6m 左右,最高可达 13m,提高了空间利用率。图 7.12 为无轨巷道堆垛机实物图和工作示意图。

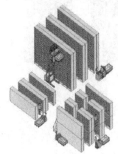

<table>
<tr><td>(a) 实物图</td><td>(b) 工作示意图</td></tr>
</table>

图 7.12　无轨巷道堆垛机实物图和工作示意图

无轨巷道堆垛机可分为托盘单元型和拣选型两类。托盘单元型由货叉进行托盘货物的堆垛作业,分为操作室地面固定型和操作室随作业货叉升降型两种。前者起升高度较低,因而视线较差,后者起升高度较高,视线好。拣选型无货车作业机构,操作室和作业平台一起升降,由驾驶员向两侧高层货架内的物料进行拣选作业。

无轨巷道堆垛机与有轨巷道堆垛机相比,无论是运行速度,还是起升高度,都比有轨巷道堆垛机差。但无轨巷道堆垛机可在多条货架巷道中工作,机动性能好、操作方便,包括转向、牵引、起升、前移、侧移、倾仰等八个自由度;车辆转弯半径小,适用于主体高架仓库;采用复合操作手柄,只需单手操作,灵活性好;控制系统全部采用电控,特别是转向系统也采用电控,控制性能良好;整个控制系统采用多主结构的多机系统(5 个 CPU),系统按功能分布,交互由网络结构完成,采用控制器局域网总线组成网络,为将来全自动化立体仓库的无人管理创造了良好的条件。

### 7.3.6 桥式堆垛机

桥式堆垛机具有起重机和叉车的双重结构特点,与起重机一样,有能运行的桥架结构(又称大车)和设置在桥架上能运行的回转小车,桥架在仓库上方的轨道上纵向运行,回转小车在桥架上横向运行;桥式堆垛机还与叉车一样,有固定式或可伸缩式的立柱,立柱上装有货叉或其他取物装置,可在垂直方向移动。因此,桥式堆垛机可以完成三维空间内的取物操作,同时可以服务于多条巷道。

桥式堆垛机安装在仓库的上方,在仓库两侧面的墙壁上装有固定的轨道,要求货架和仓库顶棚之间有一定的空间,以保证桥架的正常运行;另外,桥式堆垛机的堆垛和取货是通过取物装置在立柱上运行来实现的,受立柱高度的限制,桥式堆垛机的作业高度不能太高。所以,桥式堆垛机主要适用于 12m 以下中等跨度的仓库,且巷道的宽度较大,适于笨重和长大件物料的搬运和堆垛。图 7.13 为桥式堆垛机实物图和结构示意图。

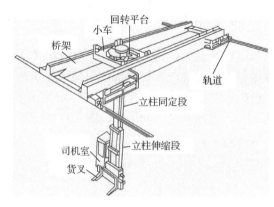

(a) 实物图　　　　　　　　　　　　(b) 结构示意图

图 7.13　桥式堆垛机实物图和结构示意图

　　桥式堆垛机按回转小车的安装方式不同,可分为支承式桥式堆垛机和悬挂式桥式堆垛机,支承式是回转小车在桥架之上,而悬挂式是回转小车在桥架之下,分别见图 7.14 和图 7.15。按立柱的结构不同,可分为固定立柱的桥式堆垛机和可伸缩立柱的桥式堆垛机(图 7.15 和图 7.16),固定立柱是立柱长短不变,取物装置在立柱上滑行垂直运动,可伸缩立柱是利用立柱的长短变化带动取物装置垂直运动。由图 7.16 还可以看出,利用桥式堆垛机的桥架纵向运行和回转小车的横向运行,桥式堆垛机可在多条巷道内来回运动,可以一座仓库只装一台桥式堆垛机。

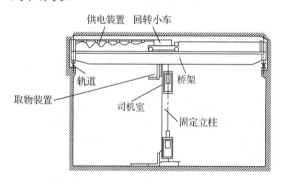

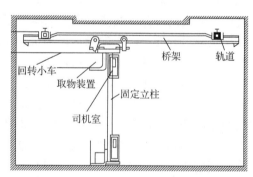

图 7.14　支承式带固定立柱的桥式堆垛机　　　　图 7.15　悬挂式带固定立柱的桥式堆垛机

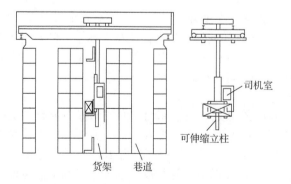

图 7.16　支承式带伸缩立柱的桥式堆垛机

# 7.4　自动化输送设备

## 7.4.1　自动化输送设备的优点

自动化输送设备是指以连续的方式沿着一定的线路从装货点到卸货点均匀输送货物和成件包装货物的机械。自动化输送设备可在一个区间内连续搬运大量货物，搬运成本非常低，搬运时间比较准确，货流稳定，因此广泛应用于现代物流系统中。自动化输送设备是生产加工过程中机械化、连续化和自动化的流水作业运输线不可缺少的组成部分，是智能仓储物流系统中非常重要的辅助设备，具有把各物流节点衔接起来的作用，可提升仓储的工作效率。

自动化输送设备具有以下优点。

(1)可以沿一定的线路不停地输送货物，其工作构件的装载和卸载都是在运动过程中进行的，无须停车，即起动、制动少；被输送的散货以连续形式分布于承载构件上，输送的成件货物也同样按一定的次序以连续方式移动。

(2)可采用较高的运动速度，且速度稳定，具有较高的生产率。

(3)在同样的生产率下，自重轻，外形尺寸小，成本低，驱动功率小。

(4)传动机械的零部件负荷较低而冲击小。

(5)结构紧凑，制造和维修容易。

(6)输送货物线路固定，动作单一，便于实现自动控制。

(7)工作过程中负载均匀，所消耗的功率几乎不变。

常见的自动化输送设备有带式输送机、刮板式输送机、螺旋输送机等。

## 7.4.2　带式输送机

带式输送机是以封闭无端的输送带作为牵引构件和承载构件的连续输送货物的机械。输送带的种类很多，有橡胶带、帆布带、塑料带和钢芯带 4 大类，其中以橡胶带应用最广。带式输送机由金属结构机架，装在头部的驱动滚筒和装在尾部的改向滚筒，绕过头、尾滚筒和沿输送机全长上安置的上支承托辊、下支承托辊的无端的输送带，以及包括电动机、减速器等在内的驱动装置、装载装置、卸载装置和清扫装置等组成。带式输送机一般结构示意图如图 7.17 所示。

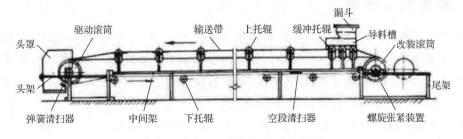

图 7.17　带式输送机一般结构示意图

**1．带式输送机分类**

根据工作需要，带式输送机可做成工作位置不变的固定式输送机或可以运行的移动式输送机，也可做成能改变输送方向的可逆式输送机，还可做成机架伸缩以改变距离的可伸缩式输送机。根据不同的运输需求，带式输送机的外表形态可以设计成不同类型，常见的有以下三类。

(1)气垫带式输送机。气垫带式输送机用托槽与输送带之间一定厚度的空气层作为滑动摩擦的"润滑剂"，使运动阻力减小。

(2)磁垫带式输送机。利用磁铁的磁极同性相斥、异性相吸的原理，将胶带磁化成磁弹性体，则此磁性胶带与磁性支承之间产生斥力，使胶带悬浮。磁垫带式输送机的优点在于它在整条带上能产生稳定的悬浮力，工作阻力小且无噪声，设备运动部件少，安装维修简单。

(3)封闭型带式输送机。在托辊带式输送机的基础上加以改进，输送带改成圆管状(三角形、扁圆形等)断面的封闭型带，托辊采用多边形托辊组环绕在封闭型带的周围。其最大的优点是可以密闭输送物料，在输送途中物料无飞扬、洒落，减少了污染。

**2．带式输送机特点**

带式输送机主要用于水平方向或坡度不大的倾斜方向连续输送散粒货物，也可用于输送重量较轻的大宗成件货物。带式输送机的特点如下：

(1)输送距离远。

(2)输送能力强，生产率高；结构简单，基建投资少，营运费用低。

(3)输送线路可以呈水平、倾斜布置或在水平方向、垂直方向弯曲布置，因而受地形条件限制较小，工作平稳可靠；操作简单，安全可靠，易实现自动控制。

正是由于其优越的特点，使带式输送机应用场所遍及仓库、港口、车站、工厂、煤矿、矿山和建筑工地。但带式输送机不能自动取货，当货流变化时，需要重新布置输送线路，输送角度不大。

带式输送机的输送长度受输送带本身强度和运动稳定性的限制。输送距离越远，驱动力越大，输送带所承受的张力也越大，输送带的强度要求越高。当输送距离远时，若安装精度不够，则输送带运行时很容易跑偏成蛇形，使输送带的使用寿命缩短。所以，当用普通胶带输送机时，单机长度一般不超过 40m，采用高强度的夹钢丝绳芯胶带输送机和钢丝绳牵引的胶带输送机时，单机长度高达 10km。

## 7.4.3　刮板式输送机

刮板式
输送机

刮板式输送机的结构组成与工作原理如图 7.18 所示。在牵引构件链条上固定刮板，并一起沿着机座槽运动。牵引链条环绕着头部驱动链轮和尾部张紧链轮，并由驱动链轮驱动，由张紧链轮进行张紧。被输送的物料可以在输送机长度上的任意一点装入敞开槽内，并由刮板推动前移。输送机的卸载同样可以通过槽底任意一点所打开的洞孔来进行，这些洞孔是用闸门关闭的。刮板式输送机分为上下工作分支，上工作分支供料比较方便，可在任何位置将物料供入敞开的导槽内；具有下工作分支的输送机在卸料方面较为方便，因为物料可以直接通过槽底的洞孔卸出。

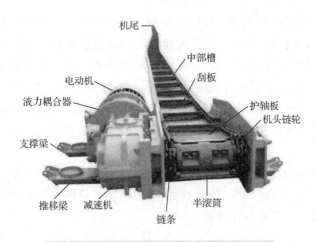

图 7.18　刮板式输送机的结构组成与工作原理

刮板式输送机的主要优点是：结构简单，当两个分支同时成为工作分支时，可以同时向两个方向输送物料，可同时方便地沿输送机长度上的任意位置进行装载和卸载；可以用来输送各种粉末状、小颗粒和块状的流动性较好的散粒物料。它的缺点是：物料在输送过程中会被碾碎或者挤压碎，所以不能用来输送脆性物料。

物料与料槽及刮板与料槽的摩擦(尤其是输送摩擦性大的物料时)，会加速料槽和刮板的磨损，同时也增大了功率消耗。因此，刮板式输送机的长度一般不超过 60m，而生产率不超过 200t/h。只有在采煤工业中，当生产率在 100～150t/h 的情况时，刮板式输送机的长度可达到 100m。

## 7.4.4　埋刮板式输送机

埋刮板式输送机如图 7.19 所示，是由刮板式输送机发展而来的，但其工作原理与刮板式输送机不同，在其机槽中，物料不是一堆一堆地被各个刮板刮运向前输送的，而是以充满机槽整个断面或大部分断面的连续物料流形式进行输送的。由于刮板链条埋在被输送的物料之中，与物料一起向前移动，所以称为埋刮板式输送机。刮板链条既是牵引构件，又是带动物料运动的输送元件，因此它是埋刮板式输送机的核心部件。

埋刮板式输送机除了可以进行水平、倾斜输送和垂直提升之外，还能在封闭的水平或垂直平面内

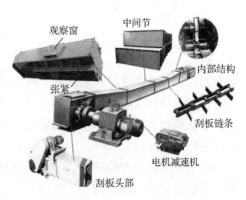

图 7.19　埋刮板式输送机

的复杂路径上进行循环输送。埋刮板式输送机的工作原理是利用散粒物料具有内摩擦力以及在封闭壳体内对竖直壁产生侧压力的特性，来实现物料的连续输送的。在水平输送时，由于刮板链条在槽底运动，刮板之间的物料被拖动向前成为牵引层。当牵引层物料对其上层物料的内摩擦力大于物料与机槽两侧壁间的外摩擦力时，上层物料随着刮板链条向前运动。

在垂直输送时,机槽内的物料不仅受到刮板向上的推力和下部不断供入的物料对上部物料的支撑作用,同时,物料的侧压力会引起运动物料对周围物料产生向上的内摩擦力。

埋刮板式输送机既可以向水平或小倾角方向输送物料,也可以向垂直方向输送物料。水平输送距离为80～120m,垂直提升高度为20～30m,通常用在生产率不高的短距离输送中。

埋刮板式输送机所运送的物料以粉状、粒状或小块状物料为佳,物料的湿度以用手捏团后仍能松散为度;不宜输送磨损性强、块度大、黏性大和腐蚀性大的物料,以避免对设备造成损伤。

埋刮板式输送机结构简单可靠、体积小、维修方便、进料卸料简单。埋刮板式输送机分为普通型和特殊型。普通型埋刮板式输送机用于输送物料特性一般的散粒物料,而特殊型埋刮板式输送机用于输送有某种特殊性能的物料。

## 7.4.5　螺旋输送机

螺旋输送机(图 7.20)是利用带有螺旋叶片的螺旋轴的旋转,使物料产生沿螺旋面的相对运动,物料受到料槽或输送管臂的摩擦力作用,不与螺旋轴一起旋转,从而将物料轴向推进,实现物料输送的机械。

螺旋输送机分慢速(转速不超过 200r/min)和快速(转速超过 200r/min)两种;按结构形式又分为固定式和移动式两种。固定式螺旋输送机一般为慢速输送机,它可以进行输送距离不太长的水平输送或低倾角的输送,通常用于车间内,稳步进行短距离的水平输送。移动式螺旋输送机一般属于快速输送机,可完成高倾角和垂直输送,通常用于物料出仓、装卸和灌包等作业。

螺旋输送机的输送量一般为 20～40m³/h,最大可达 100m³/h,广泛用于各行业中,主要用于输送各种粉状、粒状和小块状物料,所输送的散粒物料有谷物、豆类和面粉等粮食产品,水泥、黏土和沙子等建筑材料,盐类、碱类和化肥等化学品,以及煤、焦炭和矿石等大宗散货。螺旋输送机不宜输送易变质、黏性大、块度大及易结块的物料。除了输送散粒物料外,亦可运送各种成件物品。螺旋输送机在输送物料的同时,可完成混合、搅拌和冷却等作业。

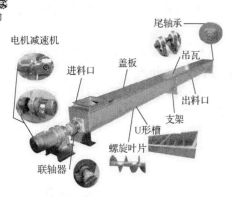

图 7.20　螺旋输送机

螺旋输送机具有以下特点:结构比较简单,成本较低;工作可靠,维护管理方便;尺寸小,占地面积小;能实现密封输送,有利于输送易飞扬、炽热及气味强烈的物料;装载卸载方便;单位能耗较大;物料在输送中容易磨损及研碎,螺旋叶片和料槽的磨损也较为严重。

螺旋输送机由固定的料槽与在其中旋转的具有螺旋叶片和轴的旋转体构成。轴由两端轴承和中间的悬挂轴承支撑,螺旋体通过传动轴由电动机驱动。物料由进料口进入机槽后,以滑动的方式做轴向运动,直至卸料口卸出,如图 7.21 所示。

在水平螺旋输送机中,料槽的摩擦力是由物料自重力引起的;而在垂直螺旋输送机中,输送管壁的摩擦力主要是由物料旋转离心力引起的。

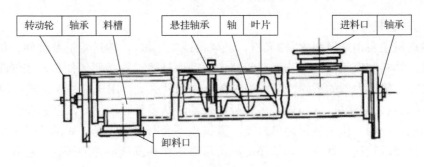

图 7.21　螺旋输送机结构示意图

## 7.4.6　气力输送机

### 1. 气力输送机特点

气力输送机(图 7.22)是采用风机使管道内形成气流来输送散粒物料的机械。它的输送原理是,将物料加到具有一定速度的空气气流中,构成悬浮的混合物,通过管道输送到目的地,然后将物料从气流中分离出来卸出。

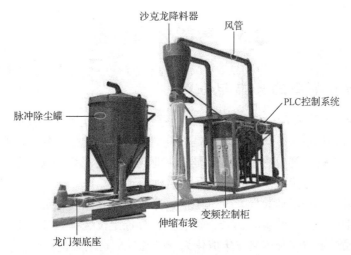

图 7.22　气力输送机

气力输送机主要用于输送粉状、粒状及块度不大于 30mm 的小块物料,有时也可输送成件物品。对于不同物料,应选择不同的风速,既要保证物料在管道内呈悬浮状态,不堵塞管道,又要尽可能多地输送物料,做到既经济,又合理。

气力输送机的优点是:可以改善劳动条件,提高生产效率,有利于实现自动化;可以减少货损,保证货物质量,结构简单,没有牵引构件;生产率较高,不受管路周围条件和气候影响;输送管道能灵活布置,适应各种装卸工艺;有利于实现散装运输,节省包装费用,降低成本。

气力输送机的缺点是:动力消耗较大,噪声大;被输送物料有一定的限制,不宜输送潮湿的、黏性的和易碎的物料;在输送磨损性大的物料时,管道等部件容易磨损。当前气力输送机的输送率可达 4000t/h,输送距离达 2000m,输送高度可达 100m。

**2. 气力输送机分类**

气力输送机主要由送风装置(抽气机、鼓风机或气压机)、输送管道及管件、供料器、除尘器等组成。物料和空气的混合物能在管路中运动而被输送的必要条件是，在管路两端形成一定的压力差。按压力差的不同，气力输送机可分为吸送式、压送式和混合式三种。

(1)吸送式气力输送机。它可以装多根吸料管同时从多处吸取物料，但输送距离不能过长。由于真空的吸力作用，供料装置简单方便，吸料点不会有粉尘飞扬，对环境污染小，但对管路系统密封性要求较高。此外，为了保证风机可靠工作和降低零件的磨损，进入风机的空气必须除尘。

(2)压送式气力输送机。它可实现长距离的输送，生产效率较高，并可由一个供应点向几个卸料点输送，风机的工作条件较好，但要把物料送入高于外界大气压的管道中，供料器比较复杂。

(3)混合式气力输送机。它综合了吸送式气力输送机和压送式气力输送机的优点，吸取物料方便且能较长距离输送，可以由几个地点吸取物料，同时向几个不同的目的地输送，但结构比较复杂。

# 7.5　智能分拣装备

## 7.5.1　智能分拣装备的分类与特点

智能分拣装备，也称自动分拣系统，是指能够识别物品 ID 属性并根据该地址信息对物品进行分类传输的自动化系统。其主要功能是将不同类的物品进行区分，以便后续进行统一处理，这里的物品可以是快递包裹，也可以是零售业商品包装，甚至包括生产车间的原材料或者成品都可以借助自动分拣系统达到按类分拣的目的。

智能分拣装备一般由输送装置、分拣装置、分拣道口和控制装置四大部分组成，但从功能上又可以继续细分为上件装置、信号识别装置、分拣定位装置和监控报警装置等，有很多智能分拣系统将输送装置和分拣装置集成化为一个独立的运动装置。

**1. 智能分拣装备的分类**

智能分拣装备的差别主要在分拣原理上，根据物品移出输送线路进入分拣道口的方式，可以分为如下几类。

(1)滑块式分拣装备。滑块式分拣装备采用链板式输送机作为输送单元，在各链板的间隙布置了可以沿垂直于输送方向往复运动的滑块，分拣包裹时靠这些滑块的推动来完成分拣作业。滑块式分拣装备的最大优势是可供分拣的对象范围非常广泛，控制系统可以根据包裹的外廓尺寸大小自动调整需要的滑块数目，从而实现较高的分拣柔性，所以该系统在国外广泛应用于邮政、烟草、医药和制造业等领域。

(2)交叉带式分拣装备。交叉带式分拣装备是一种新型分拣设备，它将输送装置和分拣装置集成为一个复合运动装置，相当于一个在轨道上运行的载物平台为皮带的小车。当小车将包裹运送到指定道口时，小车的载物平台通过旋转皮带完成分拣作业。单个复合运动装置(分拣小车)的尺寸比较小，因此分拣道口可以布置得比较密集，从而实现较高的场地利用率。交叉带式分拣装备比较适合分拣小尺寸的物品，又能实现两侧分拣，因此广泛应用于机场的行李分拣和快递业的包裹分拣。

(3)滚轮导向式分拣装备。滚轮导向式分拣装备采用滚轮作为其分拣装置，输送装置可以采用皮带式、轧辊式输送机。滚轮导向式分拣装备按照斜导轮的分拣旋转角度是否可变细分为顶升轮分拣装备和转向轮分拣装备，顶升轮分拣装备适用于单向分拣，转向轮分拣装备可以实现双向分拣。滚轮导向式分拣装备比较适合分拣硬纸箱、塑料箱等平底面物品，使用成本较低。

(4)轨道台车式分拣装备。轨道台车式分拣装备和交叉带式分拣装备相似，都是把输送装置和分拣装置集成为一个复合运动装置。与交叉带式分拣装备不同的是，轨道台车式分拣装备将皮带换成了托盘，当小车运动到指定道口时，托盘翻转，从而实现分拣作业。这种分拣装备布局灵活，可以实现三维立体布局，易于维修保养。

(5)转向臂式分拣装备。转向臂式分拣装备的工作原理与滑块式分拣装备相似，结构简单，仅需一套带式输送机加一个摆臂就可以实现分拣作业。不过相比于前者，转向臂式分拣装备的柔性较低且只能单向分拣，因此分拣效率相比滑块式分拣装备低。

(6)悬挂式分拣装备。悬挂式分拣装备属于面向特定领域的分拣装备，主要由悬挂式输送机组成，比较适合分拣箱类、袋类物品，分件货物重量大，一般可达 100kg 以上，需要专用的场地。

(7)摆轮式分拣装备。摆轮式分拣装备由动态称重设备、3D 尺寸测量仪、高精度条码识别系统和分拣摆轮等部件组成，可替代人工实现大件包件的自动分拣，极大地减少了人力和人工数据采集的误差。

**2. 智能分拣装备特点**

(1)能够连续、大批量地完成分拣作业。自动分拣系统采用流水线式的作业方式，一般布置成环形分拣线，这样一次分拣没有及时完成的物品可以进行二次分拣。除此之外，自动分拣机不受人的体力等条件的限制，可以连续运行，借助它分拣效率高(6000~12000 件/h)的特点，其连续分拣 1h 相当于人工连续分拣 10h 以上。

(2)分拣过程中错误率极低。自动分拣系统的分拣错误率主要取决于对物品分拣信息的读取，现在的自动分拣机一般采用条形码信息作为分拣凭证，除非条形码印刷出错或者信息缺失，否则在分拣过程中不会出现错误。

(3)实现分拣作业的无人化。国外使用自动分拣系统的目的之一就是降低人工成本，减少人员的使用，以期实现工作车间的无人化，这也是"工业 4.0"所追求的一个目标。在自动分拣系统中，人员的主要工作区域为该系统的两端，也就是包裹进入分拣系统之前的接货和分拣完毕后的打包发货，以及系统的管理和维护等。

## 7.5.2　交叉带式分拣装备

### 1. 交叉带式分拣系统

交叉带式自动分拣系统由分拣机设备、分拣机控制系统和分拣控制显示数据终端三层子系统组成。

(1)分拣机设备：由远程控制模块和其他局域设备组成。其中，主要包括导入站台装置和分拣装置等。导入站台装置包括导入站、皮带和区域感应装置；分拣装置包括分拣器、载货小车、包装滑道、光电感应控制站、直线电机、扫描器和装载控制。

（2）分拣机控制系统：通过总线系统管理远程控制模块，分拣机控制系统结构简单，无预防性维护，接线系统简单，通信网络速度快，系统也易于诊断。分拣机控制功能主要有：管理分拣机容器和导入站台上的货物信息；基于分拣处理和分拣道口的可用能力进行货物分拣；管理载货小车的速率和位置；执行操作人员给出的指令。

（3）分拣控制显示数据终端：用来帮助系统操作人员了解机器状况和操作，主要菜单包括：机器状态和操作菜单、机器诊断菜单、出错管理菜单和机器管理菜单。

## 2. 交叉带式分拣装备的组成

交叉带式分拣装备作为自动化程度比较高的分拣设备，其结构复杂，主要组成部分如下。

### 1）编码器

编码器是分拣机速度和位置的反馈单元，由一系列光电器件组成，安装在轨道固定的架子上，并连接到分拣机控制的远程 I/O 模块，用来检测输送单元上的反射器。

### 2）控制站台

控制站台用来确认载货小车上是否存在物品，包含中心控制站台和载货控制两部分。中心控制站台向分拣控制系统确认货物是否正确地放置在分拣单元——载货小车上，并且检测其在载货小车上的位置（横向、纵向）。如果货物不在中心，载货小车将自动调整，使其达到中心位置，并保证最大限度地精确卸货。载货控制被安装在各种感应区域，用于检查货物是否正确地从载货小车上卸下，保证所有载货小车都能载货，同时防止货物被错过装载。

### 3）导入站台

导入站台用来感应物品，使货物平稳地进入分拣机的载货小车。导入站台主要由定位皮带、编码皮带、缓冲皮带、同步皮带、载货皮带和区域感应组成。

（1）定位皮带：相对于导入站台呈 45°，可以保证货物以最佳的角度进入导入站台。

（2）编码皮带：接收来自定位皮带送来的货物，编码皮带的运行速度是恒定的。

（3）缓冲皮带：作为一个缓冲，位于编码皮带和同步皮带之间。

（4）同步皮带：通过分拣机控制来改变货物速度，从而使货物与载货小车同步，以便导入。

（5）载货皮带：相对于分拣机呈 45°，并将货物导入载货小车，载货皮带记录从货物三维监测装置传来的信息。

（6）区域感应：由一系列光电管组成，用来扫描恒定速度输送的货物，分拣机控制采用三维空间数据，计算货物的一些特征，保证正确地将货物传送到分拣机的载货小车上。

### 4）直轨模块

直轨模块由硬质的电镀铝合金制造而成，非常坚硬且安装方便。多个直轨模块拼接组成了交叉带分拣机的轨道，便于载货小车快速和方便地通过。

### 5）安全装置

安全装置用来检测载货小车与线性感应马达之间的干涉，万一操作失误或出现载货小车堵塞的情况，安全装置将自动断开电源，使分拣机停止运行。

### 6）直流电供应单元

直流电供应单元通过滑触线系统给每个载货小车供应电源，使其能顺利完成载货或者卸货。电源产生 65V 直流电，当电源发生故障时，备用电源将启动，保证分拣机不受影响。

**7)包装滑道**

包装滑道由分拣道口、滑板和操作区(紧急按钮以及信号灯)三部分组成。其中,滑板是无动力滑板,每两个分拣道口都装有光电开关,用于检测是否有货物。如果一件货物从任一分拣道口落下,遮住光电开关,则此时信号灯将点亮,并且此分拣道口将被禁用,直到打包人员将货物移走。

**8)地面支撑**

分拣机如果放在地面上,必须设置地面支撑,使分拣机和地面有一定距离。

**3. 交叉带式分拣流程**

交叉带式分拣装备的分拣流程就是将库存货物转化为满足订单需求的过程,见图 7.23,主要包括以下几个环节。

订单接收 → 预分拣 → 上包 → 订单分拣 → 订单分拣完成 → 复核

图 7.23　交叉带式分拣装备的分拣流程

**1)订单接收**

系统接收所有待分拣订单信息,将订单信息按一定规则进行整理并转化成拣货信息,最后生成预分拣指令。

**2)预分拣**

仓库工作人员接收预分拣指令,按指令完成货物的拣选,使货物能顺利进入分拣现场。

**3)上包**

分拣工作开始,装有待分拣货物的料箱通过连廊滚筒输送机从仓库进入分拣现场,沿输送机输送带运行至导入站台,上包人员将移动至导入站台的料箱从连廊滚筒输送机输送带上取出,将料箱内的货物逐件放到分拣机定位皮带上,然后把空料箱悬挂在吊轨上,由吊轨集中运送至料箱在分拣现场的暂存区域,等待仓库工作人员集中处理。货物从定位皮带依次进入编码皮带,位于编码皮带的区域监测扫描货物,判断待分拣货物尺寸是否在分拣机允许分拣尺寸范围内。若在,则货物继续在站台皮带上行进;反之,则区域监测发出报警,上包人员及时对尺寸不合格的货物进行处理。

**4)订单分拣**

货物依次通过导入站台各皮带段,从定位皮带至同步皮带,然后经过载货皮带滑入载货小车。货物滑入载货小车后,RFID 扫描货物条码并与载货小车绑定,获取货物在载货小车上的位置,并调整货物至载货小车中间。载货小车按分拣机指令沿轨道运行,将货物送至系统预先分配的分拣道口,亦称目的分拣道口。货物到达目的分拣道口后,载货小车倾斜,货物脱离载货小车,依靠自身重力滑入目的分拣道口底端的订单箱。在分拣过程中可能会出现以下两种异常情况。

(1)因条码破损等造成系统无法明确货物的目的分拣道口,载货小车只能将货物载入拒绝口,最后由人工分拣或修复条码后重新导入自动分拣系统。

(2)货物到达目的分拣道口时,订单箱满载,货物无法进入订单箱,只能沿轨道继续运行,然后二次回到目的分拣道口并滑入更换后的订单箱。一般情况下，打包人员可以在货物二次运行期间完成订单箱的更换，保证货物再次到达时能够被分拣。

**5）订单分拣完成**

系统会对订单的分拣情况进行实时监测，确认货物是否滑入载货小车，以及是否进入目的分拣道口。打包人员根据分拣道口一侧指示灯了解订单分拣进程，当某一分拣道口的订单箱满时，分拣道口所在分拣区的白灯亮起，打包人员找到满载订单箱，同时扫描分拣道口和订单箱的条码，以此向分拣机回馈信息：确认当前订单箱满载，将由新的订单箱继续完成分拣任务。然后换新箱，按复位按钮，分拣道口继续工作；当分拣道口完成分拣任务时，其所在分拣区的蓝灯亮起，打包人员用 RF 枪扫描分拣道口和订单箱条码，判断是否为此道口分拣任务的最后一箱。若 RF 枪显示当前订单箱为最后一箱，则打包人员确认后将订单箱简单打包并将其放置于订单输送机，该分拣道口在本阶段的分拣工作完成。

**6）复核**

分拣完成的订单箱沿输送带进入复核区域，复核无误的订单箱可进行下一步操作；复核有误的订单箱经人工处理后同样等待下一步操作。

## 7.5.3 摆轮式分拣装备

### 1. 结构组成与分类

根据摆轮式分拣装备的功能划分，其结构主要由三部分组成：输送单元、传动单元、转向单元，如图 7.24 和图 7.25 所示。输送单元与物品底部接触，输送单元持续运转，实现物品向前输送；传动单元为动力传递结构，将电机动力转换成输送单元动力；转向单元驱动摆轮转向，实现物品分拣。经过多年的技术发展和迭代，摆轮式分拣装备各组成部分的结构形式各不相同。

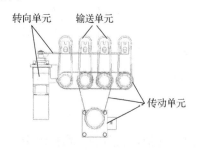

图 7.24　摆轮式分拣机组成部分示意图

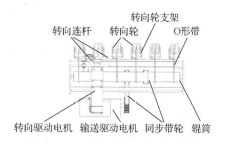

图 7.25　摆轮式分拣机结构示意图

根据摆轮式分拣装备的组成部分不同，将其分成不同类型。根据输送单元结构分为 O 形带式摆轮式分拣机、动力球式摆轮式分拣机、电辊筒式摆轮式分拣机、辊筒式摆轮式分拣机、皮带式摆轮式分拣机。

根据传动单元结构分为 O 形带传动、同步带传动、磁性轮传动、齿轮传动、摩擦传动、电辊筒直驱。

根据转向单元结构分为固定角度顶升式、气动转向、步进驱动转向、齿轮齿条转向、同步带转向、伺服驱动转向。

## 2．技术发展

摆轮式分拣机结构的迭代发展，与其运行速度、分拣效率息息相关。根据分拣效率的不同，可将摆轮式分拣机的发展分成低速、中速和高速三个阶段。低速阶段的顶升式摆轮式分拣机、气动式摆轮式分拣机，分拣效率为2000pcs/h。采用同步带与同步带轮将电机动力传递给驱动辊筒，辊筒带动"O"带并驱动摆轮输送，实现物品输送。采用气缸顶升或气缸驱动连杆转向，驱动摆轮转向，实现物品分拣。中速阶段的电动式摆轮式分拣机、动力球式摆轮式分拣机，分拣效率为4000pcs/h，采用同步带与同步带轮将电机动力传递给动力球，每个动力球内有一组锥齿轮，将水平转动转换成垂直转动，实现物品输送，其运行速度快，承载能力强。采用伺服电机驱动连杆转向，带动摆轮转向，实现物品分拣，伺服驱动转向动作柔和，响应快，分拣效率高。

随着市场需求的提升，对物流装备性能的要求也日益提高，加速推进摆轮式分拣机进入高速阶段，其分拣效率为6000～8000pcs/h，运行速度为120～180m/min，承载能力强，运行稳定可靠。在总结上述摆轮式分拣机结构特点的基础上，从结构简化、单元模组、易拆装维护、易拓展等方面考虑，设计了两款新型摆轮式分拣机(图 7.26)：电辊筒式摆轮式分拣机、皮带筒式摆轮式分拣机。

(a)电辊筒式摆轮式分拣机　　　　　　　　　　(b)皮带筒式摆轮式分拣机

图 7.26　新型摆轮式分拣机

## 3．电气控制过程简述

摆轮式分拣机的电气控制可作为独立的控制单元，单独控制摆轮式分拣机输送分拣。经过前端的合流、拉距，将物品按照一定间距排列进入分拣机前端输送线。读码器读取物品条码信息，与 WCS/WMS 信息交互，获取物品分拣目的地。物品输送至摆轮式分拣机的前端输送机，触发光电，主控 PLC 给摆轮分拣信号(动作信号)和方向信号(目的地方向)，其第一模组摆轮转向到指定角度，伺服电机停止转向动作，摆轮会保持在此位置。同时相继延迟一定时间，另外几个模组摆轮先后转向到位，实现物品分拣。当物品完全通过触发光电时，触发光电信号消失，延迟一定时间(保证在这段时间内，物品末端能运行到第一组摆轮末端，即物品完成分拣动作)，第一模组摆轮回中(直行)转向，并保持在直行位置。同样相继延迟一定时间，另外几个模组摆轮先后转向至直行，完成一个分拣动作，待下一个物品触发光电执行分拣动作。

# 7.6　AGV 与 RGV 智能搬运设备

## 7.6.1　AGV 与 RGV 的特点及适用场景

自动引导
运输小车

　　AGV，全称是 Automated Guided Vehicle，指自动引导运输小车，这一小车上装有电磁设备以及自动引导装置，能够按照设定好的路线驾驶，同时还具有运输功能。

　　RGV，全称是 Rail Guided Vehicle，指有轨制导运输小车，该类型的小车主要是应用在各种高密度储存方式的立体仓库中，可以自动搬运货物，不用人工进行操作，可以提高仓库的储存效率。

### 1. AGV 的特点及适用场景

　　AGV 系统在立体仓储系统和柔性化生产线中应用得较为广泛，也是很多制造型企业提高生产效率、降低生产成本的最优选择。AGV 是无轨行驶，应用场合广泛、结构形式及控制方式多样，因此 AGV 类型也很多。AGV 的主要优点如下：

　　(1) 工作效率高。AGV 可实现自动充电功能，在有安全冗余考虑的前提下，可以实现 24h 连续运转，大大提高了产品物料等的搬运效率。

　　(2) 节省管理精力。AGV 可实现全数字化管理，可以有效规避人为因素，提高管理水平。

　　(3) 较好的柔性和系统拓展性。智能 AGV 的智能传感器开发，除采用传统的位置、速度、加速度等，还应用机器视觉、力反馈等多智能传感器的融合技术来决策控制，关联设备多传感器的融合配置技术在现有的 AGV 设备系统中已有成熟应用。

　　(4) 可靠性高。相对于人工搬运的低效率，叉车及拖车路径、速度、安全的未知性，AGV 的行驶路径和速度可控，定位停车精准，大大提高了物料搬运的效率。同时，AGV 中央管理系统可以对 AGV 进行全程监控，可靠性得到了极大提高。

　　(5) 安全性高。AGV 具有较完善的安全防护能力、有智能化的交通路线管理、安全与避碰、多级警示、紧急制动、故障报告等，能够在许多不适宜人类工作的场合发挥独特作用。

　　AGV 显著的特点是无人驾驶，AGV 上装备有自动导向系统，可以保障系统在不需要人工引航的情况下沿预定的路线自动行驶，将货物或物料自动从起始点运送到目的地。AGV 的另一个特点是柔性好、自动化程度高和智能化水平高，AGV 的行驶路径可以根据仓储货位要求、生产工艺流程等的改变而灵活改变，并且运行路径改变的费用与传统的输送带和刚性的传送线相比非常低。AGV 一般配备有装卸机构，可以与其他物流设备自动接口，实现货物和物料装卸与搬运全过程的自动化。此外，AGV 还具有清洁生产的特点，AGV 依靠自带的蓄电池提供动力，运行过程中无噪声、无污染，可以应用在许多要求工作环境清洁的场所。

### 2. RGV 的特点及适用场景

　　RGV 在物流系统和工位制生产线上都有广泛的应用，如出/入库站台、各种缓冲站、输送机、升降机和线边工位等，按照计划和指令进行物料的输送，可以显著降低运输成本，提高运输效率。

　　RGV 是有轨行驶，其应用场合相对简单，可按照两种方式进行分类识别：一是按照功能可分为装配型 RGV 和运输型 RGV 两大类型，主要用于物料输送、车间装配等；二是根据运动方式可以分为环形轨道式 RGV 和直线往复式 RGV，环形轨道式 RGV 系统效率高，可多车同时工作，直线往复式 RGV 一般只有一台 RGV，做直线往复式运动，效率相对环形轨道式 RGV 较低。

也正因为 RGV 只能在轨道上行走，RGV 路线一经确定后再进行改造就比较困难、成本高，所以 RGV 对使用场所的适应性和自身扩展性方面比较差。

## 7.6.2　AGV 装备

在结构上 AGV 主要包括车体、车架、车轮、载荷传送装置、驱动装置和动力系统六部分。车体包括底盘、车架、壳体和控制室及相应的机械电气结构(如减速箱、电机、车轮)等，是 AGV 的基础部分，具有电动车辆的结构特征和无人驾驶自动作业的特殊要求。车架常用钢构件焊接而成，重心越低越有利于抗倾翻。板上常安置移载装置、电控系统、按键、显示屏等。车架是整个 AGV 的机体部分，主要用于安装轮子、光感应器、伺服电机和减速器。车架上面安装伺服电机驱动器、印制电路板和电瓶。对于车架的设计，要有足够的强度和硬度要求，故车架材料选用铸造铝合金，牌号为 6061，6061 质量比较轻，焊接性好。车轮采用实心橡胶轮胎。车体后面两主动轮为固定式驱动轮，与轮毂式电机相连。前面两个随动轮为旋转式随动轮，起支承和平衡小车的作用。载荷传送装置为一平板，其作用为运输箱体类零件到指定工位，主要用来装载箱体类零件、运送物料等。驱动装置主要包括电机、减速器、驱动器、控制与驱动电路等。动力系统一般分为闭环方式与开环方式，前者以伺服直流电机为主，后者以步进电机为主。蓄电池是目前 AGV 使用的唯一电源，用来驱动车体、车上附属装置，如控制、通信、安全等。

AGV 系统和软件整体架构设计方案，分别如图 7.27 和图 7.28 所示。AGV 种类包括潜伏式 AGV、背负式 AGV、叉车式 AGV、重载式 AGV、牵引式 AGV、料箱式 AGV 等。由于篇幅有限，本节只展开介绍潜伏式 AGV、叉车式 AGV 和牵引式 AGV 三种。

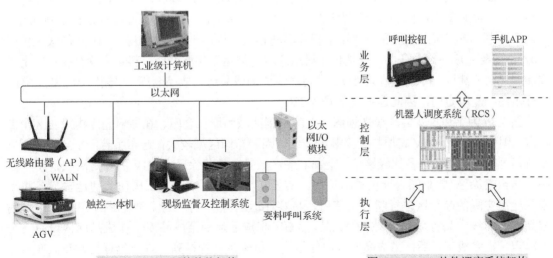

图 7.27　AGV 硬件整体架构　　　　　图 7.28　AGV 软件调度系统架构

### 1. 潜伏式 AGV

潜伏式 AGV (图 7.29) 利用导航装置实现自动沿规定的导引路径行驶替代人脚来进行各种搬运作业,在汽车、电子、工程机械、医药、电力、化工、造纸、新能源等行业得到了广泛应用。潜伏式 AGV 可以实现对物料的高效配送,便于运输管理子系统一体化控制,而且给予生产线尽可能大的灵活性,实现 AGV 调整、布置的简洁性。

图 7.29　潜伏式 AGV

在潜伏式 AGV 机械结构设计上,采用升降杆潜伏式设计,减少了不必要的车体凸出部分,实现方便地躲避障碍、穿越工作站点。潜伏举升式 AGV 是由车身本体、驱动轮系单元、顶升机构、导航系统、供电系统、电气控制系统、检测系统、安全防护系统、智能充电机等组成的。其中,车身本体是整个 AGV 的安装基础平台,各元器件均安装在车身上。驱动轮系单元是保持 AGV 行走的执行机构,通过两个车轮的差速控制实现前进、后退以及转弯等行走模式。导航系统主要是通过地面二维码的视觉识别以及通过陀螺仪的角度定位来判断自身的位置和角度。供电系统将磷酸铁锂电池作为供电基础单元来加设电量控制,为 AGV 的各项功能提供电能。电气控制系统包含的主控制器是 AGV 运行的大脑,用来向小车的驱动轮系单元发送行走控制指令。安全防护系统由激光雷达、安全碰撞触边、急停按钮等组成,是维护车辆及相关人员安全的保障。智能充电机是为 AGV 充电的设备,AGV 设置有电量阈值,当低于设置的固定电量时,AGV 可自动回到充电点,由充电机自动充电。

在汽车某零部件工厂内的生产过程中,线边存储物料,供给产线中使用的消耗物料,需要实时补充供给。目前,均为人工推车搬运,推车到产线边时由人工抬塑料箱至货架上存储,费时费力。本方案规划将此类搬运工序使用 AGV 来进行,从而提升工作效率,降低人工劳动强度,提高生产安全性。塑料箱尺寸(长×宽×高)为 600mm×400mm×150mm,平底可堆叠,每箱平均可以装载 16 件物料。流利条货架尺寸(长×宽×高)为 1280mm×800mm×1500mm,分为上、中、下三层,上层和中层用于积存满料箱,下层用于积存空料箱。AGV 的最大负载 260kg,需要完成三部分任务:一是将原料从原料区搬运至装配产线,料箱空满交换;二是半成品搬运至喷漆区,料箱空满交换;三是将产线边的成品运至成品仓库,料箱空满交换。AGV 的行走路线是确定的,因此选用潜伏式 AGV。

图 7.30 为上述场景的产线规划图,上部左侧区域为原料仓库,在原料仓库内设置 8 个上料点,图中潜伏式 AGV 将原料运至装配产线。因为车间区域较大,遍布了若干下料点,所以原料运至产线的工作任务比较繁忙。上部右侧区域是外接喷涂区,AGV 的行走路线是将半成品运送至喷涂区(此车间内未设置喷漆房,需要在此接口区域由人工操作其他运输设备将半成品运至实际的喷涂区进行喷涂工艺后,将零件运回再供给产线)。规划图中最下部区域为成品库,产线中只有局部点位产生成品,AGV 将成品运回至成品库。在成品库内设有三个下料点,在完成下料后,由成品库区内的工作人员理货进行排列并堆叠储存待发货。在每个产线巷道内,都设置了双排路线,以免在 AGV 来回交错的过程中发生堵塞,这样可以提高运行的效率。

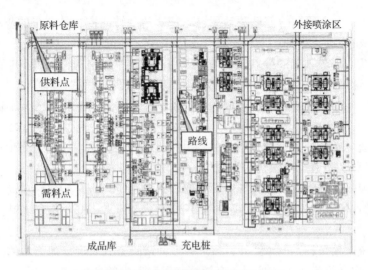

图 7.30　汽车某零部件工厂产线规划图

## 2. 叉车式 AGV

叉车式 AGV 包含托盘叉车式 AGV、宽脚堆高式叉车 AGV、无脚堆高式叉车 AGV，如图 7.31 所示。用于堆栈托盘类货物的物流周转，由液压升降系统、差速驱动系统、PLC 控制系统、导引系统、通信系统、警示系统、操作系统和动力电源组成，是集液压升降和 PLC 控制的可编程无线调度的自动导引小车；本产品采用电磁感应作为导航方式辅助 RFID 可运行于复杂路径、多站点可靠循迹；主驱动采用自主研发的差动伺服电机驱动，配置高精度角度转向舵机，使整车运行响应迅速、定位精准；独立液压升降系统辅助高精度位移传感器使叉车可在其升降行程内任意位置停靠，大大提高了装载柔性化和举升的位置精度。

(a) 托盘叉车式 AGV

(b) 宽脚堆高式叉车 AGV

(c) 无脚堆高式叉车 AGV

图 7.31　叉车式 AGV

叉车式 AGV 需要完成对货物点对点搬运的同时对托盘进行定位，以实现对货物准确地叉取，从而实现"货到人"的货物搬运，如国辰机器人的无人叉车便是叉车式 AGV，通过激光雷达等传感器精准定位，实现货物的精准叉取、搬运，省时省力。

叉车式 AGV 由如下系统组成。

(1) 驱动系统。自主研发的差动驱动配置高精度角度转向控制是全车的驱动转向保障，高效的交流伺服电机驱动，保证运动响应快、启停平稳、定位精准、寿命长。

(2) 控制系统。车载独立的控制箱集成工业用 PLC 中央控制，相对于电路板控制大大提高了系统的运算速度、稳定性和抗干扰能力，简化了编程和规划路径等。

(3) 举升系统。PLC 加独立液压升降系统配置高精度位移传感器，使叉车臂可在任意位置精准启停，通过程序简单设定运行高度，大大提高了装载高度的准确性和柔性。

(4) 通信系统。PLC 配备无线通信模块、手持式遥控操作盒，能轻松实现远程调度、无线通信、交通管理和手动遥控，保证信息交换的实时性和可靠性。

(5) 导引系统。电磁感应、激光导航、图像识别导引等可选，导引精度高，可控性好；对于路径复杂、站点较多的轨迹相应配备 RFID 进行站点可靠识别，保证多站点最合理路径规划和自由调配。

(6) 避障系统。激光、光电、红外、超声等多种避障方式可选，加上本体固有的机械碰撞感应传感器，组成全方位避障防护网，有效规避了运动中的各种潜在危险。

(7) 操作系统。配备车载彩色触摸屏和无线多功能手持操作盒等，可便捷地进行人机互动，实时掌控全局，通过简单操作即可进行站点设定、路径规划等。

(8) 警示系统。AGV 具有声、光、语音提示等报警功能，能自动进行故障诊断和画面提示操作，实时反馈任务进程和突发状况，大大提高了运行效率。

(9) 动力系统。大容量铅酸电池配置高亮彩色电量显示器和语音提示功能，不仅能直观获取电池电量信息，更极大地方便了协调单机的使用时间，有效保护电池。

### 3. 牵引式 AGV

牵引式 AGV 就是利用 AGV 尾部牵引多台料车，从而实现货物的搬运。牵引式 AGV 是在叉车式 AGV 的基础上发展而来的，车头可以实现自动运输，车头后牵引多节车厢。牵引式 AGV 比叉车式 AGV 运输量更大，车身长度更长，因此物流配送工作更加复杂。

本节设计的 AGV 是一种潜伏牵引式 AGV，用于汽车零部件装配生产线上的物料运输，汽车零部件装配生产线的解决方案有很多种，主要分为板链式装配线、壁挂式装配线、皮带输送线等，但是这些传统的装配生产线柔性不足，一般针对特定的装配流程。而汽车零部件装配包括空调总成装配、仪表盘装配、安全气囊装配等很多方面，不同部件的装配有不同的工艺流程，因此装配线需要很高的柔性，本节提出了基于 AGV 的装配线。设计一个 AGV 首先要分析系统应具备的功能，然后针对功能进行 AGV 的机械结构设计。图 7.32 为基于 AGV 的汽车零部件装配生产线流程图，图 7.33 为 AGV 牵引货架示意图。在该场景下，牵引式 AGV 的工作流程如下：

(1) AGV 小车在空闲区待命，当装配区需要某一型号的零部件时，工作人员通过上位机下达取件命令，并将所需要的零部件种类、数量、所在位置以及装配区位置通过局域网发送给 AGV 的车载控制系统。

(2) AGV 的车载控制系统收到上位机命令后，根据上位机命令进行路径规划，行驶到目的地(即对应的货架处)，并且 AGV 将自己所处的位置以及运行速度报告给上位机。这个过程既包括怎么沿着某个方向行驶的问题，即导航问题，又包括小车到哪里应该拐弯的问题，即定位问题。

(3) AGV 通过读卡器扫描地上的 RFID 标签在指定的货架处停车，停车后 AGV 上的牵引机构动作，牵引棒升起，将货架牵引到指定的装配区。

(4) AGV 通过读卡器扫描地上的 RFID 标签在指定的装配区停车，AGV 停车后，AGV 上的牵引机构动作，升降销落下，小车与货架分离。然后小车根据上位机命令进行后续任务或者原地待命。

(5) 当 AGV 检测到电量不足时，自动行驶到充电区充电，充电完成后进入空闲区待命。

(6) 不断重复步骤(1)~步骤(5)的流程，直到生产线上的工作结束。

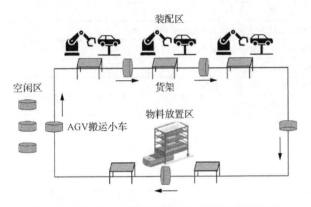

图 7.32 基于 AGV 的汽车零部件装配生产线流程图

图 7.33 AGV 牵引货架示意图

## 7.6.3 RGV 装备

RGV 不仅可以运用于地面上进行货物输送，更适合于各类高密度储存方式的仓库，小车通道长度可按设计需要确定。RGV 的运用可提高整个物流的效率，并且在操作时无须人工驾驶，使其安全性更高。尤其是 RGV 在利用叉车抑或是 AGV 无须进入巷道的优势，配合 RGV 在巷道中的快速运行，有效提高了仓库的运行效率。

当前，随着生产力的高速发展，各行各业对物流系统效率的要求越来越高。在世界各地，已普遍将改进物流结构、降低物流成本、提高物流效率作为企业在竞争中取胜的重要措施。在整个物流体系中，货物输送是物流体系中至关重要的环节。为了实现物流作业的自动化、高效化、智能化，提高货物输送的效率，工业中广泛采用了 RGV 进行货物输送。它可以柔性地与其他生产设备和物流设备自动对接，如自动化立体仓库、各种类型的输送机、堆垛机和机器人等，按照生产规划和作业计划进行物料的运用。另外，RGV 是自动导航且运动速度快，可以有效降低工作人员的劳动强度，提高产品的生产能力，使得整个物流系统变得更加简单、方便、有效和快捷。

目前，国内 RGV 技术的快速发展使其性能已基本接近国际同类产品的技术水平，价格也大幅度下降，应用范围逐步扩大，同时类型也逐渐丰富(表 7.4)。在多种不同的工况下，RGV 的使用使物流系统的柔性、功能、效率、节能环保等方面，相对其他物流方式(如 AGV 等)有很大的优势，是目前自动化立体仓库系统以及相关其他物流系统中使用越来越广泛的一种物流设备，图 7.34 为载重 45t 的钢卷输送 RGV。

表 7.4　常见 RGV 类型

| 类别 | 有轨穿梭车类型 | 基本特点 |
|---|---|---|
| 轨道数量 | 单轨 | 设备在单条轨道上行走 |
| | 双轨 | 设备在双条轨道上行走 |
| 轨道形状 | 直线 | 轨道为直线形式 |
| | 曲线 | 轨道存在曲线形式 |
| 轨道材质 | 钢轨 | 采用轻轨，高速状态下性能受损 |
| | 铝轨 | 采用特界面铝型材，满足设备高速状态下的性能 |
| 轨道位置 | 埋入式 | 轨道在地面基础内建设，轨道面与地面基本一致 |
| | 地面式 | 轨道在地面上方建设，布置灵活 |
| 移载形式 | 链条输送机 | 采用链条运输机完成物料的移载 |
| | 滚筒输送机 | 采用辊筒运输机完成物料的移载 |
| | 货叉 | 采用货叉完成物料的移载 |
| 行驶速度 | 低速 | 20～80m/min |
| | 高速 | 120～240m/min |
| 有效载荷 | 轻载 | 50～100kg |
| | 重载 | 200～2000kg |
| 驱动行驶 | 自主式 | 主驱动在设备上 |
| | 拖曳式 | 主驱动在地面上 |
| 工位数量 | 单工位 | 具有一个移载工位 |
| | 双工位 | 具有两个移载工位 |

图 7.34　载重 45t 的钢卷输送 RGV

# 习题与思考

7-1　除本书中介绍的在智能物流与仓储设备产业链中用到的零部件，你还能列举出哪些？

7-2　简单描述自动化立体仓库控制系统的工作流程。

7-3　无轨巷道堆垛机与有轨巷道堆垛机相比有哪些特点？

7-4　比较 AGV 与 RGV 的优缺点。对于缺点，是否能够提出改进方案？

7-5　在智能分拣过程中，有什么方法可以提高分拣效率？

# 参 考 文 献

安小松, 宋竹平, 梁千月, 等, 2022. 基于 CNN-Transformer 的视觉缺陷柑橘分选方法[J]. 华中农业大学学报(自然科学版), (6): 1-12.

白基成, 刘晋春, 郭永丰, 等, 2013. 特种加工[M]. 北京: 机械工业出版社.

白焰, 吴鸿, 杨国田, 2001. 分散控制系统与现场总线控制系统[M]. 北京: 北京中国电力出版社.

蔡安江, 葛云, 李体仁, 等, 2014. 机械制造技术基础[M]. 武汉: 华中科技大学出版社.

曹雷, 2020. 自动化立体仓库系统的设计与实现[D]. 沈阳: 中国科学院大学(中国科学院沈阳计算技术研究所).

曹起川, 2020. 虚拟制造技术发展策略及应用[J]. 湖北农机化, (4):29.

常浩, 顾振超, 窦岩, 等, 2020.智能工业搬运机器人的设计与研究[J]. 科技创新导报, 17(15): 69-71.

陈秋良, 2001. 现场总线控制系统综述[J]. 兵工自动化, 20(1): 13-16.

陈圣林, 王东霞, 2016. 图解传感器技术及应用电路[M]. 2 版. 北京: 中国电力出版社.

陈铁健, 2016. 智能制造装备机器视觉检测识别关键技术及应用研究[D]. 长沙: 湖南大学.

陈雪峰, 2018. 智能运维与健康管理[M]. 北京: 机械工业出版社.

陈云, 王旭升, 李艳霞, 等, 2020. 动态热机械分析仪(DMA)在铁电压电材料研究中的应用[J].无机材料学报, 35(8):857-866.

杜江, 2018. 高精度智能型磨音测量仪的研制[D]. 重庆: 重庆邮电大学.

范君艳, 樊江玲, 2019. 智能制造技术概论[M]. 武汉: 华中科技大学出版社.

葛英飞, 2019. 智能制造技术基础[M]. 北京: 机械工业出版社.

工业和信息化部, 2021. 国家智能制造标准体系建设指南[Z]. 北京: 工业和信息化部.

工业和信息化部, 国家发展改革委, 2017. 增材制造产业发展行动计划(2017～2020 年)[Z]. 北京: 工业和信息化部和国家民展改革委.

龚仲华, 靳敏, 2017. 现代数控机床[M]. 北京: 高等教育出版社.

巩水利, 2011. 高能束流加工技术的应用及发展[J]. 航空科学技术, (6): 3.

顾燕, 2017. 智能传感器发展现状探究[J]. 无线互联科技, (21): 2.

韩立志, 2020. 潜伏举升式 AGV 在汽车零部件工厂的规划和应用[J].物流技术与应用, 25(8): 126-128.

韩丽, 李孟良, 卓兰, 等, 2017.《工业物联网白皮书(2017 版)》解读[J]. 信息技术与标准化, (12): 30-34.

侯建勇, 王冬寒, 焦峰斌, 等, 2022. 大数据技术在智能炼铁生产中的应用[J]. 冶金动力, (1): 105-109.

郇极, 刘艳强, 2010. 工业以太网现场总线 EtherCAT 驱动程序设计及应用[M]. 北京: 北京航空航天大学出版社.

纪浩林, 2016. 交叉带式物流快递自动分拣系统设计与实现[D]. 阜新: 辽宁工程技术大学.

孔松涛, 刘池池, 史勇, 等, 2021. 深度强化学习在智能制造中的应用展望综述[J]. 计算机工程与应用, 57(2): 49-59.

兰叶深, 刘文军, 2019. 基于超声波的轴承缺陷自动化检测系统的研究[J]. 自动化技术与应用, 38(2): 110-112.

李洪, 刘培邦, 汤胜楠, 等, 2021. 机械装备智能故障诊断研究现状与发展趋势[J]. 电子技术应用, (S1): 380-389.

李计星, 2016. 轮轨关系与 RGV 蛇形运动特性研究[D]. 北京: 机械科学研究总院.

李开复, 王咏刚, 2017. 人工智能[M]. 北京: 文化发展出版社.

李龙伟, 2021. 自动化立体仓库控制系统设计[D]. 银川: 宁夏大学.

李晓波, 2020. 堆垛机故障预测与维修决策技术研究[D]. 北京: 机械科学研究总院.

李晓珂, 宋良荣, 2022. 智能制造企业投资效率研究[J]. 经营与管理, (3): 23-31.

李忠成, 2015. 智能仓储物联网的设计与实现[J]. 计算机系统应用, 20(7): 11-15.

梁东浩, 赵建国, 刘小勇, 2001. 现场总线控制系统(FCS)的应用与展望[J]. 计控系统, 11(5):3.

刘小玲, 2018. 物流装卸搬运设备与技术[M]. 杭州: 浙江大学出版社.

刘元林, 董金波, 胡金平, 2015.机械工程概论[M]. 北京: 机械工业出版社.

刘志东, 2022. 特种加工[M]. 北京: 北京大学出版社.

龙劲峰, 2020. 基于深度学习的目标检测在智能制造中运用研究[D]. 贵阳: 贵州大学.

罗毅, 王清娟, 2008. 物流装卸搬运设备与技术[M]. 北京: 机械工业出版社.

吕亮亮，2020. 混流生产车间牵引式 AGV 路径规划研究[D]. 大连：大连海事大学.

吕琳，2009. 数字化制造技术国内外发展研究现状[J].现代零部件，(3):76-79.

麻兴东，2015. 增强现实的系统结构与关键技术研究[J]. 无线互联科技，(10): 132-133，146.

庞国锋，徐静，马明琮，2019. 远程运维服务模式[M]. 北京:电子工业出版社.

乔良，李妍江，吕许慧，2018. 基于 PDM 系统的汽车数字化设计理念的研究[C]. 第十五届河南省汽车工程科技学术研讨会，漯河：
    84-86.

秦洪浪，郭俊杰，2020. 传感器与智能检测技术:微课视频版[M].北京:机械工业出版社.

芮延年，2020.机电传动控制[M].北京: 机械工业出版社.

芮延年，2020. 机器人技术——设计应用与实践理[M]. 北京:科学出版社.

孙世林，2021. 基于 ERP 的离散制造企业生产管理系统研究与应用[D]. 无锡：江南大学.

唐堂，滕琳，吴杰，等，2018. 全面实现数字化是通向智能制造的必由之路——解读《智能制造之路:数字化工厂》[J]. 中国机械工
    程，29(3): 366-377.

唐文彦，2014. 传感器[M]. 北京：机械工业出版社.

田亮，2019. 基于深度学习的增强现实关键技术研究[D]. 石家庄：河北师范大学.

田小蓬，2021.LCD 全功能全自动化光学检测设备改进[D]. 西安：西安石油大学.

王闯闯，2018. 基于机器视觉的白车身焊点智能定位及检测研究[D]. 长沙：湖南大学.

王慧，2000. 计算机控制系统[M]. 北京:化学工业出版社.

王娇，王引卫，王兴烁，2022. 立体仓库堆垛机的设计与研究[J].南方农机，53(11):131-133.

王同旭，2021. 摆轮分拣机技术发展与分拣控制技术应用研究[J].物流技术与应用，26(7):122-128.

王微，2020. 服装企业配送中心交叉带分拣系统分拣策略研究[D]. 徐州：中国矿业大学.

王卫卫，2004. 材料成型设备[M]. 北京：机械工业出版社.

王喜文，2020. 智能制造[M]. 北京：科学技术文献出版社.

王涌天，陈靖，程德文，2015. 增强现实技术导论[M]. 北京：科学出版社.

王昱人，2021. CPS 环境下异类信息融合技术应用研究[D]. 成都：电子科技大学.

王泽敏，黄文普，曾晓雁，2019. 激光选区熔化成型装备的发展现状与趋势[J]. 精密成型工程，11(4): 8.

韦莎，马原野，张通，等，2017. 大规模个性化定制技术与标准研究[J]. 信息技术与标准化，(8):15-19.

魏祺，郭宇，汤鹏洲，等，2022. 增强现实在复杂产品装配领域的关键技术研究与应用综述[J]. 计算机集成制造系统，28(3): 649-662.

吴敬铭，2017. 基于工业云的航空产品协同研发资源配置研究[D]. 武汉：武汉理工大学.

武玉伟，2020. 深度学习基础与应用[M]. 北京:北京理工大学出版社.

熊艺文，林奕森，马莉，等，2022.一种光纤光栅解调设备生产线自动检测装置和检测算法[J].装备制造技术，(2):28-31，35.

许陈明，2016. 智能制造之路数字化工厂[M]. 北京：机械工业出版社.

许子明，田杨锋，2018. 云计算的发展历史及其应用[J]. 信息记录材料，19(8):66-67.

闫英辉，2011. 云计算架构及调度机制的研究[D]. 大连：大连理工大学.

杨刚刚，2020.面向移动货架周转箱的识别和抓取系统研究[D]. 上海：上海交通大学.

杨林，2014. 基于 EtherCAT 工业以太网的现场控制系统主站设计与应用研究[D]. 江苏：南京理工大学.

杨平，2022 基于物联网技术的空压站智能监控系统设计与实现[D]. 苏州：苏州大学.

杨燕，2019. 传感与智能控制[M]. 北京:机械工业出版社.

于海娇，2022. 双频激光干涉仪的应用研究综述[J].电子测试，36(8):124-126.

于兰浩，2019. 潜伏牵引式 AGV 结构设计与导航定位研究[D]. 青岛：山东科技大学.

袁国定，朱洪海，2000. 机械制造技术基础[M]. 南京：东南大学出版社.

岳志锋，2021. 基于边-云协同计算的智能车间实时信息物理融合系统研究[D]. 西安：西安邮电大学.

张伟，杨建华，金征，2014. 木结构工程材料力学性能检测装备现状[J]. 建设科技，(3): 34-36.

曾宇，2016. 工业云计算在中国的发展与趋势[J]. 中国工业评论，(Z1):44-50.

中国商业联合会数据分析专业委员会，2021.数据分析基础[M]. 北京：中国商业出版社.

CHANG Y C, 2016. Robust H tracking control of uncertain robotic systems with periodic disturbances [J]. Asian journal of control,

18(3):920-931.

CONTEL A R, 1997. Fieldbus implementation strategies[J]. Automation strategies, 8(4): 87-94.

DAS P K, BEHERA H S, PANIGRAHI B K, 2016. Intelligent-based multi-robot path planning inspired by improved classical Q-1earning and improved particle swarm optimization with perturbed velocity [J]. Engineering science and technology, 19(1):651-669.

NOSHADI A, MAILAH M, ZOLFAGHARIAN A, 2012. Intelligent active force control of a 3-RRR parallel manipulator incorporating fuzzy resolved acceleration control[J].Applied mathematical modelling, 36(6):2370-2383.

PANSOO K, YU D, 2005. Optimal engineering system design guided by data-mining methods [J]. Technimetrics, 47(3):336-348.

MILGRAM P, KISHINO F, 1994. A taxonomy of mixed reality visual displays[J]. IEICE transactions on information and systems, 12(12): 1321-1329.

PINE I I, VICTOR B, BOYNTON A C, 1993. Making mass customization work [J]. Harvard business review, 72(5): 109-116.

STAN D, 1997. Future Pefect[M]. New York: Perseus Books Group.